Praxishandbuch

Zylinder-köpfe

Technik, Tuning, Modifikationen

EDITION
OLDTIMER MARKT

Peter Burgess & David Gollan

Praxishandbuch
Zylinder-köpfe

Technik, Tuning, Modifikationen

HEEL

IMPRESSUM

HEEL Verlag GmbH
Gut Pottscheidt
53639 Königswinter
Telefon: (0 22 23) 92 30-0
Telefax: (0 22 23) 92 30 13
Mail: info@heel-verlag.de
Internet: www.heel-verlag.de

Deutsche Ausgabe:

Der Originaltitel „Cylinder Heads" ist erschienen bei:
Veloce Publishing Ltd.
Trinity Street
Dorchester DT1 1TT,
England

Übersetzung ins Deutsche: Wulf-D. Brand

Lektorat: Joachim Hack, Jürgen Schlegelmilch

Satz und Gestaltung: HEEL Verlag GmbH

Printed in Czech Republic

ISBN: 978-3-89880-349-6

Zur Vermeidung rechtlicher Probleme vorab dieser Warnhinweis:
Dieses Buch soll Hilfe zur Selbsthilfe sein. Die hierin veröffentlichten technischen Ratschläge entsprechen nicht immer den üblichen Handwerksregeln.
Für etliche technische Ratschläge in diesem Buch wird handwerkliches Grundwissen vorausgesetzt, ohne welches man die entsprechenden Arbeiten nicht angehen soll.
Im Zweifelsfall sollte man vor Durchführung von technischen Arbeiten immer einen geschulten Spezialisten zu Rate ziehen und die Arbeiten nicht selbst durchführen.
Etliche Ratschläge können bei fehlerhafter Ausführung unter bestimmten Umständen zu erheblichen Folgeschäden führen.
Autor, Übersetzer und Verlag lehnen daher ausdrücklich jede Haftung für die veröffentlichten Arbeitsanweisungen und daraus gefolgerte Schlüsse ab. Für alle anhand dieses Buches ausgeführten Arbeiten übernimmt der durchführende Schrauber, Bastler oder Mechaniker das alleinige und uneingeschränkte Risiko. Ebenso ist die Haftung des Autors und Verlags für Druckfehler, Schreibfehler und sachliche Fehler jeder Art ausdrücklich ausgeschlossen.

INHALT

EINFÜHRUNG, DANKSAGUNG UND ANGABEN ZU DEN AUTOREN

Einführung

Dieses Buch soll die Theorien und Techniken in der Praxis erläutern, die es dem Hobbyschrauber ermöglichen, den oder die Zylinderköpfe seines Motors erfolgreich zu modifizieren. Durch Anwendung der beschriebenen Methoden und Techniken kann eine wesentliche Verbesserung der Motorleistung und des Drehmomentverlaufs erreicht werden.

Die Theorie mag anfangs etwas trocken und schwer verständlich sein. Die geduldige Lektüre wird sich jedoch auszahlen. Mit etwas Übung wird der Leser in der Lage sein, die so genannten Profis mit seinem modifizierten Fahrzeug hinter sich zu lassen.

Selbst wenn der Leser nicht beabsichtigt, an seinem eigenen Motor die Zylinderköpfe zu modifizieren, hoffen wir doch, dass dieses Buch zum besseren Verständnis dient, welcher Arbeitsaufwand und welche Fertigkeiten erforderlich sind, um Zylinderköpfe erfolgreich zu überarbeiten. Zumindest werden Sie nach der Lektüre in der Lage sein, eine intelligente Kaufentscheidung zu treffen, wenn es darum geht, sich für einen professionell modifizierten, hochwertigen Zylinderkopf zu entscheiden, der dann auch die an ihn gestellten Leistungserwartungen erfüllt.

Danksagung und Informationen zu den Autoren

Peter Burgess hat im Jahre 1985 seinen ersten Luftdurchsatzprüfstand gebaut. Als Autodidakt auf dem Gebiet der Ingenieurswissenschaften war es für ihn aufgrund seiner medizinisch-wissenschaftlichen beruflichen Herkunft nicht schwer, mit wissenschaftlich fundierte Ansätzen sein Können einzusetzen. Er favorisiert einen ganzheitlichen Ansatz zur Modifizierung von Zylinderköpfen.

Motoren und Zylinderköpfe mit Tradition im Motorsport sind unter anderem die Rover (BMC/BL) A-Serie, B-Serie, R-, S- und O-Serie, der Rover V8, TR4, TR6, MG T-Typ, Vorkriegs-MG, Ford Pinto, Ford Kent Crossflow (Querstromzylinderkopf) und die so genannten Pre-Crossflow-Motoren, außerdem Toyota Starlet und Nissan Turbo, um nur einige zu nennen. Peters Lieblingsmotor ist der ehemals bei Buick gefertigte Rover V8.

Burgess führt eine kleine, kundenfreundliche Tuningwerkstatt mit weltweitem Bekanntheitsgrad und internationaler Kundschaft.

David Gollan ist ein ausgebildeter Maschinenbau-Ingenieur. Er und Peter trafen sich im Jahre 1990, während David im Rahmen seiner Doktorarbeit die Auswirkung des Gasstroms auf die Motorleistung, den Kraftstoffverbrauch und die Abgaswerte untersuchte. Seitdem verbindet beide eine feste Freundschaft. David hält sein Fachwissen über das aktuelle Ingenieurswesen in Bezug auf Automobilmotoren durch die Lektüre sämtlicher technischer Veröffentlichungen der SAE (Society of Automotive Engineers) auf dem neuesten Stand. Er verfügt über umfassende Kenntnisse der Grundregeln der Ingenieurskunst, die zusammen mit seinem vorhandenen Gespür für das Verständnis des Luftdurchsatzes die von Peter eingebrachten Fähigkeiten sinnvoll ergänzt und so zu einer hervorragenden Leistungsfähigkeit der von beiden gemeinsam gefertigten Produkte führt. Der von ihm favorisierte Motor ist der Ford OHC „Pinto". David und Peter verbringen so manchen Tag auf der Rennstrecke.

David arbeitet im Bereich der Wasseranalyse für die Umweltbehörde und fungiert als Peters Berater.

Unser Dank gilt Liz Burgess für das Korrekturlesen und die literarische Formvollendung, Keith Hippey für diverse schematische Zeichnungen und Robert Day für die Konzeption und Anfertigung diverser Fotografien. Unser Dank gilt ebenfalls Phil Gollan, Shaun Powell, Wayne Martin, Andy Fossey und den Dragsterfahrern, die uns erlaubten, einige Fotos zu machen.

Peter Burgess / David Gollan

ANLEITUNG ZUR NUTZUNG DIESES BUCHES & WICHTIGE INFORMATIONEN

Anleitung zur Nutzung dieses Buches

In diesem Buch wird bei allen Angaben davon ausgegangen, dass der Leser und Anwender oder dessen Vertragspartner die für den betreffenden Vergaser gültigen Werkstatthandbücher vorliegen hat, die die vom Hersteller vorgegebenen Angaben für alle Einzelheiten des Zerlegens, Zusammenbaus sowie zu allen Einstellvorgängen und Spaltmaßen aufführt. Der in diesem Buch angenommene Standardwert entspricht dem vom Werk vorgegebenen Standardwert. Gleiches gilt für Standard-Arbeitsabläufe und Standard-Einstellvorgänge. Im Zweifelsfall haben immer die Angaben der Werksliteratur für den betreffenden Vergaser Gültigkeit.

Es ist sinnvoll, wenn Sie vor Beginn der Arbeiten oder Erteilung von Anweisungen an Ihre Werkstatt oder an Ihren Mechaniker das gesamte Buch lesen. Dies liegt daran, dass Änderungen in Bauart oder Einstellwerten in einem Bereich wiederum Änderungen in anderen Bereichen erforderlich machen. Verschaffen Sie sich vor Beginn der Arbeiten einen Gesamtüberblick, um so (so weit als möglich) eine endgültige Festlegung von technischen Daten und Bauteiländerungen vornehmen zu können.

Wichtige Informationen

Dieses Buch enthält Informationen über Vorgehensweisen in der Praxis, welche jedoch nur für jene gedacht sind, die die Qualifikationen und Erfahrungen sowie Werkzeuge und Einrichtungen mitbringen, um die beschriebenen Arbeiten sicher und mit der nötigen fachlichen Kompetenz durchführen zu können. Obwohl die Wörter **Warnung!** (Gefahr von Personenschaden) und **Achtung!** (Gefahr von Sachschaden) in diesem Buch mehrfach verwendet werden, ist zu bedenken, dass wir unmöglich jede potenzielle Gefahrensituation in jedem Zusammenhang vorhersehen können. Wann immer Sie an einem Fahrzeug oder Bauteil arbeiten, müssen Sie Ihrer persönlichen Sicherheit immer zuerst die größte Beachtung schenken. Weder Verleger, noch Autoren, Übersetzer, Lektoren oder Händler können in jedweder Weise die Verantwortung für Personenschäden oder Sachschäden übernehmen, die sich aus der Anwendung dieses Buches ergeben, selbst dann nicht, wenn diese durch Irrtümer oder Unterlassungen in den hier gebotenen Informationen hervorgerufen wurden.

Es ist möglich, dass bauliche Änderungen oder Neueinstellungen am Vergaser dazu führen, dass Ihr Fahrzeug den Abgasvorschriften oder anderen Vorschriften Ihres Landes nicht mehr entspricht. Prüfen Sie diese Dinge, bevor Sie mit der Arbeit beginnen.

Ein Zuwachs an Motorleistung und somit Fahrzeugleistung bedeutet, dass Fahrwerk und Bremsanlage Ihres Fahrzeugs in perfektem Zustand gehalten und wenn erforderlich ebenfalls einer Leistungssteigerung unterzogen werden müssen.

Bitte bedenken Sie, dass eine Änderung der Bauteilbestückung an einem Vergaser gegen die Garantiebestimmungen verstößt und den Hersteller unter Umständen von sämtlichen Garantieleistungen und Gewährleistungsverpflichtungen entbindet.

Es kann nicht oft genug betont werden, wie unerlässlich es ist, ein Bauteil vor der Bearbeitung zu reinigen. Ebenfalls wichtig sind Sauberkeit der Werkzeuge sowie Sauberkeit und Ordnung am Arbeitsplatz. Bei der Verwendung von Reinigungsflüssigkeiten sind immer die Herstelleranweisungen und das technische Merkblatt zu beachten. Von der Verwendung von Benzin, Diesel oder Kerosin zu Reinigungszwecken wird aufgrund der Feuergefahr und Vergiftungsgefahr dringend abgeraten.

Verwenden Sie nur Qualitätswerkzeuge und stellen Sie in jedem einzelnen Fall sicher, dass exakt die richtige

Werkzeuggröße für den betreffenden Arbeitsgang Verwendung findet.

Nachstehende Sicherheitshinweise sind als Erfahrungswerte gegeben, die Auflistung ist nicht vollständig und Hinweise können von Fall zu Fall unterschiedlich zutreffen.

Sicherheitshinweise:

Bei Arbeiten am Vergaser:

- Immer einen Feuerlöscher griffbereit haben.
- Immer Schutzbrille tragen.
- Immer eine Decke aus nicht brennbarem Material bereithalten, um einen eventuellen Vergaserbrand auch ersticken zu können.
- Niemals direkt in den Vergaser sehen oder gar mit einem Feuerzeug hineinleuchten.
- Niemals Kraftstoff von außen zuführen, z.B. einträufeln oder einspritzen.
- Immer Luftfilter vollständig montieren, bevor der Wagen angelassen wird.
- Niemals Starterspray verwenden.
- Immer genug Platz zu daneben stehenden Fahrzeugen lassen, um Ausweichmöglichkeiten zu bewahren und ein mögliches Übergreifen der Flammen auf benachbarte Fahrzeuge verhindern zu können.
- Vor Anlassen des Fahrzeugs Kraftstoffzufuhr- und Rückleitungen sowie die gesamte Kraftstoffanlage auf Dichtheit prüfen.
- Kraftstoffstrahl aus Kraftstoffpumpe oder Beschleunigerpumpe nicht in die Augen oder auf die Haut spritzen lassen.
- Nie in geschlossenen Räumen den Motor laufen lassen. Nötigenfalls Abgase über Schlauch ins Freie leiten. Vorher komplette Abgasanlage auf Dichtheit prüfen.
- Bei Einstellarbeiten am betriebswarmen Motor immer Temperatur kontrollieren und ein vor dem Fahrzeugkühler angeordnetes Gebläse betreiben, um eine Überhitzung des Motors zu vermeiden.
- Keinen Kraftstoff verschütten oder auf Motor oder Abgaskrümmer träufeln lassen.
- Bei Verschütten auch kleinster Mengen Kraftstoff im Motorraum oder in den Ansaugtrakt hinein erst Kraftstoff restlos entfernen, bevor der Motor wieder angelassen wird.
- Bei Kompressionsdruckprüfung Zündkabel am Verteiler abklemmen bzw. weit von den Zündkerzenbohrungen entfernt an Masse legen.

KAPITEL 1

Was macht Motorleistung aus?

Für jene Leser, die bereits mit dem Verbrennungsmotor und dem Viertaktverfahren vertraut sind, mag dieses Kapitel überflüssig sein. Jedoch ist die Zurückführung auf die Grundprinzipien der einfachste Weg, diverse Konzepte und Begriffe auf logische Weise miteinander zu verknüpfen.

Zuerst folgt eine kurze Beschreibung der Theorie und der Anwendung des Viertaktverfahrens, auch Otto-Verfahren genannt. Die Namensgebung erfolgte durch jenen Erfinder Nikolaus Otto, der das Viertaktverfahren als Erster in die Praxis umsetzen konnte. Die meisten aller Hubkolbenmotoren nutzen dieses Viertaktverfahren, bei dem jeder Zylinder vier Kolbenhübe durchführt, die zwei Umdrehungen der Kurbelwelle entsprechen, um damit einen Arbeitstakt durchlaufen zu können.

Die vier Takte des Otto-Verfahrens:

1. Ansaugtakt – Das Einlassventil öffnet und die Bewegung des Kolbens vom oberen Totpunkt (OT) zum unteren Totpunkt (UT) erzeugt einen Unterdruck, wodurch das dem Motor zugeführte Gemisch aus Luft und Kraftstoff in den Zylinder gesaugt wird. Um die angesaugte Gemischmenge zu erhöhen, wird das Einlassventil im Regelfall kurz vor Beginn des Ansaugtaktes geöffnet und kurz nach dessen Ende geschlossen.

2. Verdichtungstakt – Beide Ventile sind geschlossen. Durch die Bewegung des Kolbens nach oben verringert sich das Volumen zwischen Kolben und Zylinderkopf, durch den im vorherigen Ansaugtakt das Frischgas angesaugt wurde. Dies hat den erwünschten Effekt einer Verdichtung des Gemisches und einer weiteren Vermischung des Kraftstoffs mit der Luft, wodurch das Gemisch besser verbrannt werden kann.

3. Arbeitstakt – Das verdichtete Gemisch aus Luft und Kraftstoff wird im Regelfall entzündet, bevor der Kolben den oberen Totpunkt (OT) erreicht hat, wobei beide Ventile geschlossen sind. Die Zündung wird durch einen Hochspannungszündfunken, der sich an der Zündkerze entlädt, ausgelöst. Durch die aus der Entzündung des Kraftstoff-Luftgemisches resultierende Ausdehnung der unter hohem Druck stehenden heißen Gase wird nun der Kolben nach unten gedrückt, der den oberen Totpunkt durchschritten hat. Der Kolben bewegt sich im Zylinder nach unten und erzwingt somit eine Drehung der Kurbelwelle. Mit diesem Vorgang wird die chemische Energie im Kraftstoff in mechanische Energie umgewandelt. Das Auslassventil öffnet im Regelfall bevor der Kolben den unteren Totpunkt erreicht, um so den Ausstoß der Verbrennungsgase einzuleiten und den Druck im Zylinder zu mindern.

4. Auspufftakt – Der Zylinder wird von den nach dem Arbeitstakt verbleibenden Verbrennungsrückständen des Gemischs befreit. Die Auspuffgase strömen anfangs aufgrund des hohen Restdrucks innerhalb des Zylinders eigenständig aus. Die restlichen Gase werden durch die Bewegung des Kolbens im Zylinder nach oben bis zum Erreichen des oberen Totpunkts (OT) aus dem Zylinder herausgedrückt. Hierbei wird mit Nähern des Kolbens am oberen Totpunkt die Öffnung des Einlassventils eingeleitet, während das Auslassventil unmittelbar nach dem oberen Totpunkt des Kolbens schließt, um so die vier Takte erneut beginnen zu lassen.

Kurz gesagt besteht das Viertaktverfahren also in der Abfolge: Ansaugen, Verdichten, Arbeiten und Ausstoßen.

Im Viertaktmotor können Benzin, Methanol oder Ethanol, Nitromethan, Dieselkraftstoff, Schweröl, Flüssigerdgas oder Methan (Erdgas) verbrannt werden.

Der Verbrennungsmotor dient der Umwandlung der im Kraftstoff enthaltenen chemischen Energie in mechanische Arbeit. Im Falle der Ottomotoren erfolgt dieser Vor-

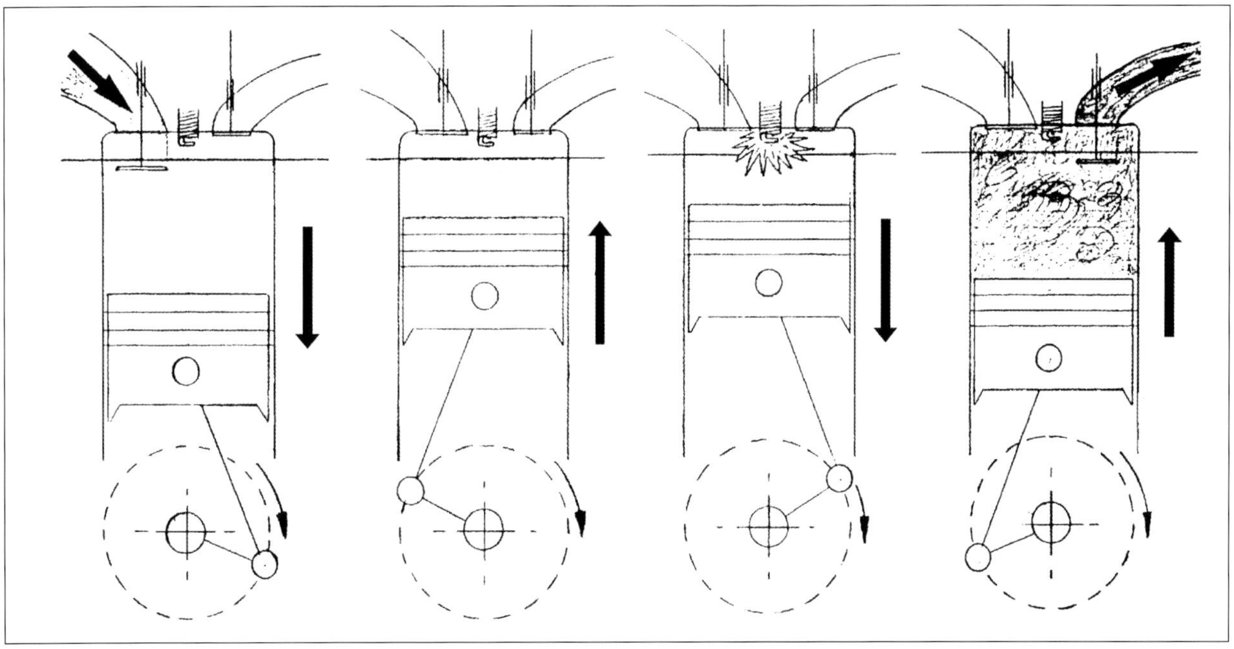

Das Viertaktverfahren: Ansaugen, Verdichten, Arbeiten, Ausstoßen

gang im Innern des Motors im Rahmen einer kontrollierten Verbrennung eines Gemischs aus Luft und Kraftstoff, wodurch mechanische Arbeit über die inneren Bauteile des Motors erzeugt wird. Die Fähigkeit des Motors, diese Umwandlung der Energie zu vollführen wird durch die Motorleistung ausgedrückt und lässt sich mit den beiden Größen Drehmoment und Leistung (kW/PS) definieren.

Das Drehmoment ist ein Maß für die von der Kurbelwelle erzeugte Hebelarbeit in Folge des durch die Verbrennungsgase während des Arbeitstaktes erzeugten und auf den Kolben wirkenden Drucks. Zum Messen des Drehmomentes wird der Motor auf einem Rollenprüfstand getestet (Dynamometer). Hier handelt es sich um ein Gerät, das der Drehbewegung des Motors eine Kraft entgegensetzt. Im Prinzip arbeitet das Dynamometer wie eine sehr leistungsstarke Bremse. Das Maß der Gegenkraft wird als Drehmoment in Newtonmeter (Nm) angegeben. Laufen Motor und Dynamometer mit derselben Drehzahl (Umdrehungen pro Minute), so muss das Motordrehmoment dem vom Dynamometer erzeugten Gegendrehmoment gleich sein. Die Messwerte werden über eine Bandbreite unterschiedlicher Motordrehzahlen genommen, um so eine Drehmomentkurve für den betreffenden Motor aufzeichnen zu können.

Die auf dem Dynamometer gemessene Arbeitsleistung ermöglicht ebenfalls die Berechnung der Bremsleistung des mittleren Kolbendrucks. Bei Saugmotoren ist dieser Wert ein Maß für die Fähigkeit, das Gemisch anzusaugen, außerdem für die Effizienz, mit der die Luft bei der Verbrennung verwendet wird und zusätzlich kann aus diesem Wert abgeleitet werden, wie vollständig und effizient der Kraftstoff in Energie umgewandelt wird. Dieser Wert gibt also den mittleren Druck an, der während aller vier Takte oben auf den Kolben eines Zylinders wirkt. Er stellt einen Parameter dar, in dem auch mechanische Verluste, die aufgrund von Reibung innerhalb des Motors auftreten, enthalten sind. Da die Ergebnisse – nicht wie im Fall der Werte für Drehmoment und Motorleistung – unabhängig von Motorgröße und Motorauslegung gelten, sind sie für einen direkten Vergleich mit bereits existierenden Werten unterschiedlicher Motortypen und Konstruktionen verwendbar.

Das Drehmoment und die Bremsleistung des mittleren Kolbendrucks stehen in direktem Zusammenhang zueinander, sodass die auf einer Grafik zu einer Kurve dargestellten Werte einen exakt identischen Kurvenverlauf aufweisen.

Die Fähigkeit des Motors, die aus dem Kraftstoff freigegebene Wärme umzusetzen, nennt man den thermischen Wirkungsgrad. Bedauerlicher Weise liegt der thermische Wirkungsgrad von Verbrennungsmotoren nicht besonders hoch. Nur ca. 25 bis 30% der durch Verbrennung des Gemischs erzeugten Wärme wird in nutzbare mechanische Arbeit umgewandelt. Der Rest der Wärme geht in die Atmosphäre verloren, der größte Anteil davon durch den Auspuff in Form heißer Verbrennungsgase

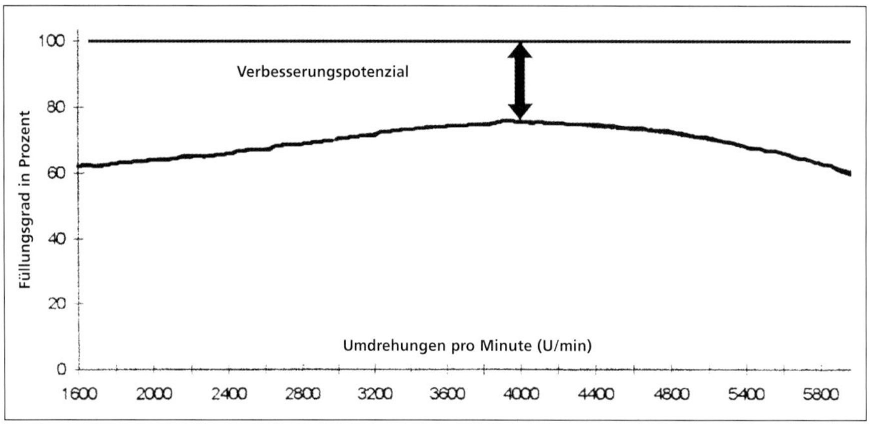

Volumetrischer Wirkungsgrad des Motors

und der Rest über das Kühlmittel bzw. Öl oder durch Wärmeabstrahlung vom Motorblock.

Ein Teil der vom Motor je Arbeitstakt erzeugten Leistung muss aufgewendet werden, um das frische Kraftstoff-Luftgemisch während des Ansaugtakts anzusaugen, zu verdichten und die verbrannten Restgase im Auspufftakt auszustoßen. Ebenfalls wird Motorleistung benötigt, um die Reibung der aneinander gleitenden und drehenden Teile des Motors wie Kolben, Kolbenringe und Lager zu kompensieren und außerdem um Motorbauteile wie die Nockenwelle, den Verteiler und die Ölpumpe anzutreiben. Diese Verluste werden alle unter der Rubrik „Reibungsverluste" geführt. Aufgrund dieser Reibungsverluste wird anderweitig nutzbare Arbeit als Wärme in den Ölhaushalt und das Kühlmittel abgegeben.

Das durch Verwirbelung im Kurbelgehäuse und an Kurbelwelle und Pleuel angreifende Öl stellt einen weiteren Faktor für einen Leistungsverlust dar. Dieser wird ebenfalls unter Reibungsverlusten geführt, lässt sich jedoch separat verringern.

Der volumetrische Wirkungsgrad des Motors, landläufig als Füllungsgrad bezeichnet, ist der grundsätzlichste und wichtigste Parameter zur Festlegung der Leistungseigenschaften eines Motors. Der Füllungsgrad gibt vor, wie viel Leistung ein Motor theoretisch überhaupt erzeugen könnte. Er ist ein Maß für die Effizienz des Ansaugvorgangs im Motor, das heißt die Fähigkeit, das Gemisch aus Luft und Kraftstoff in den Zylinder zu saugen. Die angesaugte Luft muss durch den Luftfilter, den Vergaser, an der Drosselklappe vorbei und durch den Ansaugkrümmer oder das so genannte Drosselklappengehäuse (sofern es sich um Kraftstoffeinspritzung handelt), dann in die Luftsammelkammer und die Saugrohre und in den Ansaugkanal, weiter am Ansaugventil vorbei, um schließlich – an diversen Krümmungen und Hindernissen entlang – in den Verbrennungsraum zu strömen.

All dies kann ein erhebliches Hemmnis für die theoretisch in den Zylinder passende Luftmenge darstellen. Typische Werte für moderne Motoren reichen von 80% bis über 90% Füllungsgrad, während ältere Konstruktionen im Regelfall 60% bis 70% Füllungsgrad erreichen. Somit ergibt sich hier ein erhebliches Verbesserungspotenzial.

Durch sorgfältige Montage und die Beachtung aller Einzelheiten können die vorher erwähnten Reibungsverluste auf ein Minimum reduziert werden. Ebenfalls kann hierdurch die Bremsleistung des mittleren Kolbendrucks erhöht werden, wodurch wiederum mehr Drehmoment und deshalb mehr PS erzeugt werden.

Da zwischen dem Luftmassenstrom in einem Motor und der potenziell erzeugten Leistung des Motors ein direkter Zusammenhang besteht, ist es ungemein wichtig, so viel Luft wie möglich zusammen mit dem richtigen Verhältnis an Kraftstoff in die Zylinder des Motors zu saugen. Anders ausgedrückt: Die Verbesserung des Füllungsgrades ist der beste Ansatz für nutzbare Leistungssteigerung, da die Luftmasse in den Zylindern vorgibt, wie viel Kraftstoff überhaupt verbrannt werden kann. Alles, was das Ansaugen der Luft in die Zylinder vereinfacht, verbessert den Füllungsgrad, erzeugt eine höhere Bremsleistung des Kolbenmitteldrucks und somit mehr Drehmoment und Motorleistung – jeweils immer vorausgesetzt, dass andere Leistungsverluste nicht aus irgendeinem unerklärlichen Grund eskaliert sind.

An den meisten älteren Motorkonstruktionen bietet ein gut modifizierter Zylinderkopf das größtmögliche Verbesserungspotenzial, sowohl für den Füllungsgrad als auch den thermischen Wirkungsgrad. Hierbei werden die Ansaugkanäle und die Ventile modifiziert oder neu geformt, um die Strömung der Luft in den Zylinder widerstandsfreier zu gestalten. Änderung an weiteren Komponenten, wie der Nockenwelle (die als das „Gehirn" des Motors betrachtet werden kann, da sie die Vorgänge des Ansaugens und Ausstoßens, auch Gaswechsel genannt, steuert), kann ebenfalls zu merklichem Leistungszuwachs führen. Diese Leistungssteigerung entfaltet sich jedoch meist bei einer höheren Drehzahl als am Serienmotor gegeben, was in den meisten Fällen bedeutet, dass im unteren Drehzahlspektrum Motorleistung geopfert werden muss.

Das gesamte Motorsystem muss als Ganzes betrachtet werden. Anderenfalls wird der durch Austauschen von Komponenten mögliche Leistungszuwachs nicht voll ausgeschöpft, weil beispielsweise eine Verengung oder ein Hindernis den Luftstrom störend beeinflusst. Der ganzheitliche Ansatz der Autoren wird in den nachfolgenden Kapiteln klarer erkennbar sein.

Hoffentlich haben wir Ihnen einen sinnvollen Überblick über diverse Faktoren gegeben, die für die Bewertung der Leistungseigenschaften eines Motors wichtig sind und der Beurteilung der Effektivität jeglicher Änderung oder Modifizierung dienen. Es gibt natürlich viele weitere Möglichkeiten, mathematische Modelle zu erstellen und die internen und externen Vorgänge eines Motors auszuwerten. Bei den meisten dieser Ansätze bedarf es komplexer Formeln, die den Umfang dieses Buches sprengen würden. Wie Ihnen sicherlich nicht entgangen ist, folgt eine mathematische Abhandlung im hinteren Teil dieses Buches, denn alle Theorie lässt sich in geringer Dosierung gut verdauen. Unser Hauptinteresse sind jedoch eher die praktischen Methoden der Leistungssteigerung eines Verbrennungsmotors!

KAPITEL 2

Bauarten von Zylinderköpfen

Der Zylinderkopf kann aus Gusseisen oder Leichtmetall gefertigt sein und dichtet die Oberseite der Zylinder ab. Die Zylinderköpfe müssen stabil genug sein, um den Gasdrücken, die während der vier Arbeitstakte im Verbrennungsraum auftreten, standzuhalten. Außerdem muss der Zylinderkopf Kanäle für die Führung des Kühlmittels aufweisen bzw. bei luftgekühlten Motoren Kühlrippen und weitere Bauteile (z.B. Zündkerzen, Ventile usw.) aufnehmen, die Bestandteil der Zündanlage und des Ventiltriebs sind. Die meisten modernen Motoren sind als so genannte OHV-Motoren ausgeführt, also mit hängenden Ventilen. Dies ermöglicht eine kompakte und wirtschaftliche Gestaltung der Verbrennungsräume und verbessert den Füllungsgrad des Motors durch eine günstigere Beatmung.

Die Zylinderköpfe können die Nockenwelle enthalten – so genannte OHC-Bauart (Overhead Camshaft) – und sind dann entweder als Zylinderkopf mit einer Nockenwelle für sowohl Einlass- als auch Auslassventile (SOHC – Single Overhead Camshaft) oder aber als Zylinderköpfe mit doppelten obenliegenden Nockenwellen ausgeführt (DOHC – Dual Overhead Camshaft), wobei hier eine Nockenwelle die Einlassventile betätigt und die andere Nockenwelle die Auslassventile. Die Nockenwellen wirken entweder direkt auf die Ventile durch so genannte Tassenstößel oder indirekt über Schwinghebel oder Kipphebel. Eine Alternative besteht darin, den Ventiltrieb über Stößelstangen von einer im Zylinderblock geführten Nockenwelle anzutreiben.

Im Laufe der Jahre wurden die Verbrennungsräume in vielen verschiedenen Formen entworfen. Die günstigsten Formen wurden im Hinblick auf eine bessere Beatmung, eine bessere Verbrennung und eine wirtschaftlichere und gewichtsreduzierende Gestaltung des Ventiltriebs entwickelt. Letztere Maßnahme dient vor allem zur Reduzierung der Massenträgheit, um so höhere Motordrehzahlen zu ermöglichen.

Die wesentlichen Bauarten von Zylinderköpfen sind:

- Reihenmotor mit hängenden Ventilen. Die Ventile sind im Regelfall senkrecht angeordnet mit unterschiedlichen Formgebungen der darunter liegenden Brennkammer.
- OHV-Motor (OHV – Overhead Valve, d.h. im Kopf

Wannenförmiger Verbrennungsraum

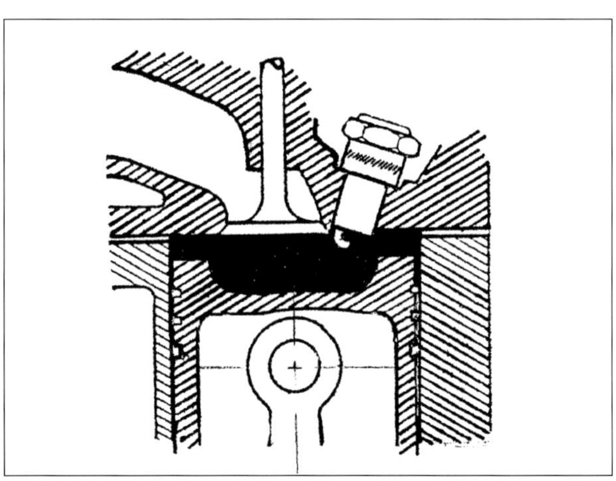

Verbrennungsraum im Kolben ausgebildet

Keilförmiger Verbrennungsraum

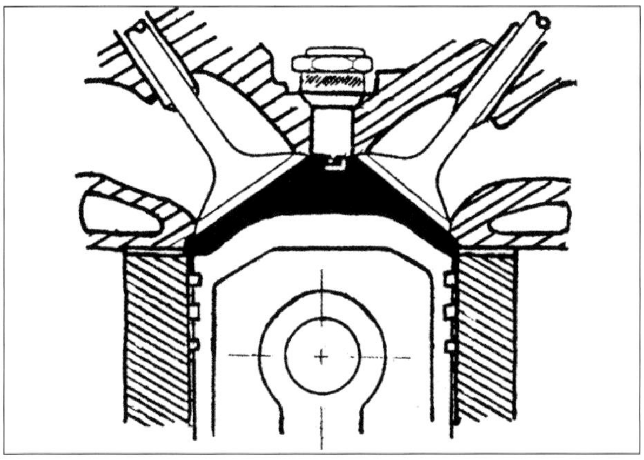

Halbkugelförmiger Verbrennungsraum

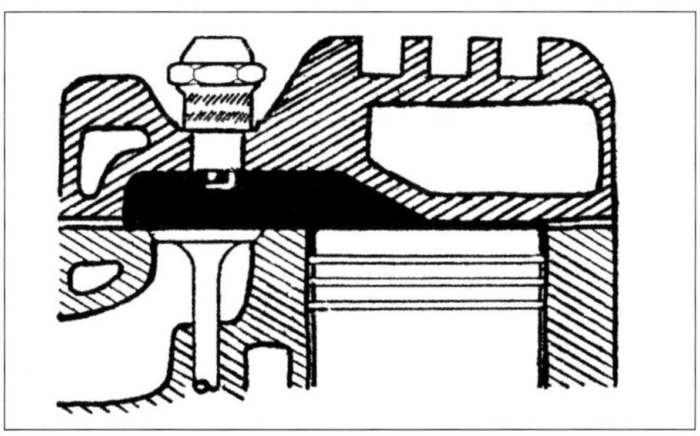

Verbrennungsraum eines Motors mit stehenden Ventilen

hängende Ventile). Hier sind die Ventile ebenfalls in Reihe und senkrecht angeordnet, während die Brennkammer im Kolben ausgebildet ist.

- Keilförmiger Verbrennungsraum. Die Ventile sind in Reihe angeordnet, jedoch in einem Winkel zur Senkrechten, wodurch sich die Keilform der Brennkammer ergibt.
- Dachförmiger Verbrennungsraum. Die Ventilteller

Dachförmiger Verbrennungsraum eines Vierventilmotors

sind gegenüber liegend angeordnet (Ventilschäfte in V-Formation). So ergibt sich die Dachform des Verbrennungsraums im Zylinderkopf. Diese Konstruktion hat sich an Vierventil-Zylinderköpfen moderner Bauart durchgesetzt.
- Halbkugelförmiger Verbrennungsraum (Hemi). Die Ventilteller stehen sich auch hier gegenüber. Durch die Formgebung der Ventile und des Verbrennungs-

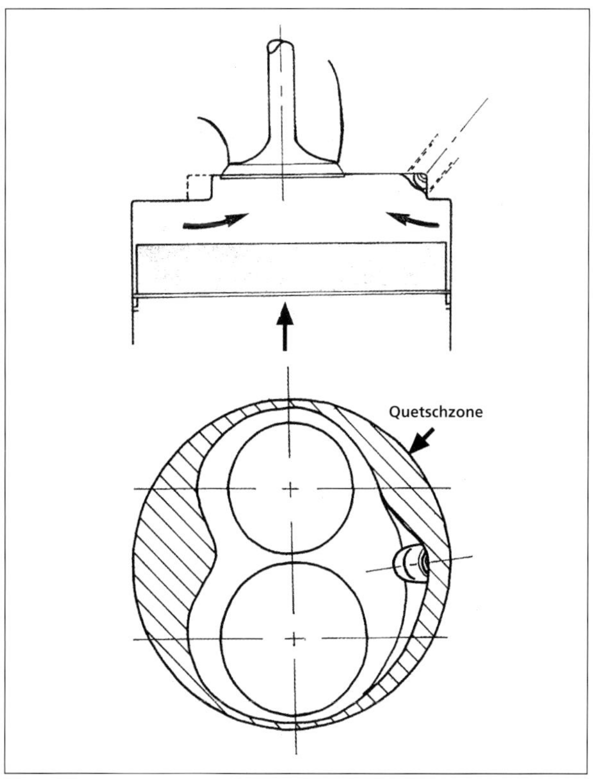

Schematische Darstellung des Quetscheffekts, der von der Bewegung des Kolbens in einem typischen wannenförmigen Verbrennungsraum erzeugt wird

raums entsteht jedoch eine halbkugelförmige Aussparung im Zylinderkopf.

- Flachkopfausführung. Hier handelt es sich um eine ältere Konstruktion, die an Motoren mit im Zylinderblock stehenden Ventilen zur Anwendung kam.

Quetscheffekt (Squish)

Der Quetscheffekt ergibt sich aus der willkürlichen Bewegung des noch unverbrannten Gemischs aus Luft und Kraftstoff im Zylinder, der beim Annähern des Kolbens an den oberen Totpunkt des Verdichtungstakts auftritt. In den meisten Fällen werden sich ein Teil des äußeren Rands am Kolbenboden und der Zylinderkopf beim oberen Totpunkt (OT) sehr nahe kommen und dies mit einer sehr hohen linearen Geschwindigkeit. Das zwischen diesen sich rasch aufeinander zu bewegenden Flächen befindliche Gemisch wird eingequetscht und dann stoßartig verdrängt. Der einfachste „Fluchtweg“ besteht in der Verdrängung in Richtung des bereits innerhalb des Verbrennungsraums befindlichen übrigen Gemisches, wodurch eine nützliche Steigerung der Bewegung, d.h. Verwirbelung, des frisch angesaugten Gemischs entsteht. Der wesentliche Teil des Gemischs ist nun im Verbrennungsraum in Vorbereitung auf den Zündfunken eingefangen. Diese zufällige, in der Kammer erzeugte Verwirbelung unterstützt die Vermischung des Kraftstoffs mit der Luft, wodurch eine vollständigere Verbrennung erreicht wird.

Swirl und Tumble – Rotierende Ansaugrichtung und rollende Ansaugrichtung

Swirl und Tumble sind Bezeichnungen für die kontrollierte Bewegung des Kraftstoff-Luftgemischs in den Zylindern. Im Streben nach höherer Leistung bei niedrigem Kraftstoffverbrauch und Verbesserung der Abgaswerte gewinnt die kontrollierte Ansaugung des Gemisches bei der Konstruktion von Zylinderköpfen an modernen Motoren zunehmend an Bedeutung. Wie beim Quetscheffekt auch wird durch im Rahmen von Swirl oder Tumble entstehende Verwirbelung die Vermischung des Kraftstoffs mit der angesaugten Luft unterstützt, wodurch eine vollständige Verbrennung weiter gefördert wird.

Der Swirl-Effekt kann durch eine spezielle Gestaltung des Ansaugkanals erzeugt werden, um dem angesaugten Gemisch einen gewissen Drall zu geben. Der Kanal kann entweder leicht gekrümmt sein, um die Strömung am Ventil vorbeizuleiten oder mit einer Vertiefung oder einem Abweiser versehen sein, um die Strömung quasi im letzten Moment in eine Richtung zu lenken.

So erhält das angesaugte Gemisch einen Drall, um mehrheitlich zu einer Seite des Einlassventils zu strömen und so entlang seines Umfangs tangential in den Zylinder einzutreten. Der Hauptstrom des Gemischs wird dann durch beide Seiten des Verbrennungsraums oder der Zylinderwand abgeführt, um so das Gemisch spiralförmig in den Zylinder zu leiten. Hier ist die schraubenförmige

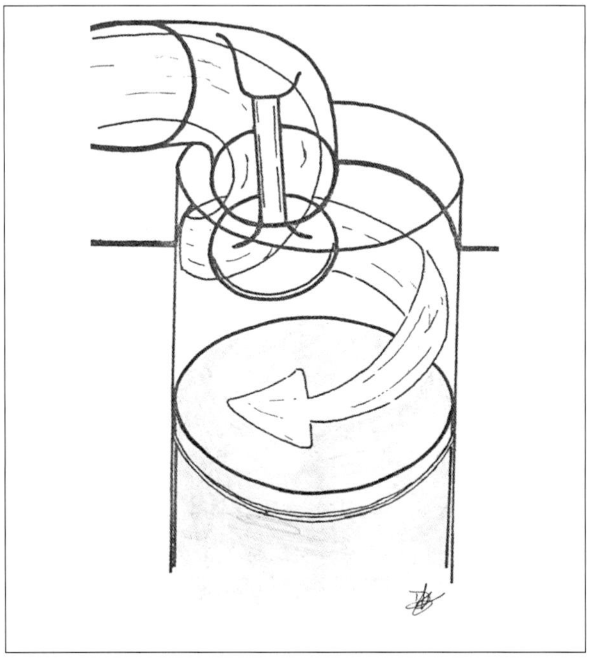

Der Swirl-Effekt (Kreisförmige Strömung)

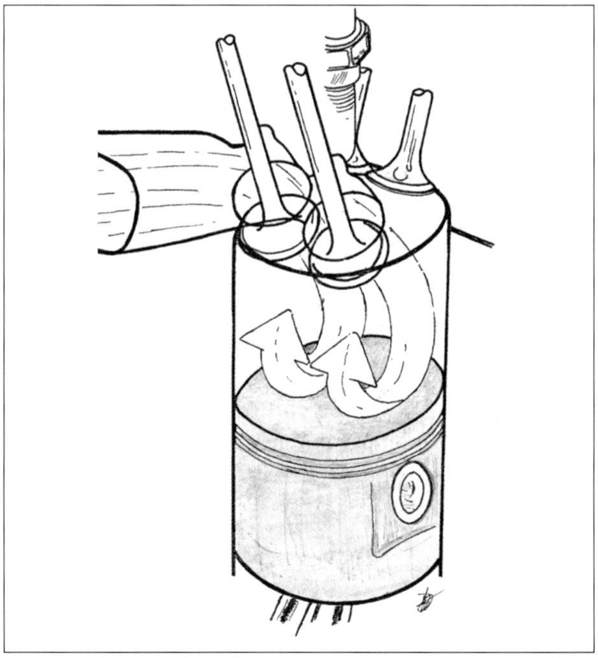

Der Tumble-Effekt

Bewegung des Hauptstroms des angesaugten Gemischs besonders erwünscht.

Der so genannte Tumble-Effekt wird ebenfalls verwendet, um die Strömung des angesaugten Gemischs in den Zylinder auf geordnete Weise ablaufen zu lassen. Der Unterschied zum Swirl-Effekt besteht darin, dass der Drall bzw. die Drehbewegung des Gemischs in der senkrechten Ebene parallel zum Kolbenboden stattfindet. Am besten stellt man sich dies als „Rolle kopfüber" des angesaugten Kraftstoff-Luftgemischs im Zylinder vor.

Eine weitere, komplexere Methode zum Erzeugen des Swirl-Effekts besteht in der Formgebung des Ansaugkanals, um so eine Eigenbewegung zu erzeugen, wodurch das Gemisch um das Ventil herum gewirbelt wird, bevor es in den Zylinder eintritt. Diese kugelförmigen Ansaugkanäle erzeugen einen Dralleffekt ähnlich dem Wasser, das langsam in einer Drehbewegung in ein Loch fließt. Obwohl durch diese Bauart ein höherer Füllungsgrad erreicht werden kann als bei anderen Bauarten – da die Strömung am Umfang des gesamten Ventils erzeugt wird – sind diese Bauarten (glücklicherweise) zur Zeit nicht häufig anzutreffen. Die Modifizierung eines derartigen Zylinderkopfs kann sich nämlich äußerst schwierig gestalten.

Natürlich werden die Ausläufer der geordneten Ansaugströmung mit der Bewegung des Kolbens im Verdichtungstakt nach oben gestört, wodurch im Kraftstoff-Luftgemisch eine willkürliche Turbulenz entsteht, die durch den nahe dem oberen Totpunkt auftretenden Quetscheffekt noch verstärkt wird.

Während dieses Konzept der kontrollierten Eigenbewegung des einströmenden Gemischs mit einhergehender besserer Vermengung von Kraftstoff mit der Luft und einer gründlicheren Verbrennung sinnvoll ist, so besteht ein geringfügiger Nachteil im geringeren absoluten Durchsatz, der hierdurch bedingt wird. Da der Luftstrom im Regelfall in einer bestimmten Richtung in den Zylinder eintritt, wird nur ein Teil der verfügbaren Querschnittsfläche um das Ventil vollständig ausgenutzt, wodurch der Füllungsgrad im Regelfall verringert wird.

Bei der Modifizierung von Zylinderköpfen, in denen konstruktionsbedingt der Swirl-Effekt oder Tumble-Effekt erzeugt werden soll, ist besondere Vorsicht geboten. Durch eine anderweitig durchaus sinnvolle Bearbeitung der Zylinderköpfe kann hier jedoch eine effektive Minderung des Wirkungsgrades die Folge sein, wenn das Kraftstoff-Luftgemisch nicht optimal in den Verbrennungsraum eingeführt wird, um eine vollständige Verbrennung zu ermöglichen.

KAPITEL 3

Theorie und Praxis

Den Luftdurchsatz beeinflussende Faktoren

Zum erfolgreichen Modifizieren von Zylinderköpfen ist eine Kombination von Talenten erforderlich. So erweist sich das Zusammenspiel von Händen und Augen eines Bildhauers, mit dem Geist, dem Wissensdrang und dem logischen Ansatz eines Ingenieurs sowie dem Durchhaltevermögen eines Terriers mit unerschöpflicher Geduld, als eine sinnvolle Kombination von Eigenschaften und Fertigkeiten für diese Aufgabe.

Eine derartige Begabung wird selten anzutreffen sein. Hat man jedoch einmal das Bearbeiten von Zylinderköpfen ausprobiert, so wird besser verständlich, was als Rüstzeug mitzubringen ist, um berufsmäßig Zylinderköpfe zu modifizieren! Außerdem muss der Luftstrom in Betracht gezogen werden und dies nicht unbedingt aus rein mechanischen Aspekten. Nur weil etwas wirklich gut aussieht und für die Fertigstellung viel Arbeit investiert wurde, bedeutet dies noch lange nicht, dass der Luftstrom dem vorgegebenen Weg auch folgen wird.

Um einzugrenzen, welcher Ansatz zur Verbesserung des Luftdurchsatzes funktioniert und welcher nicht, müssen alle Bauteile, die am Gaswechsel des Motors beteiligt sind, auf einem Luftdurchsatzprüfstand getestet werden. Hierbei handelt es sich um eine Vorrichtung, mit der die durch ein Bauteil strömende Luftmenge exakt gemessen werden kann, sodass jegliche Änderung einzeln in Bezug auf ihre Auswirkung bewertet werden kann. Die Konstruktion eines Luftdurchsatzprüfstands wird in Einzelheiten an anderer Stelle in diesem Buch beschrieben.

Die detaillierte Gestaltung der Strömungskanäle und Formgebung der Bauteile erfordert das Ermitteln einer Bezugsgröße durch Testen des serienmäßigen Bauteils in nicht modifizierter Form. In diesem Fall wird der Strömungsdurchsatz des Ansaugkanals im Zylinderkopf zu unterschiedlichen Maßen des Ventilhubs gemessen. Die Abstufung erfolgt im Regelfall bei 0 beginnend alle 1,27 mm über den gesamten Ventilhub. Darauf folgt eine Reihe von schrittweise durchgeführten Modifizierungen des Zylinderkopfes, wobei jeder einzelne Schritt auf seine Wirkung in Bezug auf Strömungsbegünstigung ausgewertet wird und somit als Vergleichswert für weitere Verbesserungen dient. Hier handelt es sich um einen zeitaufwändigen Vorgang, der ein hohes Maß an Geduld und Arbeitseinsatz erfordert, um sinnvolle Ergebnisse zu erzielen.

Das Erreichen gleichmäßiger Endergebnisse nach all diesen Prüfdurchläufen für jeden einzelnen Ansaugkanal eines Zylinderkopfs und für mehrere Zylinderköpfe, z. B. eines V-Motors, erfordert ein hohes Maß an fachlichem Können und Geschick. Außerdem ist hierfür ein beträchtlicher Maschinenpark erforderlich. Aus diesem Grunde können im Zuge der professionellen Bearbeitung von Zylinderköpfen wesentlich bessere Ergebnisse erzielt werden als vom Amateur an seiner eigenen Werkbank. Es macht außerdem die hohen Kosten eines modifizierten Zylinderkopfes plausibel.

Ansaugen und Prüfen

Zylinderköpfe können auch ohne die Verwendung eines Luftdurchsatzprüfstands erfolgreich modifiziert werden. Um jedoch den „ultimativen“ Luftdurchsatz bei einem Zylinderkopf zu erzielen, kann ohne eine auf dem Prüfstand ermittelte Bezugsgröße nicht genau bestimmt werden, wann das Potenzial ausgeschöpft wurde. In den meisten Fällen ist es erforderlich, immer einen Schritt weiter zu gehen, um sich nicht mit dem gefundenen Ergebnis zufrieden zu geben. Dies gilt insbesondere bei der Entwicklung der Formgebung eines Ansaugkanals an Zylinderköpfen, die im Motorsport eingesetzt werden. Verringert sich der Luftdurchsatz nach weiterer Materialabtragung an einer bestimmten Stelle, so ist hiermit eindeutig festgelegt, dass die vor diesem Arbeitsschritt gefundene Formgebung die beste war. Nur zu oft führt jedoch dieser zusätzliche Schritt nicht zur Zuführung weiterer Ansaugluft, sondern zum Durchbruch in den Kühlwasserkanal, was den Zylinderkopf zu Ausschuss degradiert. Derartige Stücke sind für Vergleichszwecke aufzuheben, um am nächsten Objekt nicht genauso weit zu gehen. Selbstverständlich sollten derartige Versuche nur an Zylinderköpfen durchgeführt werden, die nicht Fremdeigentum sind.

Bei der Prüfung und Auswertung von Änderungen und Modifizierungen auf dem Luftdurchsatzprüfstand haben wir festgestellt, dass ab einem bestimmten Punkt bei niedrigem Ventilhub Luftdurchsatz verloren geht, während bei größerem Ventilhub der Luftdurchsatz noch zu steigern ist. Dieser Unterschied im Luftdurchsatz bei niedrigem Ventilhub zu hohem Ventilhub muss in Bezug auf den letztendlichen Einsatzbereich des Zylinderkopfes bedacht werden. Es macht z.B. keinen Sinn, bei einem Ventilhub von 12,7 mm einen massiven Anstieg des Luftdurchsatzes zu haben, wenn die Nockenwelle und der Ventiltrieb nur einen Ventilhub von 8,89 mm zulassen. Gleichfalls mag ein groß dimensionierter Ansaugkanal einen hohen Luftdurchsatz erzeugen. Die resultierende Gasgeschwindigkeit ist jedoch zu niedrig, um eine vollständige Füllung des Zylinders zu erreichen, weshalb der Motor dann nicht mehr seine volle Leistung entfalten kann. In vielen Fällen ist ein Kompromiss zu finden. Der Idealfall ist gegeben, wenn die Fläche unterhalb der Kurve im Diagramm Luftdurchsatz gegen Ventilhub am größten ist und mit der Konstruktion der Nockenwelle und des Ventiltriebs sowie dem prädestinierten Einsatzbereich des Motors kompatibel ist.

Glücklicherweise kann die beschriebene Forschungsarbeit umgangen und trotzdem der Luftdurchsatz erhöht werden, indem mit etwas Arbeitsaufwand und Geduld unsere Anleitung für zielstrebige und effektive Modifizierung von Zylinderköpfen befolgt wird.

Grundlagen der Strömungslehre

Zum besseren Verständnis der hier beschriebenen Arbeiten müssen zuerst einige Grundlagen der Strömungslehre aufgearbeitet werden, die sowohl auf den Ansaugtrakt als auch auf den Auspufftrakt zutreffen. Diese Thematik mag anfangs etwas ungewöhnlich erscheinen, wird jedoch zu einem besseren Verständnis unseres Ansatzes zum Modifizieren von Zylinderköpfen führen.

Der Luftstrom reagiert stärker auf die Formgebung des ihn führenden Kanals als auf dessen Größe. Hieraus lässt sich ableiten, dass größere Kanäle nicht unbedingt besser sind als kleinere Kanäle, wenn es um den Luftdurchsatz insgesamt geht. Außerdem verträgt der Luftstrom plötzliche Änderungen der Richtung bzw. des durch den Kanal passenden Volumens und/oder der Formgebung des ihn führenden Kanals nicht. Dies wird insbesondere daran erkennbar, dass jene Bereiche des Ansaug- oder Auslasskanals, die einen leichten Zugang ermöglichen, in modifizierter Form nur eine moderate Auswirkung auf die Strömungseigenschaften haben, während jene Abschnitte der Innenflächen des Ansaug- oder Auslasskanals, deren Zugang nur unter erschwerten Bedingungen möglich ist, meist einen wesentlich größeren Einfluss auf die Strömungseigenschaften des Zylinderkopfes haben. Somit stellt die Modifizierung dieser schwer zugänglichen Bereiche die größte Herausforderung bei der Überarbeitung von Zylinderköpfen dar.

Wie bereits erwähnt ist die Steigerung des volumetrischen Wirkungsgrads (Füllungsgrad) des Motors der wichtigste Faktor im Streben nach Leistungssteigerung. Die Betonung liegt dabei vor allem auf der nutzbaren Leistungssteigerung.

Der Füllungsgrad wird im Regelfall definiert als das Verhältnis des angesaugten Luftvolumens im Verhältnis zum Hubraum des Motors. Das Füllen eines derart großen Leerraums (des Zylinders) durch einen kleinen Kanal (den Ansaugkanal) in sehr kurzer Zeit bedeutet, dass die angesaugte Luft sehr rasch einströmen muss. Die durchschnittliche Geschwindigkeit, mit der die Luft durch den Ansaugkanal strömt (seine durchschnittliche Gasgeschwindigkeit) hängt vom Volumen des Zylinders, der Motordrehzahl (U/min) und der Größe des Ansaugkanals ab.

Wird ein großer Zylinder über einen kleinen Kanal beschickt, so entsteht hierdurch eine hohe Gasgeschwindigkeit bei niedrigen Drehzahlen und eine derartige Motorkonstruktion wird nicht in der Lage sein, bei hohen Drehzahlen ausreichend Luft anzusaugen. Im Gegenzug wird ein sehr großer Kanal zur Beschickung desselben Zylinders mit Luft nur bei hohen Drehzahlen eine entsprechend hohe Gasgeschwindigkeit erzeugen und somit bei niedrigen Drehzahlen eine sehr geringe Gasgeschwindigkeit aufweisen.

Wird die Beimengung von Kraftstoff in diese Gleichung integriert, so ändern sich die Verhältnisse erneut. Die vom Vergaser oder Einspritzventil zugeführten Kraftstofftröpfchen erfordern eine ausreichende Geschwindigkeit, um im Luftstrom der Ansaugluft in Schwebe gehalten zu werden. Ist die Geschwindigkeit des Luftstroms zu niedrig, so gewinnt die Schwerkraft die Oberhand und die Kraftstofftröpfchen fallen auf den Boden des Ansaugkanals, wo sie kleine Pfützen bilden, die nur schwer wieder gleichmäßig mit dem Ansaugluftstrom verwirbelt werden und noch schwieriger zu verbrennen sind, wenn die Tröpfchen bis in den Verbrennungsraum herunterlaufen. Dies würde einen hohen Kohlenwasserstoffanteil (HC) und sichtbaren Ruß im Abgas mit sich bringen. Ist jedoch die Gasgeschwindigkeit der die Kraftstofftröpfchen mitreißenden Luft zu hoch, so können sich die Tröpfchen vom Luftstrom abscheiden, wenn dieser um eine Biegung oder an einem Hindernis vorbei geleitet werden muss. Hierbei würde die bereits erreichte gleichmäßige Vermischung des Kraftstoffs in der Ansaugluft wieder verloren gehen und es könnten außerdem Probleme bei der Verbrennung die Folge sein.

Die serienmäßig vorgegebenen Abmessungen des Ansaugkanals ergeben sich aus dem Streben der Ingenieure, den besten Kompromiss in Bezug auf Füllungsgrad des Zylinders über eine große Bandbreite von im Alltagsbetrieb relevanten Motordrehzahlen zu erreichen.

Bei einer bestimmten Motordrehzahl und somit einer bestimmten mittleren Gasgeschwindigkeit erreicht die Füllung der Zylinder einen Optimalwert und das höchste Motordrehmoment wird erzeugt. Weitere Steigerung der Motordrehzahl erhöht die Gasgeschwindigkeit im Kanal bis zu einem bestimmten Punkt, wo der Luftdurchsatz „abgewürgt“ wird. An diesem Punkt ist es einfach nicht möglich, noch mehr Luft durch den Ansaugkanal zu führen. In der Nähe dieses Punktes erzeugt der Motor die maximale Motorleistung. Mit weiterem Anstieg der Motordrehzahl kann der Luftbedarf der Zylinder nicht länger erfüllt werden, sodass der volumetrische Wirkungsgrad rapide abfällt und ebenso die Motorleistung.

Somit macht es keinen Sinn, den Ansaugkanal ohne Beachtung des anvisierten Einsatzbereichs des Motors weiter aufzuweiten. Große Ansaugkanäle eignen sich wohl für den Motorsporteinsatz, wo ständig mit hohen Drehzahlen gefahren wird und das Betriebsverhalten bei niedrigen Drehzahlen und die Abgaswerte nicht ins Gewicht fallen. Für den Alltagsgebrauch ist jedoch ein Motor mit Drehmoment im niedrigen Drehzahlbereich und ausreichender Motorleistung unter Teillast erforderlich.

Zwischen der mittleren Gasgeschwindigkeit im Ansaugkanal und dem volumetrischen Wirkungsgrad des Motors besteht ein Zusammenhang. Als Faustregel gilt, dass eine Gasgeschwindigkeit im Ansaugkanal von 80 m je Sekunde für maximale Leistung zu wählen ist, hingegen 50 m je Sekunde für maximales Drehmoment. Dies sind Orientierungswerte, obwohl moderne Mehrventilmotoren bei maximaler Leistungsentfaltung wahrscheinlich mittlere Gasgeschwindigkeiten nahe 100 m je Sekunde erreichen. Die mittlere Gasgeschwindigkeit im Ansaugkanal (V) wird wie folgt berechnet:

V (m/s) = (L x N)/30.000 x (D/d)^2

Hierbei gilt:
L = Kolbenhub (mm)
N = Motordrehzahl (1/min)
D = Bohrung des Zylinders (mm)
d = Durchmesser des Ansaugtraktes bzw. Ventileinlasskanals (mm)

Im folgenden Beispiel werden die Berechnungen für den Ford SOHC Pinto-Motor (2000 ccm) durchgeführt:
L = 76,95 mm
N = 5500/min
D = 90,8 mm
d = 38 mm

V = (76,95 x 5500)/30.000 x (90,8/38)^2

V = 14,1 x 5,71

V = 80,5 m/s

Diese Gleichung kann als Richtlinie verwendet werden, um die Gasgeschwindigkeit bei Höchstleistung des betreffenden Motors zu berechnen. Hierfür werden die werkseitigen Vorgaben verwendet bzw. die vom Werk vorgegebenen Werte für die Hochleistungsversion desselben Motors, sofern dieser damals hergestellt wurde. Durch Umsetzen der Gleichung kann die Dimensionierung des Einlasskanals berechnet werden, um dieselbe Gasgeschwindigkeit – und somit eine effiziente Füllung des Zylinders – bei höheren Drehzahlen bzw. bei Vergrößerung des Bohrungsdurchmessers oder bei Änderung beider Werte zu erreichen, je nach dem ob der betreffende Motor für schnelles Fahren auf der Straße oder für den Renneinsatz vorgesehen ist.

KAPITEL 4

Der Luftdurchsatzprüfstand

Was man nicht sehen kann, lässt sich nur schwer messen. Die Länge eines Stabes kann beispielsweise ganz einfach mit einem Lineal gemessen werden, ebenso wie das Volumen eines Zylinders mit Wasser aus einem Messbecher ausgelitert werden kann. Will man wissen, wie viel Wasser durch ein System strömt, so kann darüber ein Wasserbehälter angeordnet werden, um dann die Zeit zu messen, die der Wasserstrom benötigt, um in einem darunter angeordneten Eimer aufgefangen zu werden. Dann lässt sich sagen: Bei einem Wasservorrat in (z)-Metern oberhalb des Systems betrug die Durchsatzrate (x)-Liter pro Minute. Bedauerlicherweise können wir keinen Eimer unter einem Zylinderkopf anordnen, um Luft aufzufangen! Wir müssen uns hier der Tatsache bedienen, dass die Natur grundsätzlich bemüht ist, ein Vakuum zu füllen und dass sich Druckunterschiede immer auszugleichen versuchen.

Die Anfertigung eines Luftdurchsatzprüfstands gestaltet sich einfach, jedoch die Berechnung des tatsächlichen Luftdurchsatzes und das Verständnis über die darin ablaufenden Vorgänge sind schwieriger.

In der nachfolgenden Darstellung ist das gesamte System schematisch aufgezeigt und kann in folgende Komponenten aufgeteilt werden.

Luftsammler

Dieser besteht aus einem Kunststoffrohr von 1 m Länge und 150 mm Durchmesser bei einer Wandstärke von ca. 6 mm. Der Boden wird mit einem 6 mm starken Kunststoffmaterial durch Verkleben abgedichtet.

Die Drosselplatte/Drosseltrommel

Eine zylindrische Trommel von mindestens 300 mm Durchmesser und mindestens 300 mm Länge verwenden

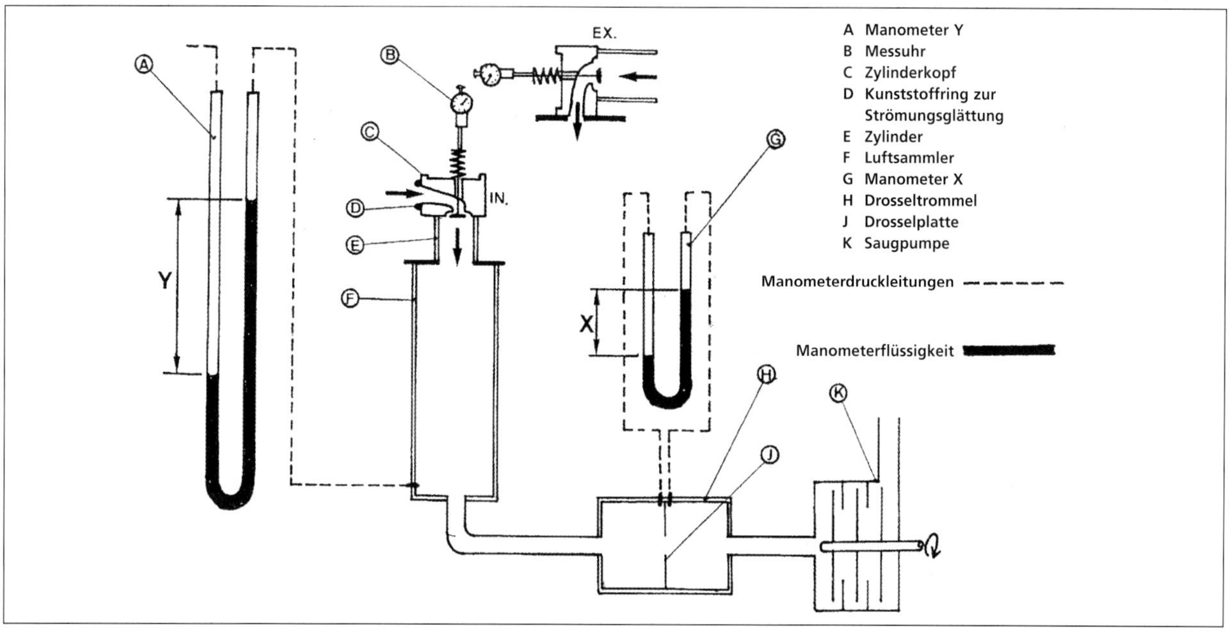

Schematische Darstellung eines Luftdurchsatzprüfstands

(z.B. eine Metalldose). Die Trommel muss mittig in zwei Hälften geschnitten werden, um die Drosselplatte darin unterzubringen. Die Drosselplatte wird aus einem Stück Blech (Stärke 2,5 mm) geschnitten und groß genug bemessen, um den Durchmesser der Trommel etwas zu überlappen. Die Mitte der Drosselplatte wird markiert und es wird dort eine Bohrung angebracht, die mit Bohrer, Feile und Schleifer auf eine Größe von 30 bis 32 mm Durchmesser geweitet wird. Dieses Loch muss so rund wie möglich sein und exakt innerhalb einer Toleranz von 0,1 mm maßhaltig sein. Die Ausführung dieser Bohrung ist für die Berechnungen des Luftdurchsatzes von entscheidender Bedeutung, sodass bei der Anfertigung äußerste Sorgfalt geboten ist. Außerdem müssen die Kanten der Bohrung in der Drosselplatte scharf und rechtwinklig sein und dürfen nicht angefast werden.

Die Drosselplatte wird dann an einer Hälfte der Drosseltrommel verschweißt, wobei die Drosselbohrung so nahe wie möglich zum Mittelpunkt und im rechten Winkel zur Mittellinie der Trommel ausgerichtet sein muss.

Die Verschweißung muss luftdicht sein. Dann die zweite Hälfte der Trommel ebenfalls an der Platte anschweißen.

Druckanschlüsse des Luftdurchsatzprüfstands

Einen kurzen Rohrleitungsabschnitt aus Kunststoff oder Metall verwenden, um die Anschlüsse herzustellen. Der maximale Innendurchmesser beträgt 6 mm. Die Anschlüsse so abdichten, dass die inneren Enden zu den Innenwänden des Luftdurchsatzprüfstands bündig stehen. Die Gewindeanschlüsse für das Manometer X müssen beiderseits so nah wie möglich an der Drosselplatte angeordnet werden.

Der Gewindeanschluss für Manometer Y muss weit unten am Luftsammler angeordnet werden. Das andere Ende des Manometers Y wird an den Atmosphärenluftdruck entlüftet.

Absetztrommel für Saugpumpe

Einen ähnlich wie die Drosseltrommel dimensionierten Zylinder verwenden.

Manometer

Zur Herstellung der Manometer ist Klarsichtkunststoffrohr (Acryl) mit ca. 6 mm Innendurchmesser zu verwenden. Für Manometer X werden 2 je ein Meter lange Stücke benötigt, für Manometer Y zwei jeweils 200 Zentimeter lange Stücke. Die Rohrabschnitte sind zwecks Abstützung z.B. auf Holzbrettern anzuordnen. Zur Befestigung der Rohrabschnitte an den Brettern sind die Abstände der Rohrleitungen zueinander (130 mm) zu markieren, um dann die Rohre mit Sicherungsdraht oder Kupferdraht durch in die Bretter gebohrte Löcher zu sichern.

Das verbindende U-Rohr kann aus einem flexiblen Kunststoffschlauch, wie er z.B. an Windschutzscheiben-Waschanlagen verwendet wird, hergestellt werden. Das U-Rohr wird mit Silikondichtmasse gesichert.

Zur Messung des Druckabfalls werden vier 1 m lange Lineale an den Brettern parallel zu den Manometerrohren montiert. Um die Manometer auf „0“ stellen zu können, sollten die Lineale mit Langlöchern versehen sein; befestigt werden die Lineale an den Holzbrettern mit kleinen Schrauben. Durch Lösen der Schrauben und Verschieben der Lineale lässt sich das Manometer dann später kalibrieren, bevor die Prüfungen des Luftdurchsatzes beginnen.

Manometerrohre und Dämpfung

Flexible Kunststoffschläuche werden verwendet, um die Drosseltrommel und den Luftsammler mit den Manometern zu verbinden. Die Anschlüsse müssen luftdicht sein, da jegliche Undichtigkeit an dieser Stelle die Messwerte verfälschen würde. Silikondichtmasse ist hierfür bestens geeignet.

An einer Stelle, ca. 600 mm von jedem Manometeranschluss entfernt, werden die Druckdämpfer eingebaut. Diese bestehen aus 0,75-mm-Kapillarrohr (oder ähnlichem Material) und müssen zwecks dauerhafter Dämpfung 100 Mal so lang sein, wie ihr Innendurchmesser, also 75 mm. Diese Rohre dienen der Dämpfung von an den Manometern erkennbaren Druckschwankungen, wodurch sich die Bewegung der Flüssigkeit verringert und so eine Ablesung der Messwerte einfacher wird.

Manometerflüssigkeit

Hier kommt Wasser zur Anwendung, das mit einigen Tropfen Geschirrspülmittel zwecks Eliminierung der Kapillarwirkung vermischt wurde. Dies verhindert ein Anhaften des Wassers an den Innenwänden der Manometerrohre. Durch Anbringen eines weißen Hintergrunds hinter den Manometerrohren lässt sich der Wasserstand besser ablesen.

Saugpumpe

Hier werden drei haushaltsübliche Staubsauger verwendet, die an der Absetztrommel der Saugpumpe angeschlossen werden. Als Alternative hierzu kann ein großer Industriestaubsauger verwendet werden, was dann die Verwendung der Absetztrommel überflüssig macht. Die erforderliche Leistung der Saugpumpe beträgt 2200 Watt bzw. 3 PS.

Anschließen des Prüfstands

Ein starres Kunststoffrohr von 75 mm Länge verwenden. Hierbei können diverse handelsübliche Winkelstücke und Verlängerungen eingesetzt werden. Gleichfalls können flexible Rohre für die Krümmungen zur Anwendung kommen. Alle Verbindungen und Flansche müssen abgedichtet und luftdicht sein. Hierfür Klebstoff, Silikondichtmasse oder Fensterkitt verwenden.

Nach einer Beschreibung der Fertigung und Montage aller Komponenten des Systems können wir uns nun den Zahlenspielen widmen.

Berechnung des Luftdurchsatzes

Worin besteht die Luftströmung? Einfach ausgedrückt handelt es sich um die Bewegung von Luft zwischen zwei Punkten. Die Bewegung wird von zwei wesentlichen Faktoren beeinflusst, zum einen aus der Wurzel aus dem Druckabfall zwischen den beiden Punkten und zum anderen aus dem Wirkungsgrad des geprüften Bauteils.

Es wurden schon viele Artikel über eine Strömungsprüfung an Zylinderköpfen verfasst, wobei hier immer mit unterschiedlichen Werten für den Druckabfall bei der Prüfung der einzelnen Köpfe gearbeitet wurde. Dies führte unter den Lesern dieser Artikel zu Kontroversen über den richtigen zu verwendenden Druckabfallwert, da kein direkter Vergleich zwischen den Ergebnissen möglich schien. Welcher Wert für den Druckabfall verwendet wurde ist jedoch unerheblich, da eine Maßangabe problemlos in eine andere umgerechnet werden kann. In unserer Anordnung kommt für Prüfzwecke ein Druckabfall von 635 mm Wassersäule zur Anwendung. Dieser Druckabfall gilt entlang des gesamten getesteten Systems und ermöglicht eine gute Veranschaulichung der Luftströmung in der Grafik.

Das in diesem Buch beschriebene Prüfsystem für den Luftdurchsatz ist nicht auf irgendeinen bestimmten Druckabfall beschränkt. Die abgelesenen Werte werden mathematisch zu der Strömungsrate bei 635 mm Wassersäule umgerechnet. Solange die Manometerwerte oberhalb 50 mm Wassersäule liegen, werden die Strömungsraten recht genau ausfallen.

Da der Luftstrom direkt proportional zur Wurzel des Druckabfalls ist, wird die Umrechnung von einer Strömungsrate in Kubikfuß pro Minute (cfm) auf eine andere wie folgt ausgeführt.
Umrechnung eines Strömungswertes in cfm vom Druckabfall A auf den Druckabfall B:

$$\text{cfm B} = \text{cfm A} \times \sqrt{(B/A)}$$

z.B. 100 cfm bei 10 auf 25 inch
(254 auf 635 mm) Wassersäule

$$\text{cfm}25 = 100 \times \sqrt{(25/10)}$$

$$\text{cfm}25 = 158{,}1$$

Somit entsprechen 100 cfm bei 254 mm Wassersäule exakt 158,1 cfm bei 635 mm Wassersäule.
Hinweis:
cfm = Kubikfuß pro Minute
1 cfm = 28,31 Liter pro Minute

Einfache Berechnung

Unter Verwendung der Manometermesswerte und unter Berücksichtigung der Tatsache, dass die Drosselbohrung einen Wirkungsgrad von 62% hat oder einen Ausstoßkoeffizienten (Cd) von 0,62, können wir die Strömungsrate in Kubikfuß pro Minute (cfm) unter Verwendung folgender Formeln berechnen:

Volumenstrom =
A x Cd x 213685,34 ....**Gleichung 1**
bei 635 mm Wassersäule Prüfdruck, 15 Grad Celsius und 1013,25 mbar Atmosphärendruck

Hierbei gilt:
A = Fläche des Ventils oder des Einlasskanals in Quadratmetern
Cd = Ausstoßkoeffizient der Drosselbohrung oder des Kanals

Der Ausstoßkoeffizient ist eine Konstante ohne Maßangabe, die zur Darstellung des Wirkungsgrads der die

Strömung führenden Bauteile dient. Ein Ausstoß-koeffizient von 100% wäre also perfekt.
Zur Ermittlung des Ausstoßkoeffizienten Cd:

$$Cd = \frac{Ao \times 0{,}62}{A} \times \sqrt[2]{(X/Y)}$$ ....**Gleichung 2**

Hierbei gilt:
Ao = Fläche der Drosselbohrung in Quadratmeter
A = Fläche des Ventils oder Kanals in Quadratmeter
X = Ablesewert von Manometer X in Millimeter
Y = Ablesewert von Manometer Y in Millimeter

Beispiel:
Unter Verwendung eines Ventils mit 42 mm Durchmesser, Ablesewert Manometer X = 500 mm und Manometer Y = 250 mm, und eine Drosselbohrungsfläche von 0,0007 m^2

Fläche des Ventils = $(\pi D^2)/4$

Wobei:
D der Durchmesser des Ventils in Metern.
Fläche des Ventils (D = 42 mm) = 0,001385 m^2

Unter Anwendung der Gleichung 2:

$$Cd = \frac{0{,}0007 \times 0{,}62}{0{,}001385} \times \sqrt[2]{(500/250)}$$

$$Cd = 0{,}443$$

Was bedeutet, dass das Ventil einen Wirkungsgrad von 44,3% aufweist.

Unter Anwendung der Gleichung 1 wie obenstehend -

Luftdurchsatz = 0,001385 x 0,44 x 213685,34

Luftdurchsatz = 131,11 cfm bei 635 mm Wassersäule

Hinweis:
cfm = Kubikfuß pro Minute
1 cfm = 28,31 Liter pro Minute
Wurde das Ventil in einem Kanal von 30 mm Durchmesser eingebaut und die Manometerwerte betragen: X = 500 mm und Y = 250 mm, während die Fläche der Drosselbohrung 0,0007 m^2 beträgt, ist die Frage:
Wie lautet der Ausstoßkoeffizient für den Kanal und wie hoch wäre die Strömungsrate?

Fläche des Kanals = 0,000707 m^2

Unter Anwendung von Gleichung 2:

$$Cd = \frac{0{,}0007 \times 0{,}62}{0{,}000707} \times \sqrt[2]{(500/250)}$$

$$Cd = 0{,}868$$

Was bedeutet, dass der Kanal einen Wirkungsgrad von 86,8% aufweist.

Wird nun Cd in die Gleichung 1 eingesetzt:

Luftdurchsatz = 0,000707 x 0,868 x 213685,34

Luftdurchsatz = 131,15 cfm bei 635 mm Wassersäule

Hinweis:
cfm = Kubikfuß pro Minute
1 cfm = 28,31 Liter pro Minute.

Diese Frage war wirklich schwierig zu lösen, weil die Manometerwerte gleich waren, die berechnete Strömungsrate durch den Einlasskanal und für das Ventil mussten also ebenfalls gleich sein. Nur der Wirkungsgrad änderte sich in diesem Fall.

Weitere Einzelheiten

Es wäre hier unangemessen, die nachfolgenden Formeln langatmig zu erklären. Es reicht aus, dass durch Anwendung dieser Formeln die Unterschiede im Atmosphärenluftdruck an unterschiedlichen Tagen und die Tatsache, dass Luft sich komprimieren lässt, berücksichtigt werden. Durch Messen, wie viel Wasser durch die Drosseltrommel strömen kann, können wir den tatsächlichen Ausstoßkoeffizienten der Drosselbohrung exakt bestimmen.
Wir können die theoretisch ausgestoßene Menge unter Verwendung folgender Formel berechnen:

$$\text{Theoretischer Ausstoß} = A \times \sqrt[2]{(2 \times g \times h)}$$

Hierbei gilt:

g = Beschleunigung aufgrund der Schwerkraft (9,81 mm/sec^2)
h = Höhe der Wassersäule oberhalb der Drosselbohrung in Meter
A = Fläche der Drosselbohrung in Quadratmeter

Wird also Wasser in einem Tank aus 2 m Höhe oberhalb der Drosselbohrung zugeführt und beträgt die Drosselbohrung 30 mm im Durchmesser, so gilt Folgendes:

Theoretischer Ausstoß =
$0{,}0007 \times \sqrt[2]{(2 \times 9{,}81 \times 2)}$

$= 0{,}0044\ m^3/s$

Messen wir, wie viel Wasser in einer Minute hindurchströmt, so können wir den tatsächlichen Ausstoß je Sekunde berechnen. In unserem Beispiel würden 0,163 m^3 in einer Minute angesammelt werden.

Dies ergibt $\frac{0{,}163}{60}$ m^3 je Sekunde

$= 0{,}00272\ m^3/s$

Ausstoßkoeffizient =

$\frac{\text{tatsächlicher Ausstoß}}{\text{theoretischer Ausstoß}}$

$Co = \frac{0{,}00272}{0{,}00440}$

Co = 0,62

Wirkungsgrad = 62%

Folgende Schritte sind zur Berechnung der Strömungsraten zu befolgen:

(a)
M = A x Co x ∑x $\sqrt[2]{}$(2 x ¶ x ⌀p)

Hierbei gilt:
M = Luftmassendurchsatz in kg/s
A = Fläche der Drosselbohrung in m^2
Co = Ausstoßkoeffizient an der Drosselbohrung
∑ = Kompressibilitätsfaktor (siehe e)
¶ = Dichte in kg/m^3 (siehe f)
⌀p = Druckänderung (N/m^2)
= 9,81 x X (Ablesewert vom Manometer)

Dies gibt uns den Massendurchsatz während der Prüfung. Zur Umrechnung auf Volumendurchsatz bei Standardwerten für Temperatur und Druck ist wie folgt zu verfahren:

(b)

$V° = \frac{M°}{1{,}225}$

Hierbei gilt:
V° = Volumenstrom in m^3/s bei 15° C und 1013,25 Millibar Druck (Dichte 1,225kg/m^3)

(c)
Zur Umrechnung von Kubikmetern je Sekunde auf Kubikfuß je Minute:

cfm = V° x 35,31467 x 60

Hiermit erhalten wir den Volumenstrom bei dem auf Manometer Y angezeigten Druckabfall.

(d)
Zur Umrechnung des Prüfdrucks auf 635 mm Wassersäule

cfm25 = cfm Test x $\sqrt[2]{(635/Y)}$

Hierbei gilt:
635 = Wassersäule in mm
Y = Ablesewert vom Manometer in mm

Hinweis:
w = Kubikfuß pro Minute
1 cfm = 28,31 Liter pro Minute

(e)
Kompressibilitätsfaktor

$$\Sigma = 1 - [(0{,}41 + (0{,}35 \times ß\hat{\ }4)) \times (\varnothing p/(Pa \times K))]$$

Hierbei gilt:

ß = Verhältnis der Durchmesser der Drosselbohrung Trommel D zu Drosselbohrung d oder d/D.

∅p = Druckänderung in Newton je Meter Quadrat N/m^2 sich ergebend aus Ablesewert von Manometer X multipliziert mit der Schwerkraft: X x 9,81.

Pa = Atmosphärendruck in Newton je Meter Quadrat N/m^2, gegeben durch:

Millibar (vom Barometer) x
100 - (Y x 9,81) - (X x 9,81)

K = 1,404 (das bedeutet: das Verhältnis der spezifischen Wärmeaufnahme bei konstantem Druck zur spezifischen Wärmeaufnahme bei konstantem Volumen).

(f)

Die Luft ändert ihre Dichte bei unterschiedlichen Temperaturen und Druckwerten. Dies wird in der Berechnung wie folgt berücksichtigt:

$$¶ = 0{,}003482 \times \frac{P - (0{,}378 \times VP \times RH)}{(273 \times T)}$$

Hierbei gilt:

P = Atmosphärendruck in Millibar x 100 - (Y x 9,81).

VP = Verdampfungsdruck des Wassers bei Prüftemperatur in °C

RH = relative Luftfeuchtigkeit in %

T = Testtemperatur in °C

Der Verdampfungsdruck wird in Tabellen ermittelt. Er steht für 100 % Luftfeuchtigkeit. Die tatsächliche Luftfeuchtigkeit wird unter Verwendung eines Nass- und Trockenthermometers mit Hygrometer ermittelt.

Der atmosphärische Luftdruck wird mit einem Barometer ermittelt, auf dem der tatsächliche Luftdruck ablesbar ist und nicht der Druck auf Meeresspiegelniveau (NN = Normal Null).

Da sich die in den Berechnungen verwendeten Zahlenangaben in diversen Gleichungen wiederholen und da sich die Ablesewerte für X und Y mit jeder Änderung des Ventilhubs ebenfalls verändern, kann ein Computer verwendet werden, um die Berechnungen auszuführen. Dies erfolgt entweder durch Erstellen eines einfachen Programms oder Verwendung eines Tabellenkalkulationsprogramms.

Anwendung des Luftdurchsatzprüfstands

Ist die Anlage dicht?

Bevor irgendwelche Messwerte als relevant anzusehen sind, muss der Prüfstand ordnungsgemäß funktionieren. Oberstes Gebot ist hier die Dichtheit der Anlage. Bestehen irgendwo Undichtigkeiten, so werden die Zahlenwerte zu hoch sein, insbesondere bei geringem Ventilhub. Für eine Überprüfung der Anlage werden die Manometer auf Null geeicht und die Oberseite des Luftsammlers mit einem Stück Holz oder Kunststoff abgedichtet. Niemals mit der Hand die Öffnung abdichten: Der Sogeffekt des beschriebenen Prüfstands kann zu ernsthaften Verletzungen führen! Danach Umschalten auf Vakuum. Liegt hierbei auf Manometer Y (Drosseltrommel) ein Ablesewert über Null, so liegt eine Undichtigkeit vor.

Zylinderattrappe

Ein weiterer wichtiger Punkt ist die Anpassung des unter dem Zylinderkopf und oberhalb des Luftdurchsatzprüfstands angeordneten Zylinders exakt an die Zylinder-

Serienmäßiger Zylinderkopf auf einem Luftdurchsatzprüfstand

bohrung jenes Motors, an dem der Zylinderkopf angewendet werden soll. Da die Bohrung des Zylinders das Ventil einengen kann und somit den Luftstrom behindert, ist es offensichtlich, dass ein zu großes, als Zylinderattrappe verwendetes Rohr oder ein versetzt angeordnetes Zylinderrohr verzerrte, d.h. zu hohe Messwerte für den Luftdurchsatz ergeben wird. Es ist von ausschlaggebender Wichtigkeit, den Zylinder korrekt an die Gegebenheiten im Motor anzupassen, um exakte Messwerte für die Strömungsrate zu erhalten. Nur dann macht die Prüfung auf dem Luftdurchsatzprüfstand überhaupt einen Sinn. Als Zylinder können Zylinderlaufbuchsen, die als Ersatzteil erhältlich sind, Kunststoffrohre mit entsprechendem Durchmesser oder andere Metallrohre, die auf der Drehbank entsprechend bearbeitet wurden, verwendet werden.

Eine Zylinderkopfdichtung kann als Schablone verwendet werden, um zu erkennen, wo der Zylinderkopf in Relation zur Bohrung des Zylinders sitzt. Auf die Oberfläche des Zylinderkopfes kann eine Markierung angebracht werden, um die Ausrichtung auf dem Zylinder des Prüfstands zu erleichtern. Zur Abdichtung des Zylinders in Relation zum Prüfstand und zum Zylinderkopf werden die üblichen Methoden verwendet.

Testen des Einlasskanals

Der zu testende Abschnitt des Zylinderkopfes muss vollständig montiert sein. Wird z.B. der Einlasskanal eines serienmäßigen Zylinderkopfes getestet, so muss dieser mit den in der Praxis verwendeten Einlass- und Auslassventilen zusammengebaut werden. Das Auslassventil wird mit einem dünnen Schmierfettfilm abgedichtet und mit der serienmäßigen Ventilfeder geschlossen gehalten.

Am Einlassventil muss eine schwächere Ventilfeder als serienmäßig eingebaut verwendet werden, um einen geringeren Öffnungsdruck während des Prüfdurchgangs zu ermöglichen. Die Feder darf jedoch nicht so schwach sein, dass der Unterdruck des Prüfstands das Ventil weiter in die geöffnete Stellung zieht, als der Einstellung nach vorgegeben ist. Die Sogwirkung des Prüfstands ist so hoch, dass dies theoretisch möglich wäre! Handelt es sich um doppelte Ventilfedern, so reicht im Regelfall die dünnere der beiden Federn aus. Nicht vergessen, die Zündkerzen einzubauen. Auch hier dient ein dünner Schmierfettfilm auf dem Gewinde als zusätzliche Abdichtung. Die Zündkerze muss dann nur lose eingeschraubt und nicht mit Drehmoment angezogen werden.

Testen des Auslasskanals

Bei diesem Prüflauf muss das Einlassventil mit einem Schmierfettfilm versehen werden, um dessen Abdichtung zu fördern, während das Auslassventil die leichtere Ventilfeder benötigt. Für Prüfzwecke wird der Auslasskanal des Zylinderkopfs mit der Dichtfläche des Auspuffkrümmers zum Luftsammler hin montiert und die Zylinderbohrung wird an der Zylinderkopfdichtfläche befestigt. Die Einrichtung für diesen Prüflauf kann sich etwas schwieriger gestalten, da der Zylinderkopf nun senkrecht und nicht waagerecht steht, wie es vorher der Fall war. Auf dem Prüfstand wird dann die Luft durch den Zylinder, das Ventil und den Auslasskanal in der richtigen Strömungsrichtung gesaugt.

Ebenfalls muss eine Vorrichtung zum Öffnen des Ventils vorgesehen werden. In vielen Fällen können die serienmäßig vorhandenen Kipphebel verwendet werden. Sie lassen sich mit einer langen Gewindeschraube anstelle des serienmäßig vorhandenen Einstellers modifizieren. Das Gewinde der Schraube bietet eine exakte Möglichkeit, den gewünschten Ventilhub für Prüfzwecke einzustellen. Lässt sich diese Vorrichtung nicht verwirklichen, so muss eine andere Methode zum Betätigen des Ventils gefunden werden, die dem entsprechenden Anwendungsfall genügt. In jedem Fall wird jedoch eine Messuhr mit Ständer erforderlich sein, um den Ventilhub zu messen. Die Messuhr muss so stabil wie möglich montiert werden, da jede Bewegung oder Verbiegung in der Apparatur die Genauigkeit der Prüfungen beeinträchtigen würde. Unter Umständen ist ein kleiner Adapter an der Messspitze erforderlich, um die Aufschlagfläche des Ventilschaftes zu erreichen. Im Regelfall wird die Messspitze der Messuhr auf der Ventilfederaufnahme so nahe wie möglich zu den Ventilkeilstücken hin angeordnet, sodass jegliche Messfehler, die sich aus einer Bewegung des Ventils ergeben könnten, auf ein Minimum reduziert werden.

Ist einmal alles am Prüfstand montiert und einsatzbereit, so wird die Messuhr auf Null gestellt. Das Ventil vom minimalen zum maximalen Ventilhub öffnen und schließen. Dies erfolgt, um auszuschließen, dass das Ventil nicht unvorhergesehenerweise in seinem Stellweg behindert wird, festhängt oder zu stark kippelt und um die Ventilfeder, die Ventilfederaufnahme und die Ventilkeilstücke sich setzen zu lassen. Unter Umständen stellt sich die Messuhr nach einer oder mehreren Bewegungen des Ventils nicht wieder auf Null zurück. Dies kann auf das

Setzen der Bauteile zurückgeführt werden. Wurde die Einrichtung mit zufriedenstellendem Ergebnis überprüft, so ist die Messuhr bei geschlossenem Ventil auf Null zu stellen. Anschließend werden die Manometer ebenfalls auf Null gestellt.

Wir haben ebenfalls einen die Strömung glättenden Ring auf der Dichtfläche des Ansaugkanals angebracht, um die Luftströmung zu unterstützen (siehe Foto). So wird ein konstanter Wert für die Luftdurchsatzprüfungen erzeugt und die Auswirkungen der scharfen Kanten oder rechtwinkligen Flansche am Beginn des Ansaugkanals im Zylinderkopf werden verringert. Bei diesem Ring handelt es sich einfach um ein entsprechend geformtes Stück Knetmasse, das am Flansch des Kanals angebracht wird. Die Knetmasse lässt sich für nachfolgende Prüfläufe rückstandsfrei entfernen und wieder anbringen.

Nach Einschalten des Luftdurchsatzprüfstands bei geschlossenem Ventil werden sämtliche Undichtigkeiten an Manometer Y abzulesen sein. Diese Undichtigkeiten sind vor dem Beginn der eigentlichen Prüfläufe zu beheben.

Ventilöffnungsfläche

Vor dem Fortfahren ist zur besseren Definition der Prüfparameter ein kleiner Exkurs in die Theorie angebracht.

Der Bereich oberhalb des geöffneten Ventils, durch den die Luft strömen muss, wird als Ventilöffnungsfläche bezeichnet. Es handelt sich um einen gedachten Torus (ringförmiges Volumen). Rechnerisch ergibt sich diese Fläche aus dem Ventiltellerumfang multipliziert mit dem zur Steuerzeit gegebenen Ventilhub. Die Ventilöffnungsfläche erhöht sich somit erkennbar mit ansteigendem Ventilhub. Entspricht der Ventilhub einem Viertel des Ventildurchmessers (0,25 x D), so entspricht die Ventilöffnungsfläche rechnerisch der kreisförmigen Ventiltellerfläche und das Ventil stellt nicht länger einen begrenzenden Faktor für die Luftströmung dar, d.h. es dürfte der Luftströmung nicht länger hinderlich sein.

Theoretisch würde ein Ventil mit perfektem Luftdurchsatz zu diesem Zeitpunkt 100% Füllungsgrad ermöglichen. Da kein höherer Luftdurchsatz möglich ist, wäre eine Vergrößerung des Ventilhubs sinnlos. Das Erreichen von 100% Wirkungsgrad in den Strömungseigenschaften ist jedoch praktisch unmöglich, sodass zusätzlicher Ventilhub benötigt wird, um den Luftdurchsatz zu verbessern.

Der Wert 0,25 x D dient als willkürlicher Richtwert für den Mindestventilhub während der Luftdurchsatzprüfung. Es ist jedoch sinnvoll die Prüfung über diesen Punkt hinaus durchzuführen, da hierdurch ein genaueres Bild darüber erreicht wird, wie die betreffende Kombination der Formgebung von Ansaugkanal/Ventil reagiert.

Meist erweist es sich als sinnvoll, die Daten in Schritten von ca. 1 mm Ventilhub zu ermitteln. Dies erfolgt bis zu einem Ventilhub von 12 bis 15 mm. Für die meisten Zylinderköpfe liegt dieser Ventilhub weit über dem Punkt, an dem 0,25 x D erreicht wird. Selten ist es erforderlich, ein Ventil einen größeren Hub durchfahren zu lassen, da der Zuwachs im Luftdurchsatz oberhalb dieses Punktes im Regelfall sehr gering ausfällt. An einigen Ventilen mit wesentlich größerem Ventilteller, eingebaut in Zylinderköpfen für den Motorsporteinsatz (oder bei einigen V8-Motoren aus US-Fahrzeugen), wird der Ventilhub etwas vergrößert werden müssen.

Hierbei muss bedacht werden, dass die meisten Nockenwellen und Kipphebel das Ventil nicht weiter als zirka 12,5 mm öffnen. Für jene Motoren, deren Ventiltrieb einen größeren Ventilhub erreicht, ist der Wert 0,25 x D zu verwenden oder der physisch mögliche Ventilhub, je nach dem, welcher Wert größer ist, um den Mindestventilhub für die Luftdurchsatzprüfung festzulegen. Von diesem Punkt aus, sofern möglich, in Schritten auf bis zu 5 mm darüber gehen.

Bis die Daten vom Prüfstand einen Sinn ergeben sind die Prüfdurchläufe mehrmals zu wiederholen. Hierbei ist ein Durchschnittswert für die Luftströmung bei jeder Abstufung des Ventilhubs zu ermitteln. Alle Punkte überprüfen und hinterfragen, selbst wenn dies das Abbauen des Zylinderkopfes vom Prüfstand und einen kompletten Neubeginn erfordert. Man muss sich der Richtigkeit der Daten unbedingt sicher sein können.

Erfahrungen mit dem Luftdurchsatzprüfstand

Gute Erfahrungen

Ein einfacher Fehler kann eine Verzerrung der Daten bewirken. Was erfahrungsgemäß eine sinnvolle Modifizierung des Motors darstellt, führt laut Prüfstand zu einer Beeinträchtigung der Strömungseigenschaften. Zum Beispiel waren an einem Zylinderkopf eines Triumph TR 4 zuerst progressiv bessere Ergebnisse entsprechend der Erwartungen erlangt worden, d.h. nach massivem anfänglichem Zuwachs im Luftdurchsatz brachten weitere Verbesserungen nur geringfügige zusätzliche Vorteile. Dies war nachvollziehbar, bis eine relativ einfache Modifizierung in Form einer Verkürzung der Ventilführung um 3 mm den Luftdurchsatz um erstaunliche 15 % steigerte. Die Daten der Strömungsprüfungen wurden erneut geprüft und weiterhin war der gleiche Zuwachs erkennbar. Durch sorgfältiges Prüfen aller Einzelheiten stellte sich heraus, dass der Zylinderkopf falsch auf der Zylinderattrappe angeordnet war. Dies entsprach einem Versatz des Zylinderkopfes um 3 mm von seiner üblichen Position in Relation zur Bohrung des Zylinders. Hierdurch wurden die Ventile näher zur Mitte des Zylinders hin angeordnet und der Effekt der Einschließung der Ventile durch die Zylinderbohrung verringert. Dieser augenscheinliche „Fehler" wurde an einem Motor für den Motorsporteinsatz absichtlich reproduziert, was zu einem Leistungszuwachs von 127 auf 150 PS an den Antriebsrädern führte!

Die Moral der Geschichte lautet, dass man von den eigenen Fehlern lernen kann und lernen muss. Im Regelfall besteht der Lernvorgang darin, festzustellen, was nicht getan werden darf. Bisweilen eröffnen sich hierdurch jedoch auch neue Möglichkeiten.

Schlechte Erfahrungen

Wo wir uns einmal mit Fehlern befassen, ist ausdrücklich darauf hinzuweisen, dass ein Zuwachs an Luftdurchsatz nicht zwingend zu einem Zuwachs an Leistung führen muss. Bleiben andere Faktoren unberührt, so sollte die Motorleistung proportional zum Luftdurchsatz ansteigen, solange der Ventilhub und die Ventilöffnungszeit, außerdem die Bauteile des Ansaugtrakts und der Abgasanlage, diesem Zuwachs gewachsen sind. Hier ist jedoch zu bedenken, dass man sich mit drastischen Änderungen des Ansaugkanals und der Dimensionierung des Ventiltriebs immer weiter von den ursprünglichen Parametern der Konstrukteure entfernt. Es ist unsinnig, ein überdimensioniertes Ventil einzubauen und den Ansaugkanal entsprechend zu vergrößern, ohne hierbei auf die tatsächlich erzielte Steigerung des Luftdurchsatzes zu achten und auf die Auswirkungen, die dies auf die Leistungsentfaltung hat.

Ein Beispiel aus der Praxis soll das verdeutlichen. Wir arbeiteten an einem 4-Zylinder-Motor eines MGB 1800 B-Serie, dessen Zylinderkopf mit zwei einzelnen Ansaugkanälen zwecks Gemischzufuhr an jeweils 2 Ventile versehen ist. Hier handelt es sich um so genannte „siamesische Ansaugkanäle". In unserem Bestreben, den Luftstromwechsel im gemeinsamen Ansaugkanal vom Ventil des einen Zylinders zu dem des anderen Zylinders zu optimieren, entschieden wir uns für eine Änderung der Wandstärke jener Wand des Gussteils, welche die beiden Ventile voneinander trennt. Wir erhofften uns hiermit eine Verkürzung der Zeitspanne, die die Ansaugluft benötigt, um den Richtungswechsel von einem Zylinder zum anderen zu vollziehen.

Die Teilung des gemeinsamen Ansaugkanals wurde abgeschliffen, um eine ähnliche Gestaltung des Zylinderkopfs wie beim 1275 BMC A-Serie-Motors zu erreichen. Dieser Motor ist ebenfalls mit den so genannten „siamesischen Ansaugkanälen" versehen. Wider Erwarten war ein geringerer Luftdurchsatz das Ergebnis. Offenbar trennte sich die Strömungsrichtung von den Wänden des Ansaugkanals an jenem Punkt, wo sich der Querschnitt des Ansaugkanals aufweitet, um die Zufuhr zu beiden Ansaugventilen zu gewährleisten. Im Rahmen der Fehlersuche wurde der Ansaugkanal durch Auffüllen mit Epoxidharz wieder verkleinert. Das Ergebnis waren bessere Strömungswerte, als sie von uns jemals an einem „siamesischen Ansaugkanal" erreicht wurden. Nach einer Überprüfung auf dem Rollenprüfstand wurde jedoch eine ursprüngliche Motorleistung von 140 PS an den Antriebsrädern bei 5000/min auf 100 PS bei 5100/min reduziert (Mit der entsprechenden Kombination von Motorbauteilen wurde die Höchstleistung eigentlich bei 5800/min erwartet)!

Es hat hier den Anschein, dass die Öffnungs- und Schließbewegung jedes Ventils eine Schockwelle erzeugt, die sich im Ansaugkanal ausbreitet und das gegenüberliegende Ventil des gemeinsamen Ansaugkanals beeinflusst. Durch diese Schockwelle wird offenbar eine unsichtbare Barriere für den Luftstrom in den Zylindern erzeugt. Diese Schockwelle tritt nicht auf, solange die Aufteilung des Ansaugkanals, wie ursprünglich vom Hersteller, der Firma Weslake konstruiert, ausgeführt bleibt. Die Abmessungen der Aufteilung des Ansaugkanals zwischen den Ventilen sind von entscheidender Bedeutung. Der Zylinderkopf eines A-Serie-Motors benötigt eine derartige Aufteilung nicht, während der Zylinderkopf eines MGB ihn wohl benötigt. Bei der Firma Weslake stellte man dies wahrscheinlich erst fest, als der Motor für die B-Serie konstruiert wurde und der A-Serie-Motor bereits in Produktion gegangen war.

Schlimme Erfahrungen

Nicht unbedingt unter dem Aspekt der optischen Schönheit betrachtet, wurde ein alter Querstromzylinderkopf

(Ford Crossflow) einer intensiven Entwicklung auf dem Luftdurchsatzprüfstand unterzogen und war, nachdem der Staub sich gelegt hatte, nicht mehr gar so schön anzusehen. An diesen Querstromzylinderköpfen lenken die Ansaugkanäle die Strömung in eine Richtung, sodass die Ansaugluft auf die Zylinderwand gerichtet in den Zylinder eintritt. Der Konstruktion nach sollte hierdurch der Swirl-Effekt begünstigt werden (Verwirbelung des Gemischs). Dies wurde nach Expertenmeinung als Problem eingeschätzt, da die Strömung hierdurch tatsächlich behindert wurde. Diverse Zeitschriftenartikel in Tuning-Magazinen unterstützten diese Meinung. Unzählige Abänderungen der Formgebung des Ansaugkanals wurden getestet, wobei das Ziel immer darin bestand, die Strömungsrichtung von der Wand des Verbrennungsraums weg zu lenken und so die Formgebung des Ansaugkanals zu begradigen. Dies ging soweit, dass der Ansaugkanal völlig entfernt und durch ein gerades Rohrstück ersetzt wurde. Die Arbeiten auf dem Prüfstand waren mit dieser Vorrichtung rein akademisch, da eine derartige Modifizierung am Motor nicht sinnvoll wäre. Während all dieser Prüfläufe wurde letztendlich beschlossen, den Effekt der Einschließung des Ansaugkanals bzw. der Ventilöffnung durch die Zylinderwand einfach dadurch aufzuheben, dass der Zylinderkopf für Prüfzwecke so auf der Zylinderattrappe montiert wurde, dass das Einlassventil exakt in der Mitte der Zylinderbohrung liegt. Das Ergebnis war erstaunlich. Die Strömungseigenschaften wurden hierdurch nicht begünstigt, sondern der Luftdurchsatz sank maßgeblich. Er stellte sich erst mit Anordnung des Zylinderkopfes und somit des Ventils an seiner konstruktionsgemäß vorgegebenen Position wieder ein. So stellte sich heraus, dass keinerlei Bedarf bestand, den Ansaugkanal neu zu konfigurieren, was ohnehin ein äußerst kompliziertes und zeitaufwendiges (somit teures) Unterfangen darstellt, wenn es denn ordnungsgemäß durchgeführt werden soll.

So zeigte es sich, dass die werksseitige Konstruktion am Querstromzylinderkopf für sich betrachtet gar nicht so schlecht ist. Wie dieses Beispiel zeigt, führen drastische Methoden bisweilen zu einer klaren Eingrenzung der vorhandenen Möglichkeiten.

Nachstehend ein Beispiel für die Entwicklung der Strömungseigenschaften in Bezug auf die Ventilsitzbreite. In einigen Fällen (z.B. im Motorsporteinsatz) ist die Verwendung eines breiten Ventilsitzes von Vorteil. Wir entwickelten für einen 3,5-Liter-Rover-V8-Rennmotor ein Einlassventil mit 47 mm Durchmesser und 1 mm breiten Fräsflächen des im 45°-Winkel geschnittenen Sitzes bzw. im 60°-Winkel geschnittenen Einlasses. Die Entwicklung führte zu einer Stufe, wo ein Ventilhub von 20,3 mm einen Luftdurchsatz ergab, der 385 PS ermöglichte. Die hierbei zu verwendende Nockenwelle ermöglichte jedoch nur einen Ventilhub von 13,97 mm. Dies ergab bei dem verfügbaren Luftdurchsatz theoretisch eine Motorleistung von 305 PS. Ein weiteres Problem bestand darin, dass sich beim Versuch der Verbesserung der kürzeren Seite des Ansaugkanals herausstellte, dass der Kühlwasserkanal zu nahe lag. Nach kräftigem Gegenschlagen mit einem Schraubendreher fanden wir uns im Kühlwassermantel wieder! Dies erschwerte die Entwicklungsarbeiten an den eigentlichen Zylinderköpfen. Die beiden Probleme im Auge behaltend bearbeiteten wir einen weiteren Ansaugkanal auf die gleichen Maße, dieses Mal jedoch mit einem 1,5 mm breiten Sitz in der 45°-Fräsung und einem 2 mm breiten Sitz an der 60°-Fräsung, wodurch an der kürzeren Seite mehr Material verblieb. Die Strömung oberhalb von 15,24 mm Ventilhub war im Vergleich zum Original zu vernachlässigen, die grundsätzliche Strömung (Ergebnis der Fläche unter der Kurve für Luftdurchsatz im Vergleich zum Ventilhub in der grafischen Darstellung) reichte jedoch für die theoretischen 340 PS aus. Auf dem Rollenprüfstand erzeugte der Motor tatsächlich 320 PS bei 6700/min. Hierbei kam eine etwas weniger scharfe Nockenwelle zur Anwendung, die jedoch ein sehr breites Drehmomentspektrum ermöglichte (über 339 Newtonmeter bei 3500 bis 6500/min, Spitzenwert 392 Newtonmeter bei 5000/min).

KAPITEL 5

Hinweise für die Entwicklung

An einem Zylinderkopf, dessen Verlust in den Ausschuss man sich nicht leisten kann, ist es immer eine gute Idee, etwas Zeit in die Untersuchung der Konstruktion und Auslegung der Kanäle des Gussstücks zu investieren, bevor mit dem Abtragen von Metall begonnen wird. Durch Einsicht in die Kühlwasserkanäle und Erforschen der Ansaug- und Auslasskanäle mit Fingern oder Schraubendreher, gewinnt man einen Eindruck der Konturen und der Materialstärke. Diese Vorgehensweise zahlt sich aus, wenn die Fräs- und Schleifarbeiten beginnen, um ein Durchstoßen von Ansaug- oder Auslasskanal in den Kühlwassermantel zu verhindern. Bei dieser Untersuchung ist es wichtig, den Zylinderkopf gründlich zu säubern, denn gerade Ablagerungen und Korrosion in den Kühlwasserkanälen erschweren die Arbeit.

Achtung! Gussstücke mit äußerlich gleichem Erscheinungsbild von derselben Motorenbaureihe können unter Umständen während der Produktionsdauer des Motors Konstruktionsänderungen und Modifikationen unterworfen worden sein. Zylinderköpfe aus unterschiedlichen Chargen weisen eventuell interne Abweichungen auf, die eine neue Untersuchung erfordern, auch wenn Erfahrungen mit einem ähnlichen Zylinderkopf bereits bestehen. Wird einfach vorausgesetzt, dass die Zylinderköpfe identisch sind und danach gearbeitet, so stößt man leicht auf frische Luft, an Stellen, wo am anderen Zylinderkopf noch genügend Material vorhanden war.

Kann man sich den Verlust eines Zylinderkopfes leisten (ein Opfer für die Forschung), der – angenommen – identisch zu dem letztendlich zu modifizierenden Zylinderkopf ist, so wird durch Bohren von Löchern in und um den Ansaug- oder Auslasskanal die Materialstärke bzw. Wandstärke erkennbar. Jeder während der Prüfdurchläufe und der Entwicklung gemachte Fehler trägt letztendlich zum Wissensgewinn bei. So ermöglicht der „Einsatz" eines Zylinderkopfes im Spiel des Motortunings eine Einschätzung darüber, wie weit man gehen kann. Natürlich verfügt der Zylinderkopf über mehrere Ansaugkanäle, die jeweils einzeln überprüft werden können.

Ansaugkanal und Gussvorsprung des Ventilschafts

Die Innenfläche des Ansaugkanals muss glatt und gleichmäßig sein, ohne Unregelmäßigkeiten, Vertiefungen oder Erhöhungen. Gleichfalls darf keine abrupte Querschnittsänderung entlang des Luftstroms erfolgen. Der die Ventilschaftführung beherbergende Gussvorsprung beeinträchtigt die Strömungseigenschaften im Ansaugkanal, sodass ein guter Konstrukteur dies beachten und einen Gussvorsprung in Form einer kegelig zulaufenden Rampe gestalten wird, die sich über nahezu die gesamte Länge des Ansaugkanals erstreckt. Der Luftstrom wird somit um das Hindernis herumgeleitet. Im Regelfall wird die Querschnittsfläche des Ansaugkanals um die Ventilführung herum (wo diese in den Ansaugkanal hineinreicht) größer sein, um das Hindernis entsprechend zu kompensieren. Stellt sich ein Gussvorsprung als freistehende, erhabene Stelle dar, so werden sich die Strömungseigenschaften mit dessen Entfernung wahrscheinlich verbessern.

Ventilöffnung und Ventilsitz

Die Ventilöffnung muss ohne jegliche scharfe Biegung in den Ventilsitz und den Ansaugkanal übergehen. Der Sitz muss in drei Winkeln gefräst sein, wobei der obere Fräswinkel sich ohne scharfe Kanten in den Verbrennungsraum fügen muss und der untere Fräswinkel in die Ventilöffnung.

Ventilsitzbreite

Es gibt keine feststehende Regel zur Sitzbreite in Bezug auf die Ventilgröße. Natürlich würde ein kleines Ventil

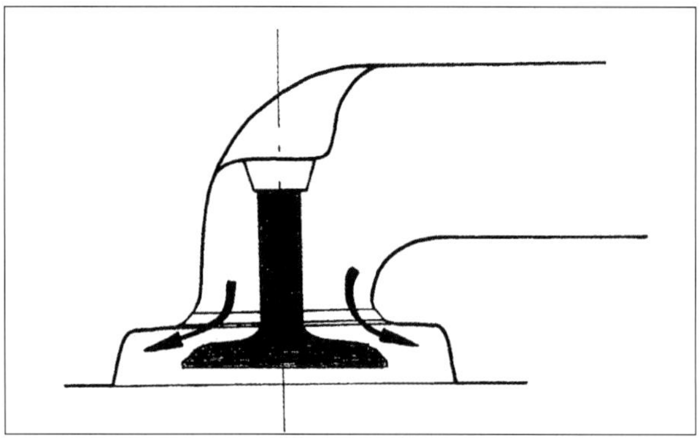

Bei einer senkrechten Ventilöffnung bewirken eine flache Rückseite des Ventiltellers und ein flaches Verbrennungsraumdach einen besseren Luftdurchsatz am Ventilteller vorbei.

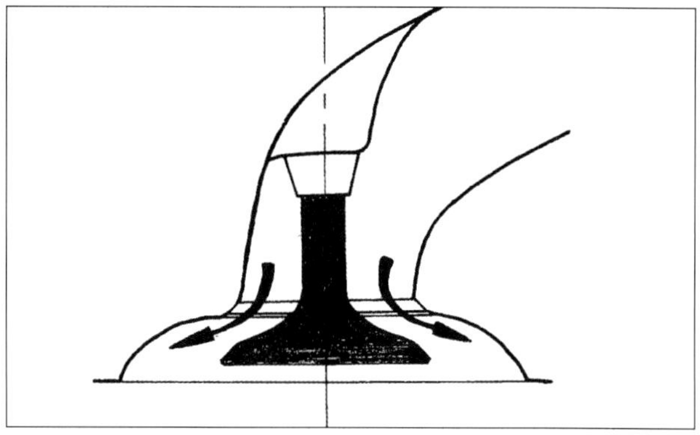

Bei einem stärker angewinkelten Ansaugkanal wirkt sich eine tulpenartige Formgebung des Ventils insbesondere im Zusammenspiel mit einem kuppelartigen Verbrennungsraumdach vorteilhaft aus.

nur eine sehr schmale Ventilöffnung haben, wenn der Sitz eine Breite von mehr als z.B. 1 mm aufweist. Erfahrungswerten zufolge bietet ein breiter Ventilsitz gute Strömungseigenschaften bei geringem bis mittlerem Ventilhub, während ein schmaler Ventilsitz im Bereich vom mittleren zum großen Ventilhub bessere Ergebnisse erzeugt. Ob dies jedoch im Einzelfall zutrifft, hängt von der ursprünglichen Konstruktion des Zylinderkopfes ab, insbesondere der Anordnung des Ansaugkanals in Bezug auf die Ventilöffnung. Hier lässt sich nur durch Experimentieren Klarheit erlangen.

Ebenfalls muss der mechanische Aspekt des Ventilsitzes beachtet werden. Bei geschlossenem Ventil wird Wärme durch die Anlagefläche des Ventils am Sitz auf den Zylinderkopf übertragen. Wird das Ventil zu heiß, so kann es beschädigt werden oder ein anderes Problem in Form von Frühzündung oder Fehlzündung des Gemischs bewirken. Ein breiterer Ventilsitz bietet eine größere Kontaktfläche zur Ableitung der Wärme aus dem Verbrennungsraum. Ist der Ventilsitz jedoch zu breit, so beeinträchtigt dies die Strömungseigenschaften. Hier muss ein Kompromiss gefunden werden.

Im Laufe der Lebensdauer des Motors kann der Ventilsitz beschädigt oder verschlissen werden. Somit wird ein sehr schmaler Ventilsitz eine verringerte Standzeit im Vergleich zu einem breiten Ventilsitz aufweisen. Körnige Partikel oder Ölkohle können zwischen dem Ventil und dem Zylinderkopf eingeklemmt werden, was zu Kraterbildung und anderen Beschädigungen an der Kontaktfläche des Ventilsitzes führt. Dies gilt insbesondere bei einem schmalen Sitz, in dem derartige Schäden die Abdichtung stark beeinträchtigen. Für den Motorsporteinsatz ist dies kein wirkliches Problem, da die Zylinderköpfe hier nur eine Saison überdauern müssen, bevor sie generalüberholt werden. Für den Einsatz in Alltagsfahrzeugen wird man jedoch eine wiederholte Revision der Zylinderköpfe vermeiden wollen.

Die Wärmeübertragung vom Ventil zum Zylinderkopf ist ein sehr wichtiger Aspekt, wenn es um die Modifizierung von Zylinderköpfen an Motoren mit Turboaufladung geht. Hier muss das Auslassventil einer erhöhten thermischen Belastung standhalten. An einem derartigen Anwendungsfall sind die Kriterien der mechanischen Langlebigkeit auf jeden Fall zu erfüllen.

Unseren Erfahrungen nach erweist sich ein 1,3 mm breiter Ventilsitz für die meisten Anwendungsfälle als sinnvoll. Diese Dimensionierung stellt einen guten Kompromiss zwischen Strömungseigenschaften und Wärmetransport dar.

In einigen Fällen kann eine bereits recht große Ventilöffnung nicht noch mit einem sehr breiten Ventilsitz in der 45°-Anfräsung versehen werden. Das Erreichen eines sinnvollen 60°-Fräswinkels an der Unterseite wird dann sehr schwierig. Hier ist zu einem 45°-Sitz mit 1 mm Breite zu tendieren (selbst für den Straßeneinsatz), da sich die untere Anfräsung im 60°-Winkel sehr günstig auf die Motorleistung und das Motordrehmoment auswirkt.

Formgebung von Ventilen

Die Ventilform unterscheidet sich je nach Winkel, in dem der Ansaugkanal auf den Verbrennungsraum trifft. Ein im rechten Winkel in den Zylinderkopf eintretender und senkrecht nach unten in den Verbrennungsraum reichender Ansaugkanal, wie er für Flachstromvergaser verwendet wird, bietet meist bessere Strömungseigenschaften bei Verwendung eines recht flachen Ventils (7° bis 10°). Bei einem Ansaugkanal, wie er bei den meisten Fallstromvergaseranlagen zur Anwendung kommt, trifft der Luftstrom direkt auf die Rückseite des Ventiltellers auf. Hier unterstützt eine tulpenartige Formgebung das Leiten der Luft um das Ventil herum und durch die Ventilöffnung.

Knetmasse (oder andere Modelliermasse) eignet sich hervorragend für das Experimentieren mit unterschiedlichen Formgebungen an der Rückseite der Ventile. Karosseriefüllmasse ist eine andere Möglichkeit. Hier handelt es sich um ein kaum verschleißendes Material, das sich leicht einer neuen Formgebung anpassen lässt und sich an das umgebende Material übergangsfrei anlegt.

Einschließung durch den Verbrennungsraum

Wann immer möglich sollte das Einlassventil um ein Viertel seines Durchmessers (0,25 D) von der Verbrennungsraumwand entfernt liegen. Das Auslassventil sollte zwei Zehntel seines Durchmessers (0,2 D) von der Verbrennungsraumwand entfernt angeordnet sein.

Ist die Ventilöffnung ziemlich senkrecht ausgeführt, so wirkt sich dies vorteilhaft auf die Strömungseigenschaften aus, wenn das Dach des Verbrennungsraums bis an die Verbrennungsraumwand heran flach gestaltet ist.

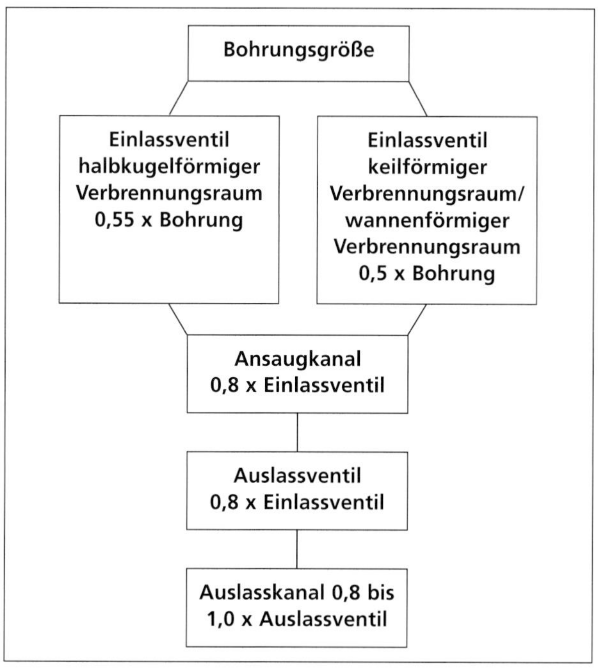

Ein Anfangspunkt. Dies sind Faustregeln für eine gute Dimensionierung der einzelnen Größen zwischen Zylinder, Ventil und Ansaugkanal.

Dies ermöglicht ein ungehindertes Ausdehnen der Luft entlang des Umfangs des Ventils.

Ist die Ventilöffnung stärker angewinkelt, so bewirkt eine flache Gestaltung des Verbrennungsraumdachs keine Verbesserung der Strömungseigenschaften. Eine runde, kurvenartige Form ist genauso effektiv.

Als zusätzlicher Vorteil erzeugen nahezu senkrechte Verbrennungsraumwände eine erhöhte Verwirbelung des Gemisches und somit eine bessere Verbrennung. Der Motor benötigt hierbei eine geringere Zündverstellung in Richtung „Früh" und erzeugt doch mehr Leistung.

Achtung! Ein Wort der Warnung in Bezug auf moderne Kraftstoffe: Wird die Einfassung (Einschließung) des Ventils auf ein Minimum reduziert, so kann dies zu Fehlzündungen führen, weil die Flammfront einen weiteren Weg im Verbrennungsraum zurücklegen muss, um den Kraftstoff zu verbrennen (z.B. Serienmotor im Ford Pinto, Opel Astra, 1,8-Liter-Zweiventil-Motoren und Peugeot 1,6/1,9-Zweiventil-Motoren).

Strömungspotenzial des Ventils

Das Problem bei der Einschätzung des Strömungspotenzials eines Ventils besteht darin, dass der Luftstrom durch die Ventilöffnungsfläche strömt, nämlich das Produkt aus Ventiltellerumfang und Ventilhub. Als Faustregel nehmen wir einen Wirkungsgrad von 95% für die Ventilfläche an. Dies wird aus dem Strömungspotenzial je Quadratmillimeter der Ventilöffnungsfläche hergeleitet. Die mathematische Herleitung würde den Rahmen des Buches sprengen, die ermittelten Zahlen lassen sich jedoch leicht in die Formeln zur Berechnung am Luftdurchsatzprüfstand einsetzen.

Die meisten theoretischen Modellansätze für die Berechnung von Strömungseigenschaften betrachten die Ventilöffnungsfläche als die schmalste Stelle entlang des Luftstroms. Der Innendurchmesser des Ventilsitzes lässt sich leicht berechnen, vorausgesetzt ein Ventilsitz mit 45°-Anfräsung wird verwendet, der sich für Zwecke dieser Berechnung nahe genug am Ventilöffnungsdurchmesser befindet. Die Alternative besteht im Messen des Innendurchmessers am Ventilsitz.

$$\text{Ventilsitz-Innendurchmesser} = \text{Ventildurchmesser} - (\text{Sitzbreite} \times \cos 45°)$$

z.B. für ein Ventil mit 42 mm Durchmesser und einem 1,5 mm breiten Sitz:

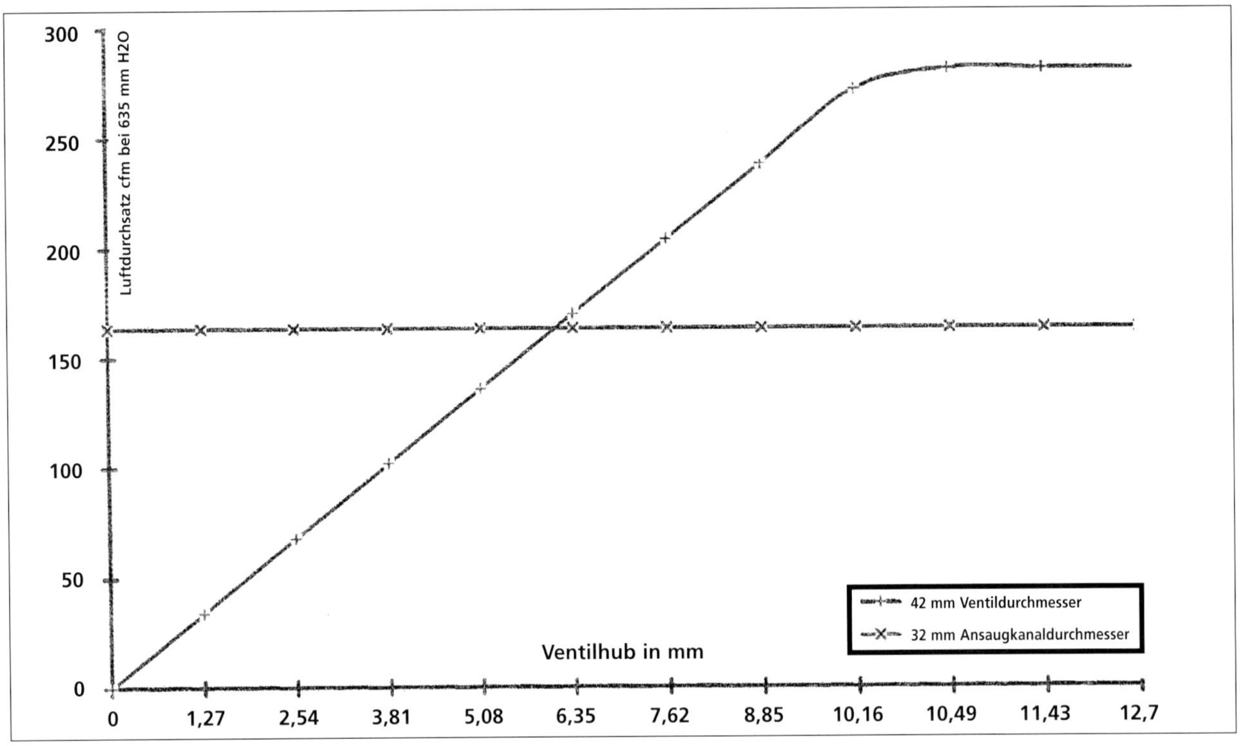

Strömungspotenzial

Ventilsitz-Innendurchmesser =
42 - (1,5 x 0,707) = 41,1 mm

Aus dieser Ventilöffnungsfläche kann errechnet werden:

Ventilöffnungsfläche =
π x Durchmesser x Hub

Für die berechneten 41,1 mm bei 1 mm Hub. Für die Berechnungen müssen die Werte in m^2 eingesetzt werden.

Fläche = (41,1/1000) x π (1/1000)

= 0,000129 m^2

Unter Anwendung der Berechnungen für den Luftdurchsatzprüfstand:

cfm = A x C x 213685,34

und 95% Wirkungsgrad voraussetzend:

cfm = 0,000129 x 0,95 x 213685,34

= 26,2 cfm bei 1mm Ventilhub

Ventilöffnungsfläche:

0,25 x 41,1 = 10,275 mm Hub

Luftdurchsatzpotenzial des Ventils:

cfm Potenzial =
Luftdurchsatz des Ventils x Ventilhub

= 26,2 x 10,275

= 269,32 cfm bei 10,275 mm

Hinweis: cfm = Kubikfuß pro Minute,
1 cfm = 28,31 Liter pro Minute

Dies mag als hervorragende Luftdurchsatzleistung erscheinen. Da es sich jedoch nur um eine Richtlinie für das theoretische Strömungspotenzial handelt und noch ein weiterer Faktor zu berechnen ist, wird das Ergebnis geringer ausfallen.

Ansaugkanal-Größe und Verengung des Strömungsquerschnitts

Wird in der Entwicklung der eine Punkt erreicht, an dem der Luftdurchsatz nicht weiter ansteigt, selbst wenn ein größeres Ventil eingebaut wird, so kann dies daran liegen, dass die maximal mögliche Luftdurchsatzleistung des Ansaugkanals erreicht wurde. Ebenfalls muss der Durchmesser des Ventilschaftes in Betracht gezogen werden, da er die für den Luftstrom verfügbare Querschnittsfläche reduziert.

Vorausgesetzt, dass z. B. 95% Wirkungsgrad vorliegt, kann das Strömungspotenzial des Ansaugkanals unter Verwendung der Formeln für den Luftdurchsatzprüfstand errechnet werden.

$$\text{cfm} = A \times 0{,}95 \times 213685{,}34$$

Wobei A die Fläche des Kanals in Quadratmetern ist (die engste Stelle verwenden), z.B.:

32 mm Durchmesser des Kanals, Fläche beträgt $0{,}000804\ \text{m}^2$

Deshalb:

$$\text{cfm} = 0{,}000804 \times 0{,}95 \times 213685{,}34$$
$$= 163{,}3\ \text{cfm}$$

Oder, einschließlich des Ventilschaftes von 8 mm Durchmesser:

$$\text{Kanalfläche} - \text{Ventilfläche} =$$
$$0{,}000804 - 0{,}000050$$
$$= 0{,}000754\ \text{m}^2$$

Deshalb:

$$\text{cfm} = 0{,}000754 \times 0{,}95 \times 213685{,}34$$
$$= 153\ \text{cfm}$$

Hinweis: cfm = Kubikfuß pro Minute,
1 cfm = 28,31 Liter pro Minute.

In beiden der vorstehend angegebenen Beispiele ist die tatsächliche Luftdurchsatzleistung wesentlich geringer. Ein Einlassventil mit 42 mm Durchmesser (D) würde den Ansaugkanal verengen, und egal wie stark das Ventil, die Ventilöffnung und die Brennkammer modifiziert würden – die Strömungseigenschaften würden damit nicht verbessert! (Siehe Luftdurchsatzentwicklung am 351er Ford V8)

Am Ansaugkrümmer können die gleichen Formeln zur Anwendung kommen.

Durch Umstellen der angeführten Gleichung kann die Abmessung des Ansaugkanals für einen vorgegebenen Strömungswert berechnet werden.

Aufgabenstellung: Um welchen Wert müsste die Fläche vergrößert werden, um die durch den vorhandenen Ventilschaft verursachten Verluste zu kompensieren?

Nach Umstellung:

$$\text{cfm} = A \times 0{,}95 \times 213685{,}34$$

was ergibt:

$$\frac{\text{cfm}}{0{,}95 \times 213685{,}34} = \text{Fläche}$$

Angenommen der Kanal mit dem Ventil (aus vorhergehendem Beispiel) weist einen Luftdurchsatz von 153 cfm auf, es werden jedoch 163,3 cfm benötigt. Dies erfordert die Differenz des Luftdurchsatzes zuzüglich zum erforderlichen Luftdurchsatz, also:
(163,3 – 153) + 163,3 = 173,6
gemäß mathematischer Anforderung

$$\frac{173{,}6}{0{,}95 \times 213685{,}34} = \text{Fläche}$$

$$= 0{,}000855\ \text{m}^2$$

$$\text{Durchmesser in Metern} =$$
$$2\sqrt{((0{,}000855 \times 4)/\pi)}$$
$$= 0{,}03299 \times 1000$$

$$= 32{,}99\ \text{mm Durchmesser}$$

Die Daten für das Strömungspotenzial des Ansaugkanals und des Ventils können in einer Grafik kombiniert werden, um so leichter verständlich zu sein. So wird ein Vergleich des theoretischen Luftdurchsatzes mit den tatsächlichen Prüfergebnissen möglich. Die gewonnenen Daten können als Sollwert/Richtwert für das Entwicklungsprogramm der Strömungseigenschaften am Zylinderkopf des Lesers verwendet werden.

Es ist klar erkennbar, dass die Ergebnisse der Berechnungen den Grundsatz „je größer desto besser" für die Dimensionierung des Ansaugkanals unterstützen. Es ist hier jedoch zu bedenken, dass die Strömungsgeschwindigkeit dabei noch nicht mit eingerechnet ist. Die Strömungsgeschwindigkeit ist ein entscheidender Faktor für eine gute Füllung des Zylinders. Im Streben nach besseren Daten für den Luftdurchsatz entlang des Ventils und einhergehender Vergrößerung des Ansaugkanals wird die Strömungsgeschwindigkeit jedoch abnehmen.

KAPITEL 6

Arbeiten am Zylinderkopf

Inspektion und Reinigung

Inspektion

Bei vom Motor abgebauten und vollständig zerlegten Zylinderköpfen lässt sich eine erste Sichtprüfung durchführen, um zu beurteilen, ob der Zylinderkopf überhaupt für eine Bearbeitung geeignet ist. Die Stehbolzen werden vom Zylinderkopf mit einem Stehbolzen-Ausdrehwerkzeug entfernt. Als improvisierte Methode können auch zwei Muttern auf den Stehbolzen gegeneinander gekontert werden, um dann den Stehbolzen an der unteren Mutter herauszuschrauben. Alle abgerissenen Stehbolzen müssen ausgebohrt werden, um dann das Gewindesackloch mit einem Gewindeeinsatz (Helicoil) zu versehen.

Qualitativ hochwertige Ventilfederspanner erleichtern das Zerlegen und die Montage wesentlich.

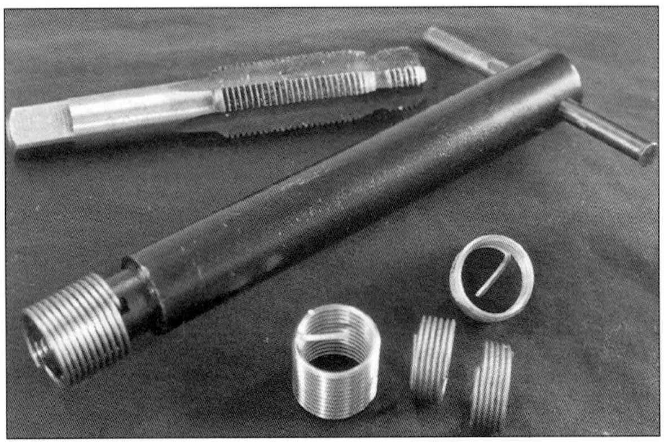

So genannte Helicoil-Werkzeuge und Helicoil-Einsätze

Wird ein Riss vermutet, so muss man den Zylinderkopf vorher in der Zylinderschleiferei entsprechend untersuchen lassen. Dies erfolgt unter Verwendung eines unter UV-Licht sichtbaren Farbstoffs. In Anbetracht des zu investierenden Aufwandes sollte der Zylinderkopf routinemäßig auf Rissbildung geprüft werden, bevor überhaupt Arbeiten in Angriff genommen werden. Sehr oft entstehen Risse direkt im Verbrennungsraum. Den schmalen Steg aus Gussmetall zwischen Einlass- und Auslassventil in allen Verbrennungsräumen prüfen. In allen Bereichen müssen sämtliche Kohleablagerungen entfernt werden, um eine ordnungsgemäße Überprüfung zu ermöglichen. Dies erfolgt mit grobem Schleifleinen und einer Drahtbürste. Geringfügige Risse können unter Verwendung ersatzweise eingebauter Ventilsitzeinsätze

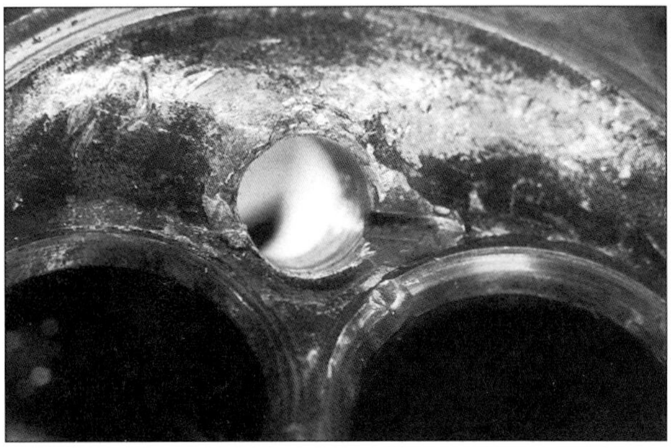

Hier führte das Reißen eines Zahnriemens zum Aufeinandertreffen von Kolben und Ventil. Das Ventil brach und beschädigte den Ventilsitz des Einlassventils sowie die Zündkerze. Bei Entfernen der beschädigten Zündkerze wurde das Gewinde zerstört, weshalb der Helicoil-Einsatz eingebaut werden musste.

Nach der hier dargestellten Instandsetzung mit Helicoil-Einsatz wurden die Ventilsitze nachgeschnitten und der Zylinderkopf konnte wieder verwendet werden.

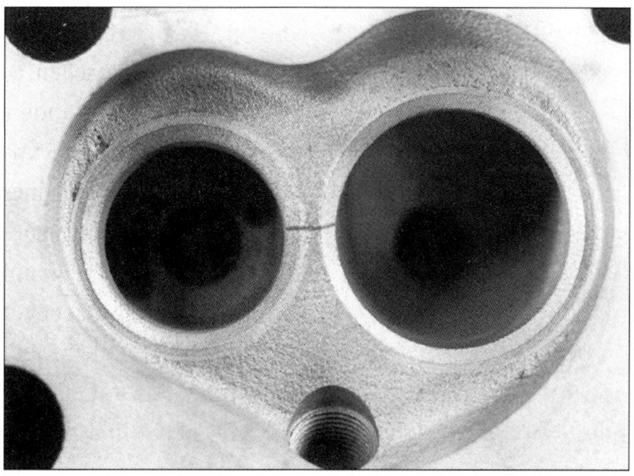

Rissbildung zwischen den Ventilsitzen

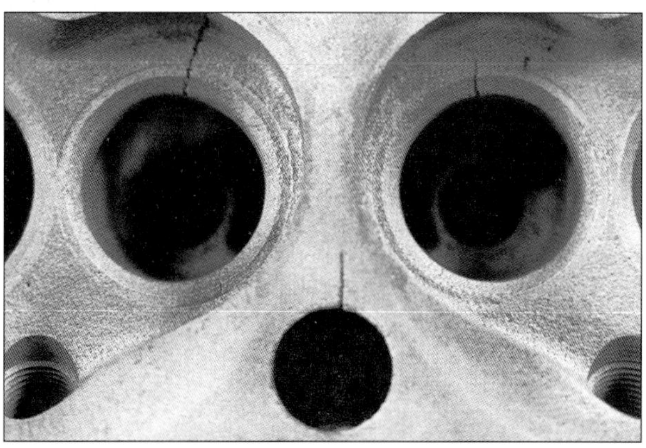

Rissbildung in den Verbrennungsräumen und an den Ventilsitzen

instand gesetzt werden. Diese Arbeiten müssen jedoch immer im Fachbetrieb erfolgen.

Risse zeigen sich auch ausgehend von den Auslassventilsitzen über den Verbrennungsraum zur Zylinderwand hin. Diese lassen sich ebenfalls durch den Einbau von Ventilsitzeinsätzen beheben, immer vorausgesetzt, der Riss ist nicht zu groß. Hat der Riss die Wand des Verbrennungsraums erreicht, so kann der Zylinderkopf nicht instand gesetzt werden und ist dem Ausschuss zuzurechnen. Es muss mit äußerster Sorgfalt auf Rissbildung geprüft werden, da es sinnlos wäre, viel Zeit und Aufwand an einen Zylinderkopf zu investieren, der aufgrund eines zu großen Risses am Ende doch verschrottet werden muss.

Reinigung

Nach erfolgreichem Bestehen der anfänglichen Überprüfungen muss der Zylinderkopf gründlich gereinigt werden. Handelt es sich um einen gusseisernen Zylinderkopf, so ist die Verwendung einer chemischen Motorwaschanlage von Vorteil. Die erwärmte Reinigungslösung in dem Chemikalienbehälter entfernt sämtliche festgebrannten Ölreste, Dichtungsreste, lose Farbanstriche und die Korrosionsablagerungen im Wassermantel. **Achtung!** Zylinderköpfe aus Leichtmetall müssen in einer anderen chemischen Lösung (z.B. Trichlorethan) gereinigt werden. Die Reinigungslösung für gusseiserne Motorenteile greift das Aluminium an, wobei sich ein explosives Gas bildet! Das Ergebnis der Reinigung bei ordnungsgemäßer Anwendung des für Leichtmetallmotorenteile geeigneten Reinigungsmittels ist jedoch dasselbe.

Es ist zu beachten, dass Korrosion im Kühlwassermantel wie eine Isolierschicht wirkt, die den Wärme-

Ein Zylinderkopf wird aus einem Reinigungstank mit Reinigungslösung entnommen. Danach ...

... wird er heiß abgespült, um alle verbleibenden Chemikalien zu entfernen.

Einmal getrocknet wird der Zylinderkopf weiter in der Sandstrahlkabine bearbeitet (bei der Arbeit wird die Tür natürlich geschlossen!).

transfer auf das Kühlmittel reduziert und überhitzte Stellen erzeugt, an denen der Kühlmittelstrom behindert wird. Dies kann letztendlich zu Rissbildung führen. Das Entfernen dieser Korrosion wirkt sich sehr vorteilhaft auf die Kühlung der Ansaug- und Auslasskanäle sowie des Verbrennungsraums aus, da das Wasser nun ungehinderter zirkulieren kann.

Eine harte Bürste und eine Kunststoffschale mit Reinigungslösung eignet sich gut zum Entfernen alter Ölrückstände und Dichtungsreste vom Zylinderkopf, sofern die Behandlung in einem Reinigungstank mit entsprechendem Lösungsmittel nicht möglich ist. Diese Methode für den Do-it-Yourselfer erfordert jedoch harte Arbeit. Durch Stechen und Schaben mit dem Schraubendreher werden die Ablagerungen von den schwer zu erreichenden Stellen abgelöst. Zum Entfernen von Korrosion und Ablagerungen in den Kühlwasserkanälen des Zylinderkopfes können die Thermostatöffnung und die Heizungsanschlüsse verschlossen werden, um dann die Wasserkanäle mit einem Lösungsmittel zu füllen, wie es handelsüblich zur Reinigung von Heizungsanlagen erhältlich ist. Das Mittel lange genug einwirken lassen und dann den Zylinderkopf gründlich ausspülen.

Nach vollständiger Trocknung müssen die Ansaugkanäle und die Verbrennungsräume des Zylinderkopfes in der Strahlkabine von anhaftender Ölkohle befreit werden. Mit einer an der Bohrmaschine montierten Drahtbürste lassen sich die Kohleablagerungen ebenfalls entfernen, sofern man keine Möglichkeit zum Sandstrahlen hat. Nach der intensiven Reinigung ist der Zylinderkopf nun bereit für eine weitere Sichtprüfung, um sicherzustellen, dass bei den anfänglichen Prüfungen nichts übersehen wurde.

Sicherheit geht vor!

Bevor die Modifikationen an Zylinderköpfen in Einzelheiten behandelt werden, ist hier unbedingt ein Wort zur Sicherheit angebracht. **Warnung!** Immer Augenschutz tragen, wenn Schleifarbeiten am Zylinderkopf durchge-

Das Bild zeigt einen zur Hälfte durch Sandstrahlen gereinigten Zylinderkopf. Obwohl er vorher einer chemischen Reinigung unterzogen wurde, muss hier nachgearbeitet werden.

Man beachte die Kohleablagerungen in den Kanälen und Verbrennungsräumen (rechts). Selbst beim Einsatz einer Sandstrahlkabine dauert es eine Zeit lang, bis der Zylinderkopf gereinigt ist (links).

führt werden. Hierzu ist eine Schutzbrille die Mindestanforderung in puncto Schutzkleidung. Selbst dann können jedoch der Staub und die Partikel, die vom Schleifen aufgewirbelt werden, die Schutzbrille umgehen und in die Augen gelangen. Die Verwendung eines Vollgesichtsschutzes sei hier angeraten. Ebenfalls ist das Tragen einer Staubmaske mit Atemvorrichtung empfehlenswert, da das Einatmen des Metallstaubs gesundheitsschädlich ist. Gehörschutz wie Ohropax ist ebenfalls sinnvoll, je nach dem, wie geräuschintensiv die verwendeten Geräte sind.

Außerdem sollte ein Overall getragen werden, um ein Eindringen von Staub und Metallpartikel in die Kleidung zu verhindern.

Sicherheitsschuhe mit Stahlkappen sollten unbedingt getragen werden, da niemand gegen das Fallenlassen eines schweren Zylinderkopfes gefeit ist.

Bei der Arbeit sind Lederhandschuhe zu tragen, obwohl diese bisweilen das richtige Gefühl für die Arbeit etwas beeinträchtigen können.

Grundsätzliches zu Schleifarbeiten

Mit der richtigen Schutzkleidung ausgestattet muss nun ein geeigneter Arbeitsplatz eingerichtet werden. Dieser sollte möglichst mit einer beweglichen Arbeitslampe gut beleuchtet sein. Eine alte Schreibtischlampe ist hierfür bestens geeignet. Es ist wichtig, die letzten Ecken und Winkel des Zylinderkopfs unter guter Ausleuchtung einsehen zu können. Wie bereits bei der Arbeitskleidung erklärt, entstehen bei den Schleifarbeiten größere Mengen Staub, was am Arbeitsplatz besonders zu berücksichtigen ist! Dies trifft insbesondere auf druckluftbetriebene Stabschleifer zu. Da es sich um Metallstaub handelt, ist besonders vor Kurzschlüssen zu warnen, die durch den Staub ausgelöst werden, der sich seinen Weg in die elektrischen Schalter und Anschlüsse z.B. der Arbeitsleuchte bahnt. **Warnung!** Als Sicherheitsvorkehrung sollte vor Beginn der Arbeit immer die Glühbirne herausgedreht und der Metallstaub vom vorherigen Arbeitsgang abgewischt werden. Vor dem Säubern der Glühlampenfassung den Netzstecker der Lampe ziehen.

Hier ein üblicherweise verwendeter Zylinderkopfständer. Der aufgesetzte Gummischlauch (hinten) schützt den Zylinderkopf.

Eine Alternative besteht in der Bearbeitung zweier Zündkerzen, die dann ...

... in den Zylinderkopf eingeschraubt werden und für eine sichere Befestigung im Schraubstock dienen.

Während der Arbeiten am Zylinderkopf muss dieser entsprechend abgestützt werden. Die Stützen müssen die sichere Auflage des Zylinderkopfes in verschiedenen Positionen ermöglichen und dürfen die Arbeit nicht behindern. Die Abbildungen zeigen einige Vorschläge zur sicheren Auflage des Zylinderkopfes während der Arbeit.

Die Ablagen jeweils mit Gummischlauch oder anderem nachgebendem Material abdecken, um so eine Beschädigung der Dichtflächen des Zylinderkopfes zu verhindern. Gleichfalls erhält man somit eine rutschfeste Unterlage.

Als Alternative können zwei Zündkerzen auf der Drehbank umgebaut werden, indem die Keramikkörper und die Elektroden entfernt werden und in die verbleibenden Metallkörper jeweils ein Stahlrohr einschweißt wird. Nach Einschrauben der so modifizierten Zündkerzen in den Zylinderkopf hat man einen geeigneten Halter für den Schraubstock. Auf diese Weise kann man auf einen hinderlichen Ständer verzichten.

Schleifer

Es gibt zwei Möglichkeiten, einen Zylinderkopf zu bearbeiten: den richtigen Weg und den falschen Weg.

Der falsche Weg

Jeder Versuch, die Schleifarbeiten mit einer elektrisch betriebenen Bohrmaschine oder einer von einem Elektromotor angetriebenen flexiblen Welle durchzuführen, ist Zeitverschwendung. Die Bohrmaschine kann nur mit einigen 1000/min betrieben werden, was für die Stein- oder Hartmetallfräser nicht ausreicht. Die Auslegung der Schneidflächen dieser Werkzeuge erfordert hohe Drehzahlen. Selten haben wir unter 12.000/min gearbeitet, was für einen Kugelkopffräser mit ca. 25 mm Durchmesser ausreichen würde. Alle kleineren Fräser, z.B. mit 12 oder 10 mm Durchmesser und Hartmetallkopf, benötigen 17.000/min, während die noch kleineren, aufgesetzten Frässpitzen bisweilen bis 25.000/min erfordern.

Das Gussmetall des Zylinderkopfes lässt sich mit einer elektrischen Bohrmaschine nur sehr langsam entfernen und bei diesen niedrigen Drehzahlen verschleißen die Fräsköpfe viel zu schnell. Erschwerend hinzu kommt, dass eine Bohrmaschine nicht für den Dauerbetrieb geeignet ist. Nach 5 bis 10 Minuten werden die meisten Bohrmaschinen sehr heiß! Außerdem sind die Lager der Bohrmaschine nicht dafür ausgelegt, die beim Schleifen auftretenden Querkräfte aufzunehmen und werden bei zu hohem Kraftaufwand rapide verschleißen.

Des Weiteren kommt man mit dem relativ großen Bohrfutter, sei es direkt an der Bohrmaschine montiert oder an einer flexiblen Welle, nicht weit genug in die Ansaug- bzw. Auslasskanäle hinein und das Bohrfutter behindert außerdem die Sicht auf den Arbeitsbereich im Vergleich zu einem Spannfutter, wie es an druckluftbetriebenen Stabschleifern zur Anwendung kommt.

Der richtige Weg

Nachdem einmal die Entscheidung getroffen wurde, einen professionellen Stabschleifer für 20.000/min oder mehr zu beschaffen, muss man nun den passenden Antrieb wählen, der entweder über Werkstattdruckluft oder einen Elektromotor erfolgt. Unabhängig vom gewählten Antrieb muss eine biegsame Welle als Verlängerung verwendet werden, damit die Fräsköpfe bis weit in die Kanäle hinein eingesetzt werden können. Es ist ein 6-mm-Spannfutter zu wählen.

Elektrisch betriebene Stabschleifer sind in zwei Ausführungen erhältlich. Eine Version hat das Spannfutter am Ende des Motors, während jene zum Antrieb einer flexiblen Welle mit einem Handstück am Spannfutter zum Festhalten der Werkzeuge ausgerüstet ist. Die Stabschleifer ohne flexible Welle sind umständlich in der Handhabung. Der Zugang und die Sicht in die Kanäle werden hierdurch eher begrenzt. Die Stabschleifer mit flexibler Welle sind besser geeignet, da hierbei das Motorgehäuse vom Werkstück entfernt angeordnet ist. Dies ist insbesondere von Vorteil, wenn es sich um einen Stabschleifer mit variabler Drehzahlsteuerung handelt.

Die Wahl zwischen Bohrmaschine und druckluftbetriebenem Stabschleifer fällt nicht schwer.

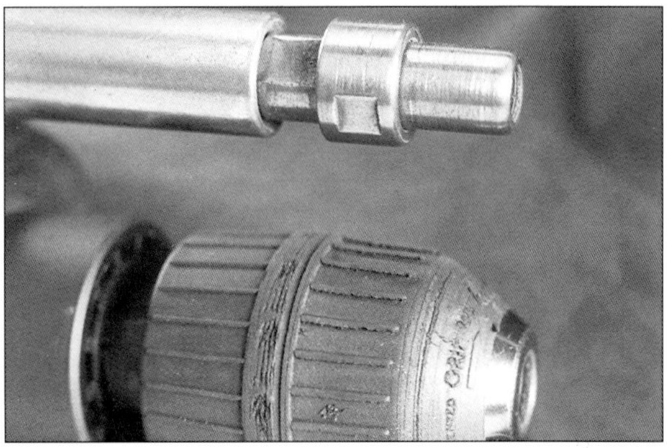

Zum Vergleich: Spannfutter am Stabschleifer und normales Bohrfutter.

Warnung! – Elektrisch betriebene Stabschleifer bergen erhebliche Unfallgefahr, wenn sich das Werkzeug im bearbeiteten Kanal des Zylinderkopfs verklemmt und abrupt zum Stillstand kommt. Der Motor läuft dann weiter und durch das von ihm erzeugte Drehmoment kann sich der Stabschleifer aus den Händen des Arbeiters drehen. Handelt es sich um einen Stabschleifer mit flexibler Welle, so kann die flexible Welle wie eine Schlange in Schraubenform verdrillt werden und dann entweder durchbrechen oder den Arbeiter „angreifen". Somit ist hier auf jeden Fall Vorsicht geboten!

Für schwierige Arbeiten empfehlen wir einen Stabschleifer mit flexibler Welle und variabel einstellbarer Drehzahl in Leichtbauweise. Die Motorleistung beträgt üblicherweise 120 Watt und die Drehzahlen am Griffstück betragen bis zu 20.000/min, geeignet für Werkzeuge mit 3 mm Schaftdurchmesser.

Für den schweren Einsatz bei der Bearbeitung von Kanälen und Verbrennungsräumen (Schruppen) empfehlen wir einen Stabschleifer mit 750 Watt Leistung, variabler Drehzahl und flexibler Welle, der bis zu ca. 28.000/min dreht und Werkzeuge mit 6 mm Schaftdurchmesser aufnimmt.

Die Verfasser favorisieren aus zwei wesentlichen Gründen den Einsatz von druckluftbetriebenen Stabschleifern. Einerseits bleibt der druckluftbetriebene Motor bei Festhängen des Werkzeugs z.B. im Ansaugkanal sofort stehen, was die Sicherheit wesentlich erhöht. Zum anderen ziehen die Elektromotoren den bei Verarbeitung von gusseisernen Zylinderköpfen entstehenden Staub aufgrund ihrer Magnetkraft an, wodurch die Motorlager einem sehr hohen Verschleiß unterworfen sind und an den elektrischen Kontakten allzu rasch Kurzschlüsse auftreten können! Da der Druckluftkompressor vom Schleiferarbeitsplatz und somit vom direkten Entstehungsbereich des Staubs entfernt betrieben wird, lässt sich sowohl die Lebensdauer des Antriebsaggregats erhöhen als auch die Geräuschbelastung vermindern.

Die empfohlene Ausführung des druckluftbetriebenen Stabschleifers verfügt über eine verlängerte, im Schleifer gelagerte Welle von ca. 12 bis 15 cm Länge. Das Spannfutter ist hier weiter vom Druckluftmotor entfernt angebracht, was die Ausführung eines sehr dünnen Schaftes ermöglicht (ca. 20 mm Durchmesser an einem eher leichten Stabschleifer). Dadurch sind die versteckten Stellen im Zylinderkopf wesentlich besser zu erreichen und auch die Sicht in und um die Ansaugkanäle wird erleichtert.

Für den leichten bis mittelschweren Gebrauch und feinere Arbeiten verwenden wir einen verlängerten Stabschleifer mit einer Leistung von 0,3 PS und variabler Drehzahl bis zu 28.000/min. Für die Schrupparbeiten verwenden wir einen Stabschleifer mit 0,9 PS Motorleistung, variabler Drehzahl bis 22.000/min und einem Gewicht von 1,25 Kilogramm.

Im Regelfall hat der 0,3-PS-Stabschleifer einen Luftbedarf von ca. 250 Litern/min bei einem Arbeitsdruck

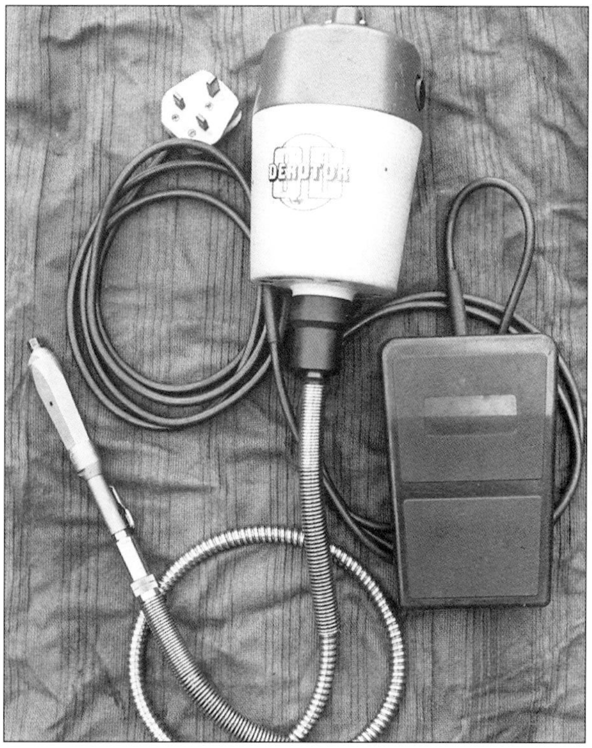

Elektrisch betriebener Stabschleifer mit flexibler Welle.

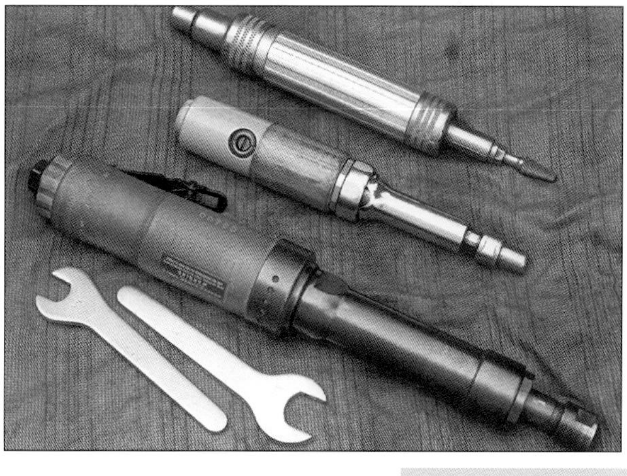

Druckluftbetriebene Stabschleifer. Standardausführung (oben), Ausführung mit 0,3 PS und verlängerter Welle (Mitte), Schwerlastausführung (unten) mit 0,9 PS.

von 7 bar. Zur Druckluftversorgung dieses Stabschleifers reicht jedoch ein Kompressor mit 250 Litern/min Leistung keinesfalls aus. Entlang der Druckluftleitungen und am Werkzeug selbst entstehen Verluste, weshalb die Leistung des Kompressors mindestens 25% über dem Verbrauch des verwendeten Werkzeugs liegen muss.

Für Arbeiten des Do-it-Yourselfers, der nur wenige Zylinderköpfe bearbeiten wird, sind die elektrisch betriebenen Stabschleifer besser geeignet. Die Investitionskosten bleiben hierbei moderat. Bei Verwendung der druckluftbetriebenen Stabschleifer sind neben der Druckluftversorgung, die in Form des Kompressors schon in vielen Hobbywerkstätten bereits vorhanden ist, noch einige Zusatzteile erforderlich, wie ein Druckregler, ein Wasserabscheider und eine Schmierölzufuhr, die in die Druckluftversorgung einzubauen ist, um die Lager des Stabschleifers zu schmieren.

Ein großer Druckbehälter für entsprechenden Luftvorrat ist unbedingt erforderlich, anderenfalls wird der Kompressor ständig laufen. Nur zu Anfang wird die Arbeit durch ausreichende Pausen unterbrochen, während derer der Zylinderkopf geprüft und inspiziert wird, sodass der Kompressor „aufholen" kann.

Wie auch bei der Bohrmaschine leiden viele preiswertere Stabschleifer mit Druckluftantrieb an unzureichend dimensionierten Lagern. Um die Lager oder den Stabschleifer nicht ständig erneuern zu müssen, sollte gleich ein professionelles und qualitativ hochwertiges Werkzeug angeschafft werden. Dies zeichnet sich durch eine lange, schlanke Spitze, ein kleines Spannfutter und eine gute Lageranordnung aus, um die erhöhte Querbelastung beim Bearbeiten von Kanälen am Zylinderkopf zu verkraften. Die zusätzlichen Kosten für so ein Gerät sind die Investition wert.

Ebenfalls ist die Feinabstimmung für Schleifarbeiten unmöglich, wenn der Stabschleifer mit einer festgesetzten Drehzahl betrieben wird. Deshalb ist ein Stabschleifer mit variabler Drehzahl erforderlich. So kann man probieren, mit welcher Drehzahl welches Werkzeug am effektivsten arbeitet und nur so lassen sich zuverlässig auch feinste Oberflächenkonturen ausbilden.

Natürlich wird diese Ausrüstung samt und sonders ungefähr den Preis eines professionell modifizierten Zylinderkopfes haben. Will man jedoch ernsthaft eine Bearbeitung des Zylinderkopfes durchführen, so ist es sinnvoller, mit der richtigen Ausrüstung zu beginnen, anstatt sich anfangs mit dem falschen Werkzeug den Spaß an der Arbeit zu nehmen, um sich dann später nach ständigen Rückschlägen dann doch zu der höheren Investition durchzuringen.

Werkzeuge zur Bearbeitung von Zylinderkopfkanälen

Hartmetallwerkzeuge

Das Gussmaterial des Zylinderkopfes lässt sich mit so genannten Hartmetallspitzen-Fräsern am schnellsten abtragen. Es gibt drei grundsätzliche Ausprägungen der Werkzeugform, wie in der beigefügten Abbildung dargestellt.

Bei Einsatz eines Fräswerkzeugs muss dieses ausgewuchtet sein, um gleichmäßig und wirksam zu arbeiten. Deshalb lohnt es sich, das Werkzeug mehrmals in das Spannfutter einzusetzen, jeweils leicht zu drehen, und hierbei den Stabschleifer auszuprobieren, bis der ruhigste Lauf ermittelt wurde. Läuft das Werkzeug weiterhin unrund, z.B. weil es sich einmal verklemmt hat – was nicht selten vorkommt –, so hält man den drehenden Schaft gegen ein recht dünnes, scharfkantiges Metallstück (z.B. Schraubstockbacke). Dies hinterlässt einen Polierabdruck auf dem Schaft an der Stelle, an dem sich die Unwucht des Werkzeugs befindet. Mit etwas Glück lässt sich der Schaft unter Verwendung eines Plastikhammers wieder begradigen.

Hartmetallwerkzeuge sind ideal geeignet für Arbeiten in Gusseisen- und Leichtmetall-Zylinderköpfen. Bei Leichtmetall-Zylinderköpfen ist ein Schmiermittel wie Kreide, Paraffin oder Rostlöser zu verwenden, um ein Verschmieren der Schneidkanten des Werkzeugs zu verhindern.

Aufgesetzte Schleifwerkzeuge

Die erforderliche Formgebung an gusseisernen Zylinderköpfen lässt sich am besten mit zylindrischen oder runden Schleifwerkzeugen erreichen. Hierzu wird Aluminiumoxid mit Körnung 60 (rosa) verwendet, womit sich eine große Menge Material abtragen oder eine feine Oberflächenqualität erzeugen lässt, je nach dem, wie der Schleifkörper angeschliffen wurde. Durch Anschleifen mit leichtem Druck wird eine feinkörnige Oberfläche erzeugt, während Anschleifen mit hohem Druck oder durch Gegenschlagen des drehenden Schleifeinsatzes eine grobe Oberfläche bei wesentlich höherem Materialabtrag bewirkt. Die Schleifwerkzeuge müssen bei jedem erneuten Einsetzen in das Spannfutter angeschliffen werden, um ihren ruhigen Lauf zu sichern. Anderenfalls würden Vibrationen ein Rattern im Ansaugkanal bewirken, was dann mehr Schaden als Nutzen bringt.

Form	Anwendungsbereich	Größen
Zylinder 	Verbrennungsraumwand an Verbrennungsraum in Badewannenform	16 x 25 mm (Durchmesser x Länge)
Kugel 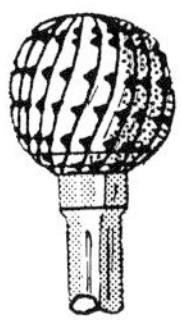	Überall dort, wo ein Radius erforderlich ist, z.B. um die Ventilführungen herum und an den Verbrennungsraumwänden	8, 13 und 25 mm Durchmesser
Oval 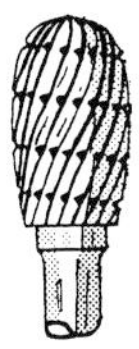	Ventilöffnung, Gussvorsprung für Ventilführung und allgemeiner Materialabtrag im Kanal	13 x 22 mm (Durchmesser x Länge)
Tulpenform 	Kanäle und Ventilöffnungen	8 x 18, 13 x 32 mm, 19 x 41 mm (Durchmesser x Länge)
14°-Kegel 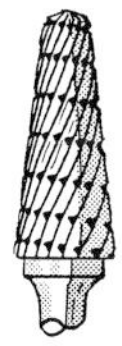 Großer Radius, 14° eingeschlossener Winkel	Verbrennungsraumwand	10 x 20 mm (Durchmesser x Länge)

Diverse Ausführungen von Hartmetallfräsern. Der Schaft hat jeweils 6 mm Durchmesser.

Die zylindrischen oder runden Schleifeinsätze sind billiger als Hartmetallwerkzeuge, leichter den Anforderungen der Form nach anzupassen und leichter anzuwenden. Da hierdurch weniger Material pro Umdrehung abgetragen wird, werden Probleme aufgrund versehentlich zu hoher Materialwegnahme unwahrscheinlicher!

Diese Art von Schleifwerkzeugen können an Aluminium-Zylinderköpfen nicht verwendet werden, da sie binnen kürzester Zeit verschmieren und damit nicht mehr einsetzbar sind.

Die beigefügte Tabelle zeigt die grundsätzlichen Formen, die je nach Bedarf noch geändert werden können.

Sämtliche dieser Schleifeinsätze sind im einschlägigen Fachhandel erhältlich. **Warnung!** Vorsicht walten lassen, da einige Einsätze unter Umständen nicht für hohe Drehzahlen geeignet sind. Immer die zugelassene Höchstdrehzahl aller Schleifwerkzeuge, HSS- oder Hartmetallfräser prüfen, bevor diese betrieben werden!

Weitere Werkzeugeinsätze

Neben den Fräsereinsätzen und Schleifwerkzeugen können außerdem Schleifscheiben aus Aluminiumoxid, Schleifbänder und Fächerräder zur Anwendung kommen.

Schleifleinen mit Aluminiumoxidbeschichtung kann

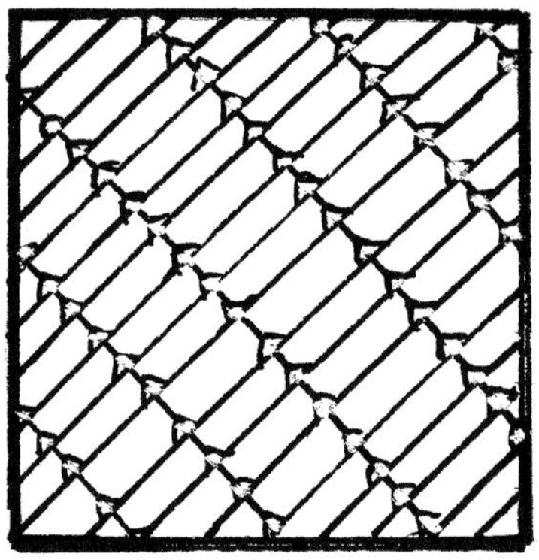

Doppelhieb: Die häufigste Ausführung eines Fräsers. Sehr wirksam beim Entfernen von Material. Erzeugt kleine Späne.

Einfacher Hieb: Eine zweite, sehr häufige Ausführung des Fräsers. Hierdurch werden insbesonders bei Aluminium-Werkstoffen lange Späne erzeugt.

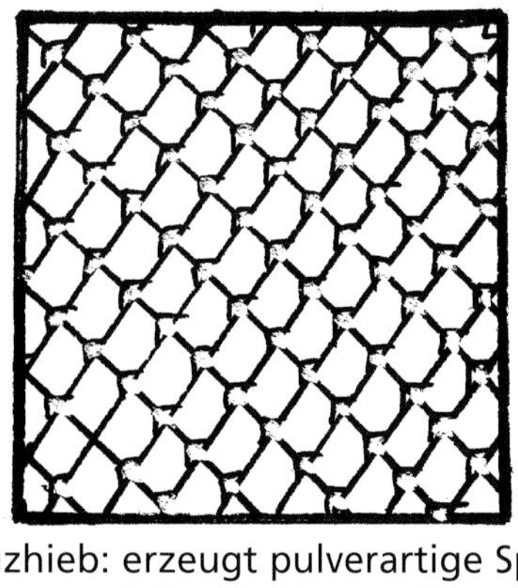

Kreuzhieb: erzeugt pulverartige Späne. Geeignet für die Verwendung an wärmebehandelten und gehärteten, legierten Stählen.

Schneidflächen von Hartmetallfräsern

zur Endbearbeitung vom Ansaug- bzw. Auslasskanälen und Kammern verwendet werden, die vorher mit Fräser und Schleifwerkzeug bearbeitet wurden.

Eine Auswahl von Aluminiumoxidsteinen und Hartmetallfräsern.

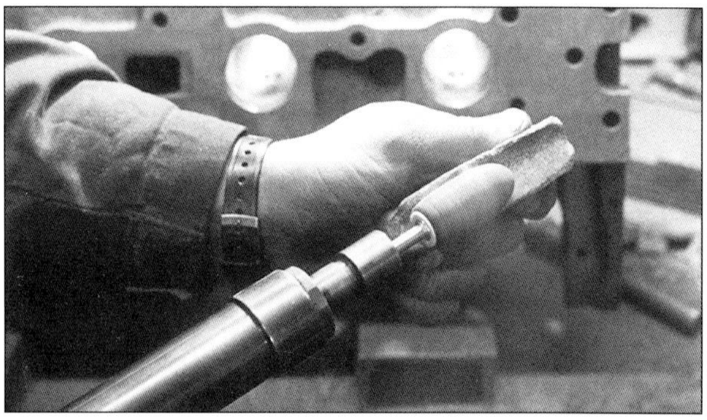

Anschleifen eines Werkzeugs vor der Verwendung.

Die beigefügte Tabelle zeigt die am häufigsten verwendeten Ausführungen und ihren Anwendungsbereich.

Polieren

Unserer Erfahrung nach ist das Polieren der Kanäle in Zylinderköpfen als endgültiger Abschluss der Arbeiten keiner Steigerung der Motorleistung dienlich. Unter bestimmten Bedingungen kann ein Hochglanzpolieren der Innenflächen des Ansaugkanals sogar zu Pfützenbildung des Kraftstoffs führen, während die mattere, unbehandelte Oberfläche eine Verwirbelung der Ansaugluft mit den Kraftstoffablagerungen bewirkt, wodurch eine gründliche Vermischung des Kraftstoffs mit der Ansaugluft begünstigt wird. Während diese Luftwirbel an der unbehandelten Oberfläche nur einen minimalen Vorteil darstellen mögen, würde doch jegliche Pfützenbildung des Kraftstoffs einen erheblichen Nachteil mit sich ziehen. Der flüssige Kraftstoff fließt früher oder später in den Verbrennungsraum, wo er nicht ordnungsgemäß verbrannt wird. Hierdurch steigt nicht nur der Kraftstoffverbrauch, die Leistung des Motors nimmt auch ab und die Abgaswerte steigen insbesondere in Bezug auf unver-

Form	Anwendungsbereich	Größen
W179 Zylinder 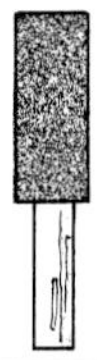	Umformen nach Bedarf für Ecken und Flachstellen, rechteckige oder viereckige Kanäle und Seiten des Gussvorsprungs der Ventilführung	3/8 x 1,25 Zoll lang (Durchmesser x Länge)
W188 Zylinder 	Umformen nach Bedarf für Ecken und Flachstellen, rechteckige oder viereckige Kanäle und Seiten des Gussvorsprungs der Ventilführung	1/2 x 1,5 Zoll lang (Durchmesser x Länge)
W227 Zylinder 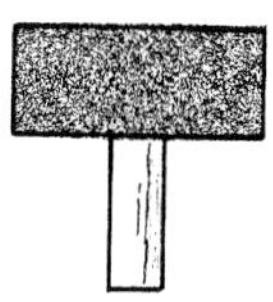	Verbrennungsraumdecke und Verbrennungsraumwand	1,25 x 1/2 Zoll (Durchmesser x Länge)
A25 Kugel 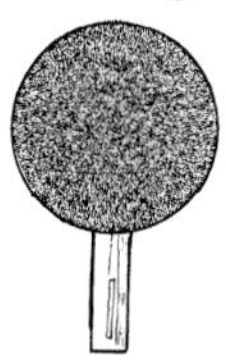	Für runde Kanäle und Umformen der Kanäle und Ventilöffnungen auf ovalen Querschnitt	1 x 1 Zoll (Durchmesser x Länge)

Diverse Fräser (6 mm Schaftdurchmesser) und ihre Verwendung.

Rolle aus Schleifleinen mit einem geschlitzten Trägerdorn

Schleifbänder: ideal für Arbeiten in Brennkammern

brannte Kohlenwasserstoffe an (hohe HC-Werte am Abgastester). Außerdem begünstigt die raue, unbehandelte Oberfläche die Bildung einer dünnen Kohleablagerung im Verbrennungsraum, die dann isolierend wirkt und den Wärmewirkungsgrad des Motors erhöht.

Spanabhebende Bearbeitung von Ventil, Ventilsitz und Ventilsitzeinsatz

Schneiden des Ventilsitzes

Ventilsitzfräser lassen sich in zwei Kategorien einteilen. Die eine Ausführung besteht aus Schleifsteinen zum Ab-

Schleifscheiben: ideal für Arbeiten an der Verbrennungsraumdecke

Fächerräder

Form	Anwendungsbereich	Größen / Körnung
Schleifleinen als Rolle 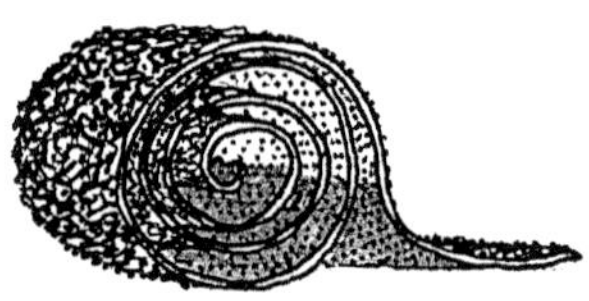	Verwendung in geschlitztem Dorn zum Glätten von Kanälen und Schaffen von Übergängen	80er Körnung, 25 mm breit
Schleifbänder 	Passend verklebter Schleifleinen auf Gummiträger. Begrenzte Einsatzmöglichkeiten am Kanal, aber sehr gut geeignet für Arbeiten im Verbrennungsraum	80er Körnung, 13 x 25 mm (Durchmesser x Länge)
Schleifscheiben 	Ein rundes Stück Schleifleinen aufgeklebt auf Kunststoffträger mit Metallmutter. Perfekt für flache und gewölbte Verbrennungsraumdecke	60er Körnung für Aufrauen, 80er Körnung für Aufrauen, 120er Körnung für Feinschliff
Fächerrad 	Schmale Streifen aus Schleifleinen verklebt mit Schaft. Perfekt für Verbrennungsraumdecke, Wände und runde Kanäle	60er / 80er Körnung, 25 x 10 mm (Durchmesser x Länge)

Weitere Schleifwerkzeuge

schleifen des Sitzes, während bei der anderen Ausführung Schneidkanten verwendet werden, um den Ventilsitz zu fräsen. Welche Ausführung zur Anwendung kommt, hängt wesentlich vom zur Verfügung stehenden Budget ab bzw. bei Erwerb von Gebrauchtwerkzeug davon, welcher Typ angeboten wird. Folgende Beschreibungen der beiden Werkzeugarten verdeutlichen die Vor- und Nachteile der beiden Ausführungen.

Von Hand geführte Hartmetallfräser (z.B. der Firma SP Nu-Way)

Bei diesem Ventilsitzfräser kommen austauschbare Hartmetalleinsätze zum Schneiden der Ventilsitze zur Anwendung, in Verbindung mit einem Spannpratzendorn zum Einsetzen in die Ventilführung. Die Fräser sind voreingestellt auf diverse Winkel erhältlich, um so mehrwinklige Sitze erzeugen zu können. Hierbei fräst jeweils ein Schneidblatt einen Winkel. Der Durchmesser des Werkzeugs ist recht begrenzt, sodass drei 45°-Fräser erforderlich sein würden, um Ventilsitzdurchmesser von 25,4 bis 50,8 mm bearbeiten zu können.

Die Führungen sind expandierend ausgeführt, sodass sich (mit etwas Übung) eine exakt konzentrische Bearbeitung der Ventilsitze erreichen lässt. Eine Führung reicht hier für eine ganze Bandbreite von Führungsinnendurchmessern aus. Der Materialabtrag (Vorschub) ist sehr gering, kann jedoch durch Antrieb mit einem Elektromotor erhöht werden. Der wirkliche Vorteil dieses Systems liegt für den Hobbyschrauber darin, dass der Satz Stück für Stück aufgestockt werden kann, um so eine große Bandbreite von Ventilsitzen schneiden zu können. Die Abmessungen der Ventilsitze, vertikal und horizontal, müssen mit Tiefenmessern und Innentastern bestimmt werden.

Hartmetallfräser-System Bauart MIRA mit Magnetsockel

Bei diesem System kommt eine einzelne Hartmetallschneidkante zur Anwendung, deren Winkel bereits vorgeschliffen sind, sodass sich in einem Durchgang ein Dreiwinkel-Ventilsitz fräsen lässt. Die Sitztiefe wird mit einer am Fräser befindlichen Tiefenmessvorrichtung in Ausführung einer Mikrometerschraube gemessen. Die Sitzbreite wird unter Verwendung eines Ventils des korrekten Durchmessers zwecks Einstellung des Fräsers voreingerichtet. Die Sitze sind alle identisch. Ein Nachteil dieses Systems besteht darin, dass die nicht fixierte Führung mit dem Fräser mitdreht, sodass zwischen diesem und der Führung ein Spiel bestehen muss (eine Auswahl unterschiedlicher Durchmesser ist erforderlich). Dieses System ermöglicht ein Schneiden des Ventilsitzes, jedoch muss man auf das Fluchten der Mittelachsen (konzentrisch) achten. Mit etwas Übung stellt dies jedoch kein Problem dar. Dieses System ist teuer in der Anschaffung, fertigt jedoch sehr rasch exakte und identi-

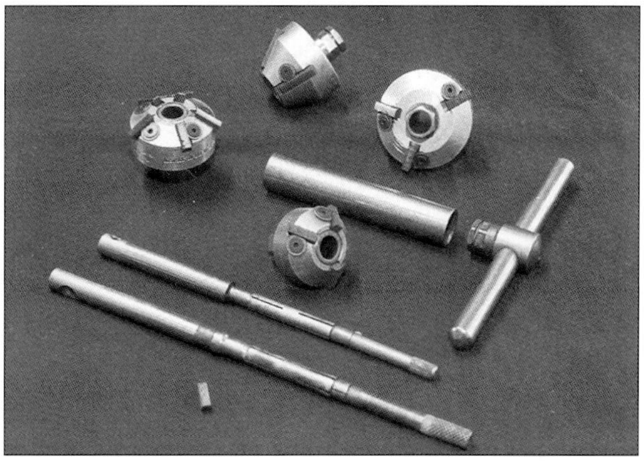

Ventilsitzfräser der Firma SP Nu-Way in den Ausführungen für 30°, 45° und 60° mit expandierenden Spannpratzen und Handwerkzeug

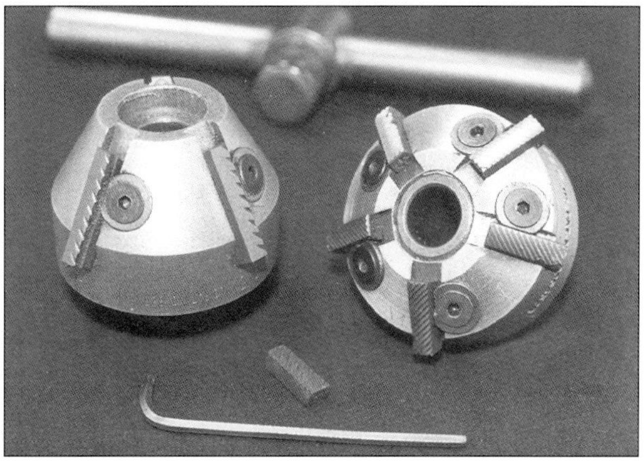

Fräser mit austauschbaren Hartmetalleinsätzen

Anwendung des Ventilsitzfräsers

Auswahl von Schneidkanten für Dreiwinkel-Ventilsitzschnitt

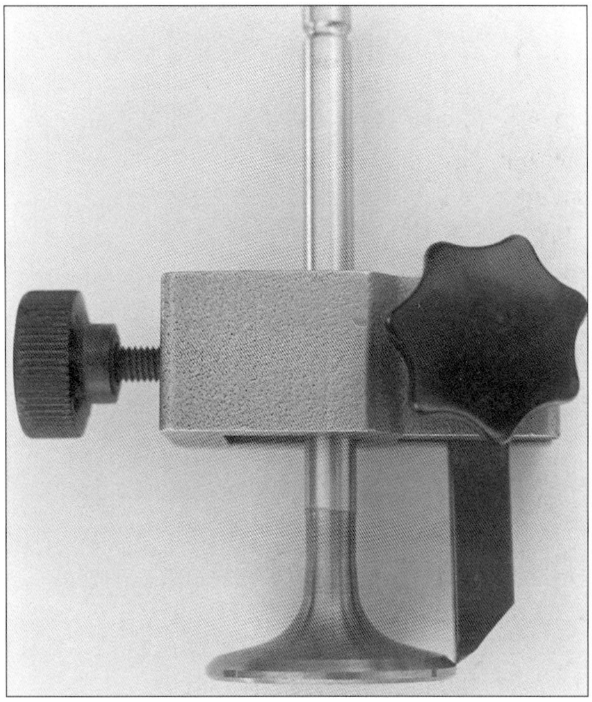

Das Schneidwerkzeug ist hierbei auf den Außendurchmesser des Ventilsitzes eingestellt.

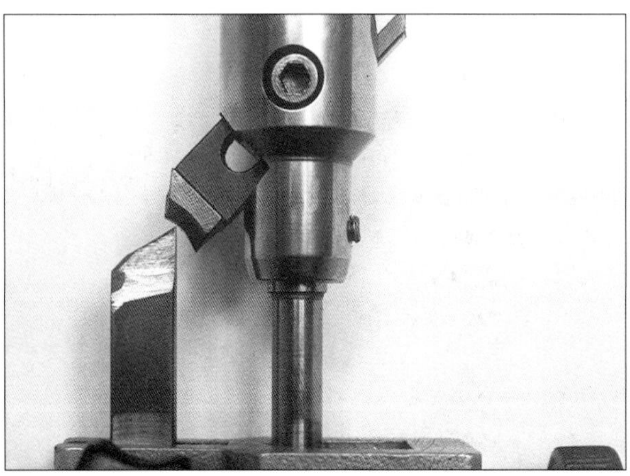

Justierung der Ventilsitz-Schneidklinge am Einstellwerkzeug, um den richtigen Sitzdurchmesser zu fertigen

sche Ventilsitze. Ein zusätzlich erhältliches Schneidmesser ermöglicht das Ausfräsen von Stufenbohrungen für Ventilsitzeinsätze.

In einigen Fällen enthalten die Ventilsitzeinsätze gewisser Zylinderköpfe Materialien, die Hartmetallfräser zusetzen (verschmieren), sodass ein Schleifen der Sitze erforderlich wird.

Primitive Sitzschleifer

Es gibt eine ganze Reihe von Ventilsitzschleifsteinen dieser Ausführungen. Hier handelt es sich um in vorgegebe-

Schneiden eines Dreiwinkel-Ventilsitzes mit Ventilsitzfräser Bauart MIRA

Die primitive Methode des Ventilsitzschleifens

nen Winkeln geformte Schleifsteine zum Erzeugen des Ventilsitzprofils. Bei diesem System wird eine sich weitende Spannpratzenführung zur Einpassung der Werkzeugführung verwendet, sodass die Ventilsitze exakt geschliffen werden. Ein Nachteil hierbei ist die mangelhafte Kontrolle von Breite und Tiefe des Ventilsitzes. Derartige Systeme sind recht kostengünstig in der Anschaffung, insbesondere in gebrauchtem Zustand. Sie eignen sich ideal für eine Aufarbeitung von Ventilsitzen mit nur einem Schnittwinkel. Das Bearbeiten von Ventilsitzen mit mehreren Winkeln gerät bei Anwendung dieses Systems zu einer sehr arbeitsaufwändigen Angelegenheit.

Die Schleifarbeiten muten recht brutal an und der Schleifstein wird bei vollem Kontakt mit dem Ventilsitz stark rattern. Somit ist ein Hilfsmittel zum Anschleifen der Steine auf den exakt erforderlichen Winkel nötig. Gleichfalls werden Tiefenmessgeräte und Innentaster zur Bestimmung des Arbeitsfortschritts am Ventilsitz benötigt.

Schleifsteine, expandierende Führung und Verbindungsstücke

Schleifsteine in unterschiedlichen Formgebungen

Der Schleifer läuft an einer Exzenterwelle. Im Gegensatz dazu können die Hochgeschwindigkeits-Schleifsteine jeweils nur einen kleinen Bereich bearbeiten.

Der Schleifer kann zur Nachbearbeitung der Schleifsteine umfunktioniert werden.

Exzenterschleifer der Bauart PEG

Der auf einen Winkel vorgeformte Schleifstein dreht sich mit ca. 10.000/min um einen Exzenter. Hierbei erfolgt der Kontakt mit jeweils nur einem kleinen Abschnitt des Ventilsitzes. Bei diesem System kommt ebenfalls eine expandierende Führung zur Positionierung des Schleifsteins zur Anwendung. Mit diesem System lassen sich sehr exakte Ventilsitze erzeugen, insbesondere in Bezug auf das Fluchten der Mittelachsen, und das System ist an Ventilsitzeinsätzen besonders wirksam, die im Regelfall den Zerspanungsversuchen mit Hartmetallschneidwerkzeugen widerstehen. Nachteile bestehen darin, dass die

Breite und Tiefe der Sitze gemessen werden muss. Außerdem müssen die Steine ausgewechselt werden, um unterschiedliche Winkel schleifen zu können. Ein weiterer Nachteil ist der langsame Arbeitsfortschritt.

Nacharbeiten von Ventilen

Gebrauchte Ventile, die sich ansonsten in einem guten Zustand befinden, können geringfügige Schäden oder Verschleiß an der Ventilsitzkontaktfläche aufweisen, die durch Nacharbeiten der Oberfläche behoben werden können. Wie beim Ventilsitzschneiden können Ventile entweder durch Fräsen oder durch Schleifen an der Ventilsitzkontaktfläche bearbeitet werden. Da Ventile aus gehärtetem Metall gefertigt sind, ist das Schleifen vorzuziehen.

Fräsen der Ventilsitzkontaktfläche

Von Hand gehaltene Fräser sind erhältlich, wobei die qualitativ hochwertigeren, einstellbaren Hartmetallfräser Einsätze aufweisen. Hiermit können die beschädigten Ventilsitzkontaktflächen gerettet werden. Die erzeugten Kontaktflächen sind exakt, der Arbeitsfortschritt jedoch langsam. Steht eine Drehmaschine mit Vorrichtung zum Kegeldrehen zur Verfügung, so können dort die Kontaktflächen der Ventile bearbeitet werden. Gleichfalls ließe sich auf einer robusten Drehmaschine ein für einen Winkel geeignetes Schneidwerkzeug einsetzen, um die gesamte Ventilsitzbreite in einem Arbeitsgang zu fräsen. Im Idealfall müsste der Ventilteller gestützt werden, um ein Verbiegen während der Bearbeitung auf der Drehmaschine zu verhindern. Das Herstellen von Dreiwinkel-Ventilsitzfräsungen am Ventilteller unter Verwendung dieser Methode ist jedoch sehr zeitaufwendig.

Das dargestellte Auslassventil weist Schäden an der Sitzkontaktfläche durch Lochfrass in Folge von Kohleablagerungen auf. Im Laufe der Zeit wird es nicht mehr ausreichend abdichten.

Damit muss das Ventil jedoch noch nicht abgeschrieben werden. Ist es ansonsten in gutem Zustand, so kann die beschädigte Sitzkontaktfläche nachgearbeitet werden – wie in diesem Fall durch Schleifen.

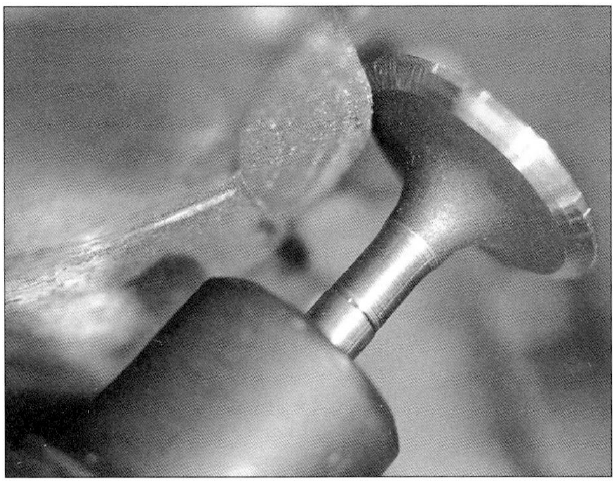

Ist die Ventilsitzkontaktfläche einmal instand gesetzt, so lassen sich weitere, den Strömungsdurchsatz begünstigende Winkel anschleifen.

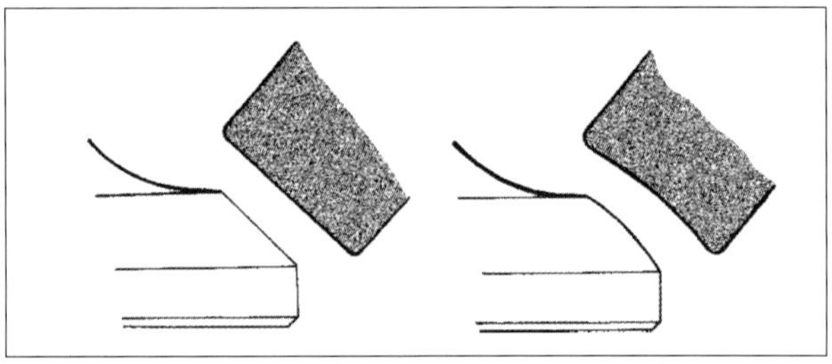

Ein verschlissener Schleifstein kann beim Nacharbeiten der Kontaktfläche Probleme mit der Abdichtung am Ventilsitz verursachen.

Schleifen der Ventilsitzkontaktflächen

Das Ventil wird in einer Spannpratze gehalten. Die Spannpratze dreht sich und das Ventil wird leicht mit einem in Gegenrichtung drehenden Schleifstein in Berührung gebracht. Der Kontaktwinkel zwischen Ventil und Schleifstein kann geändert werden, um unterschiedliche Ventilsitzwinkel anzuschleifen. Durch das Schleifen lassen sich exakt konzentrische Ventilsitzkontaktflächen

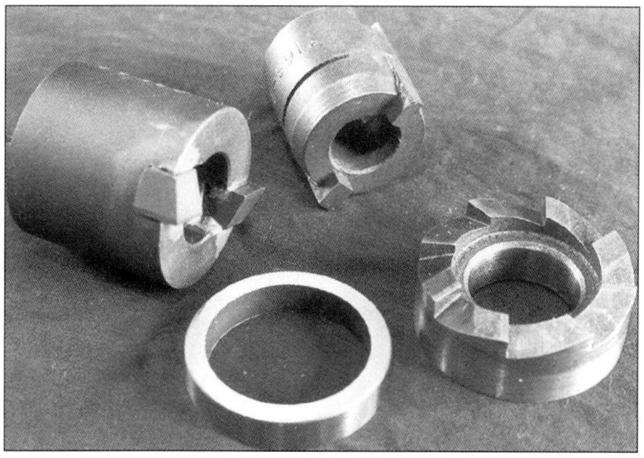

Werkzeuge zum Anfertigen der Stufenbohrung für die Ventilsitzeinsätze: Multi-Manson (rechts) und IDL

Ventilsitzeinsatzfräser mit Führung (im Hintergrund) und eine Auswahl von Ventilsitzeinsätzen unterschiedlicher Größe

mit guter Oberflächenqualität erzeugen. Der Schleifstein muss jedoch häufig nachgearbeitet werden, da sonst eine raue oder unebene Fläche das Ergebnis wäre.

Stufenbohrung für Ventilsitzeinsätze

Die Stufenbohrung, in die ein Ventilsitzeinsatz eingepasst wird, muss exakt auf Toleranzen innerhalb 0,0025 Millimeter bearbeitet werden. Diese Genauigkeit ist von entscheidender Wichtigkeit, um die korrekte Presspassung zwischen dem Ventilsitzeinsatz und dem Zylinderkopf zu erreichen. Diese Presspassung ist die einzige Methode zur sicheren Befestigung des Einsatzes. Zum Anfertigen der Stufenbohrung ist ein Metallfräser erforderlich, da Schleifsteine mit zunehmendem Verschleiß einer Maßänderung unterliegen.

Es gibt mehrere Möglichkeiten, die Stufenbohrung spanabhebend zu bearbeiten.

Spanabhebende Bearbeitung eines Zylinderkopfes zur späteren Montage der Ventilsitzeinsätze

Vergrößern des Innendurchmessers auf einer Drehbank – einfacher und exakter, als bei der Verwendung von Hartmetallfräsern oder Schleifsteinen

MIRA

Wie im Abschnitt zum Fräsen von Ventilsitzen erwähnt, kann das MIRA-System mit einer angepassten Bügelmessschraube und einem Schneidblatt für 90°-Winkel verwendet werden, um einen Zylinderkopf mit Stufenbohrungen für Ventilsitzeinsätze zu versehen. Die Stufenbohrung ist sehr exakt, die Arbeit jedoch zeitaufwendig.

Ventilsitzeinsatz vor dem Einbau (links) und im eingebauten Zustand (rechts)

Werkzeuge für spanabhebende Bearbeitung der Ventilfedersitze

Fertig eingerichteter Fräser an einer Führung vor dem Aufweiten und Vertiefen des Ventilfedersitzes

Motorgetriebene Ventilsitzeinsatz-Fräser

Ein Beispiel dieser Ausführung ist der Einsatzfräser der Firma Multi-Manson. Hier kommt ein mehrzahniger Fräser zur Anwendung, der über einen feststehenden Dorn positioniert wird. So lassen sich die Stufenbohrungen der Ventilsitzeinsätze rasch und exakt anfertigen. Das Vorbereiten der Maschine ist jedoch langwierig.

Werkzeugpark der Zylinderschleiferei

Diese Systeme bestehen im Wesentlichen aus einer Säulenbohrmaschine mit Universalantrieb oberhalb eines flachen Maschinenschraubstocks. Sie können zur spanabhebenden Bearbeitung an Zylinderköpfen für Ventilsitzeinsätze, zum Schneiden von Ventilsitzen unter Verwendung von Schneidblattfräsern und zum Bohren von Führungsbohrungen verwendet werden, um Ersatzventilführungen bei solchen Zylinderköpfen einzubauen, bei denen die Ventilführung ursprünglich ein integrierter Bestandteil war. Diese Maschinen sind sehr exakt und erlauben rasches und zuverlässiges Arbeiten, sind in der Anschaffung jedoch sehr teuer.

Spanabhebende Bearbeitung des Ventilfedersitzes

Bisweilen passt die Einbauhöhe der Ventilfeder nicht (weitere Einzelheiten zu diesem Thema sind im Abschnitt über Ventilfedern aufgeführt). Ist die Höhe zu groß, kann der Federsitz mit Distanzscheiben angepasst/gehoben werden. Ist die Einbauhöhe zu gering, so muss der Federsitz durch spanabhebende Bearbeitung ausgearbeitet werden. Dies erfolgt durch Stufenbohrungswerkzeuge mit mindestens zwei Schneidklingen. Diese Werkzeuge können außerdem zur Bearbeitung der Ventilfedersitze für Federn mit einem größeren Durchmesser verwendet werden.

Kleinere Ausführungen können zur Minderung der Ventilführungshöhe eingesetzt werden, sollte der Ventilfederteller daran anschlagen oder die Ventilschaftabdichtung beschädigen. Ein ähnliches Ergebnis lässt sich mit einem großen Bohrer erzielen. Danach muss jedoch von Hand nachgearbeitet werden. Eine weitere Alternative besteht im Abdrehen der Unterseite des Ventilfedertellers.

KAPITEL 7

Modifizierungen an Zylinderköpfen

Bearbeiten von Einlass- und Auslasskanälen

Bei der Bearbeitung von Kanälen in gusseisernen Zylinderköpfen sind zuerst die Hartmetallfräser für die Schrupparbeiten zu verwenden, um dann mit den zylindrischen Schleifeinsätzen zu schlichten. Bei Bearbeitung von Leichtmetallzylinderköpfen ist auf die Anwendung dieser zylindrischen Schleifeinsätzen zu verzichten. Die Aluminiumlegierung würde das Werkzeug binnen kürzester Zeit zusetzen. **Achtung!** Den Werkzeugeinsatz ständig in Bewegung halten. Verbleibt dieser zu lange an einer Stelle, so wird dadurch eine Vertiefung erzeugt, die dann wieder beseitigt werden muss. Bei unfachmännischer Vorgehensweise werden mehrere Vertiefungen nacheinander im gesamten Kanal entstehen und das Ergebnis wird entsprechend unbefriedigend sein. Immer nur leichten Druck am Schleifwerkzeug aufbringen und dieses ständig in Bewegung halten. Häufiger aussetzen, um den Fortschritt mit dem Finger zu prüfen. Mit etwas Übung werden die Unebenheiten, Vertiefungen und Unregelmäßigkeiten schnell erkennbar. Die Herausforderung besteht darin, diese Unebenheiten durch Entfernen bzw. Glätten zu beseitigen ohne weitere Problemstellen zu erzeugen. Deshalb unbedingt vorsichtig arbeiten und den Arbeitsfortschritt häufig prüfen! Für den Anfang ist es besser, zu wenig Material abzutragen und erst einmal die vorhandenen Konturen des Ansaugkanals zu verfeinern. Hierbei sollten alle offensichtlichen Problemstellen entfernt werden. Das Ziel ist, eine gleichmäßige Oberfläche des Kanals zu erreichen. Es sollte ein runder oder rechteckiger Querschnitt mit begradigten, flachen Wandabschnitten erzielt werden, ohne hierfür zu viel Metall abzutragen.

Bearbeiten von Kanälen eines Zylinderkopfes

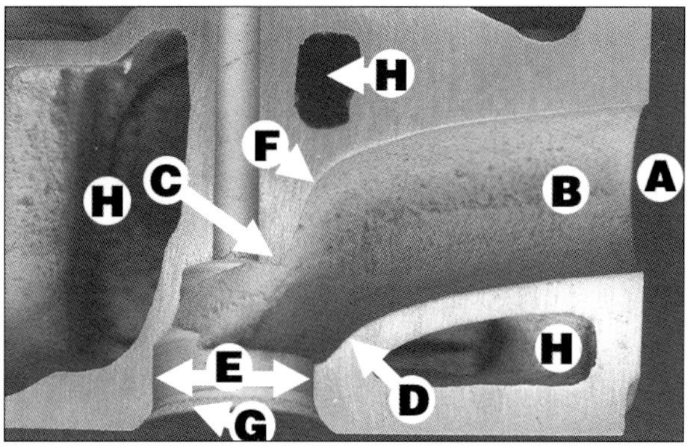

Fachbegriffe im Kanalbereich: A – Anlagefläche des Krümmers; B – Kanal; C – Gussvorsprung der Ventilführung; D – Krümmung am kurzen Ende des Kanals; E – Bereich oberhalb Ventilsitz; F – Krümmung am langen Ende des Kanals; G – Ventilsitz; H – Kühlwasserkanal

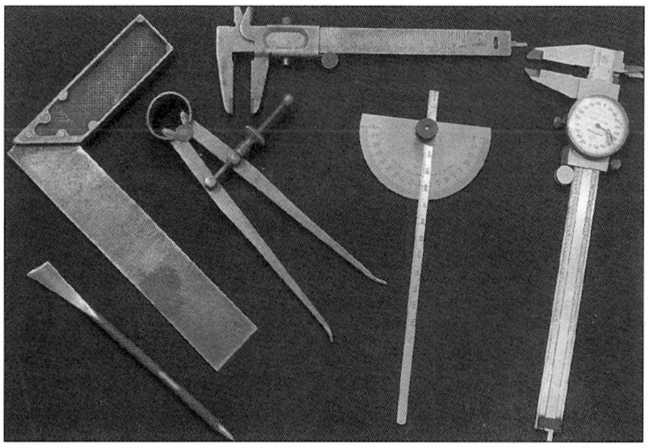

Eine Reihe der bei Arbeiten am Zylinderkopf verwendeten Messwerkzeuge

Foto 1 (siehe Text)

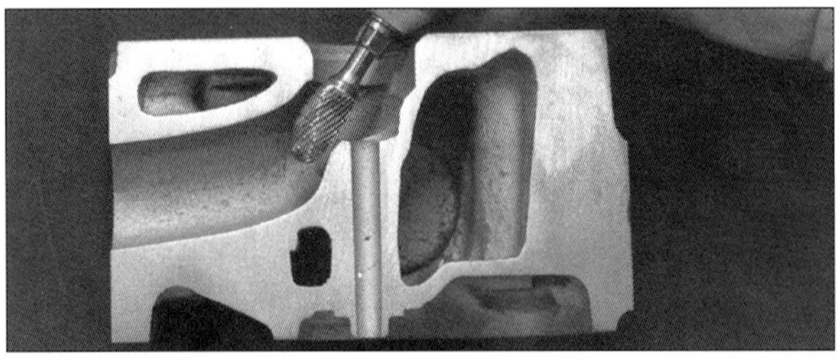

Foto 2 (siehe Text)

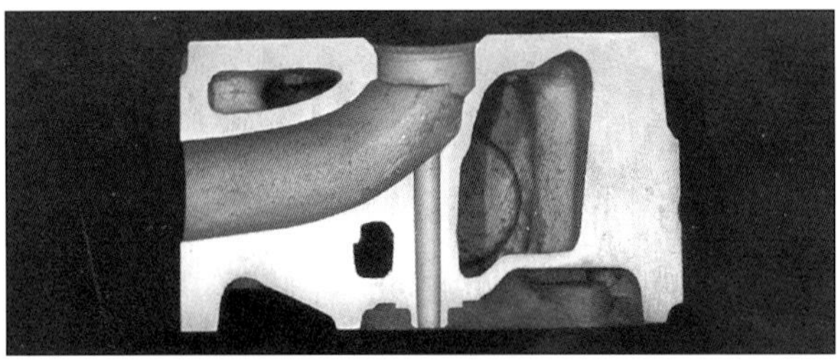

Foto 3 (siehe Text)

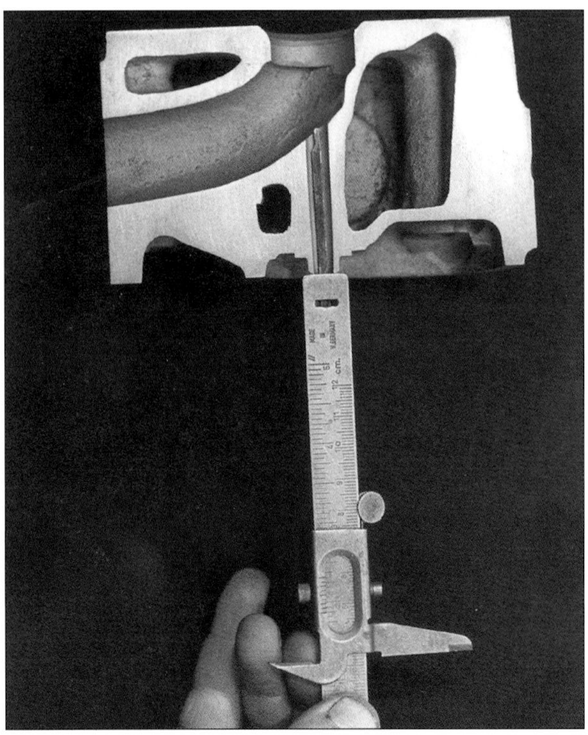

Foto 4 (siehe Text)

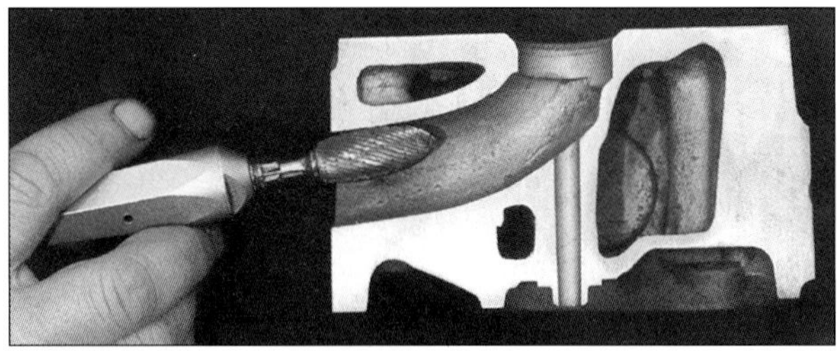

Foto 5 (siehe Text)

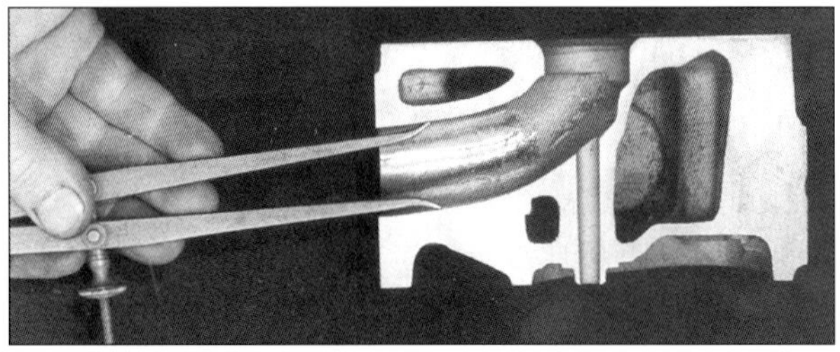

Foto 6 (siehe Text)

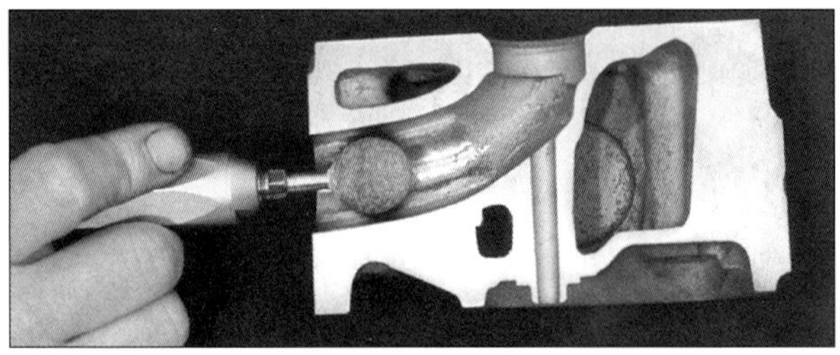

Foto 7 (siehe Text)

Eine besondere Herausforderung bei Arbeiten am Zylinderkopf besteht in der gleichartigen Gestaltung aller Ansaug- bzw. Auslasskanäle. Hierbei ist ein Satz Innentaster von großem Nutzen. Das erforderliche Augenmaß und Fingerspitzengefühl entwickelt sich mit zunehmender Erfahrung.

Zur Demonstration der Modifizierung von Kanälen eines Zylinderkopfes haben wir einen typischen, runden Ansaugkanal eines gusseisernen Zylinderkopfes mit im Guss liegenden Ventilführungen im Querschnitt dargestellt (siehe Foto 1). In diesem Beispiel besteht die Aufgabe darin, sämtliche Hindernisse des Luftstroms zu entfernen und den Kanal etwas aufzuweiten.

Entfernen des Gussvorsprungs für die Ventilführung

Mit einem ovalen Hartmetallfräser (siehe Foto 2) wird der Gussvorsprung der Ventilführung weggeschruppt, um die dargestellte Formgebung zu erreichen (siehe Foto 3). Hierbei vorsichtig vorgehen und den Arbeitsfortschritt häufig überprüfen und zwar sowohl durch Sichtprüfung

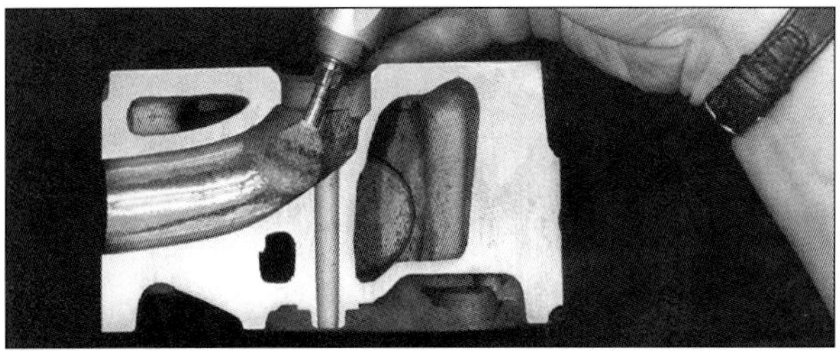

Foto 8 (siehe Text)

Foto 9 (siehe Text)

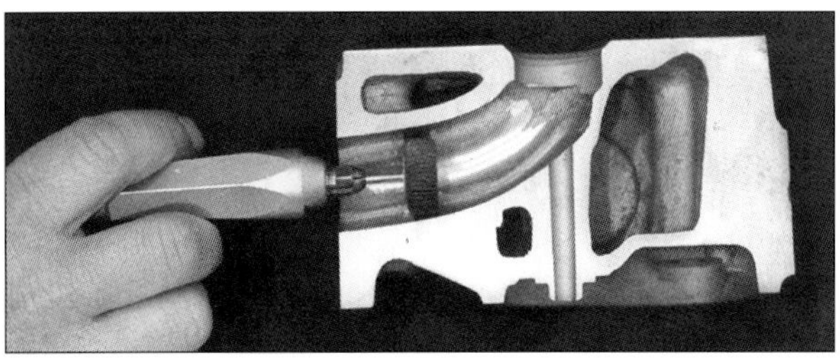

Foto 10 (siehe Text)

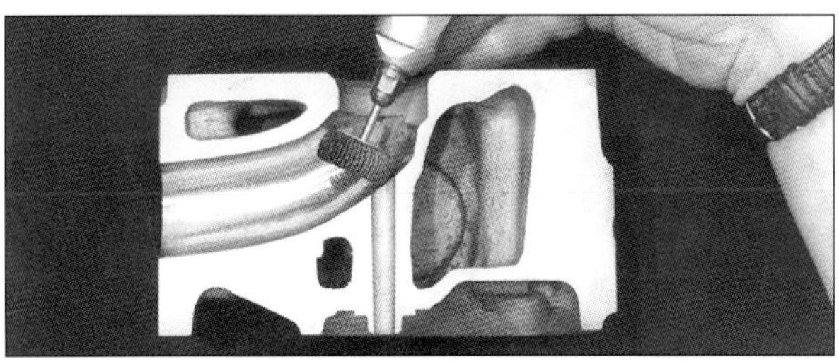

Foto 11 (siehe Text)

als auch durch Fühlen mit den Fingern. Wie viel Material entfernt wurde, kann durch Messen der Tiefe der verbleibenden Ventilführungsbohrung ermittelt werden (siehe Foto 4). Durch Dokumentieren der Maße der Führung vorne und hinten kann die Kurvenkontur dieses Abschnitts in anderen Ansaugkanälen reproduziert werden.

Bearbeitung des Kanals mit Hartmetallfräser

Der Kanal wird mit einem tulpenförmigen Hartmetallfräser geschruppt (siehe Foto 5). Die bei Aufweiten des Kanals entfernte Materialmenge wird mit dem Innentaster

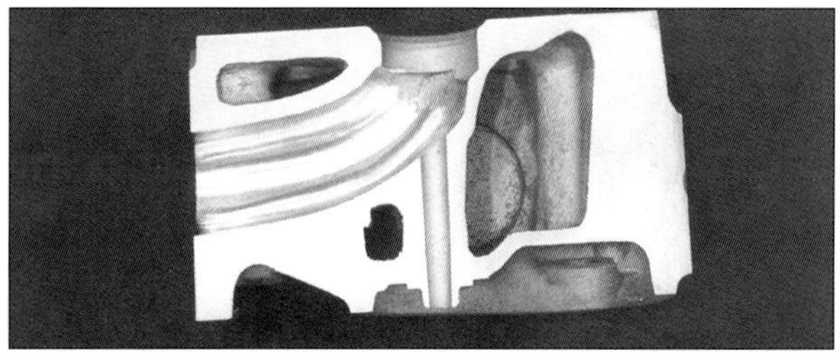

Foto 12 (siehe Text)

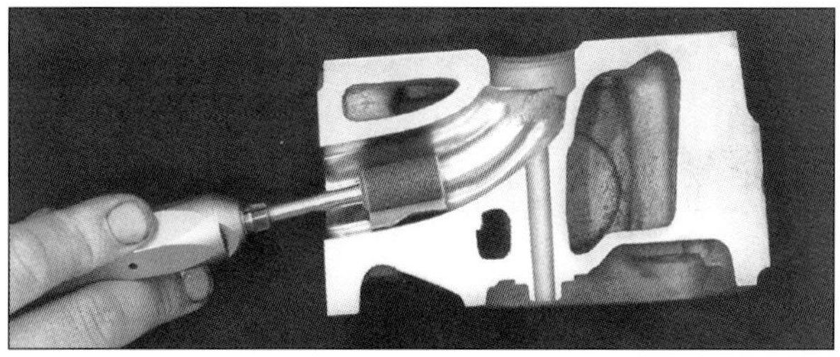

Foto 13 (siehe Text)

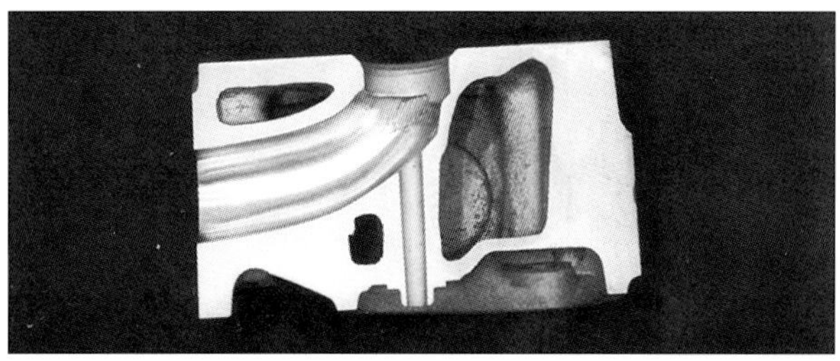

Foto 14 (siehe Text)

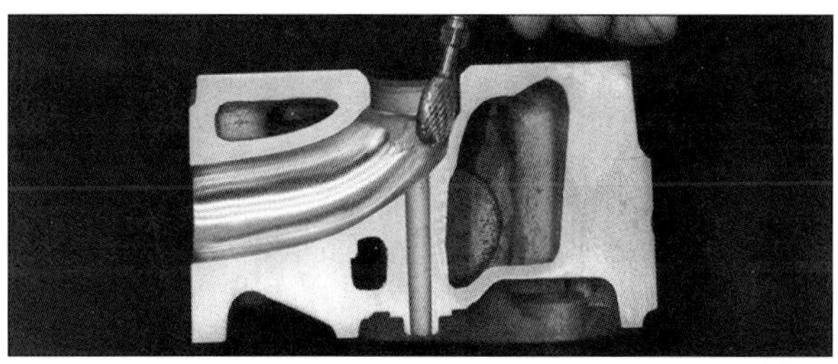

Foto 15 (siehe Text)

Foto 16 (siehe Text)

geprüft (siehe Foto 6). Entspricht die Formgebung einmal den Vorstellungen, so müssen die Maße (Höhe und Breite) an diversen Punkten entlang der Länge des Kanals am besten schriftlich festgehalten werden, um dann die Arbeit in den anderen Kanälen zu wiederholen. Das Markieren der Schenkel des Innentasters in regelmäßigen Abständen ermöglicht die Messung an jeweils denselben Tiefen eines jeden Ansaugkanals.

Bearbeitung von Kanal und Gussvorsprung der Ventilführung mit einem runden Schleifeinsatz

Mit dem großen runden Schleifeinsatz wird der Ansaugkanal geglättet, um so die verbliebenen Einschlüsse und Schruppmarken des Hartmetallfräsers zu beseitigen (siehe Foto 7). Dies wird von der Ventilseite des Ansaugkanals her fortgeführt, um den Bereich entlang des Gussvorsprungs zu glätten (siehe Foto 8). Das Endergebnis ist eine gleichmäßige und ebene Oberfläche (siehe Foto 9).

Schleifen mit Fächerrad an Kanal und Gussvorsprung

Das Feinschlichten an der Kanaloberfläche und dem Gussvorsprung erfolgt unter Verwendung des Fächerrades, um so mögliche Defekte, die durch die Bearbeitung mit zylindrischen Schleifeinsätzen entstanden sind, zu beseitigen. Die letztendlich recht gut polierte Oberfläche macht die meisten verbliebenen Unebenheiten erkennbar (siehe Fotos 10 und 11). Diese werden nun leichter erkennbar beim Überprüfen des Kanals mit den Fingern. Das Endergebnis der Bearbeitung an der Kanalinnenfläche und dem Gussvorsprung der Ventilführung ist im Foto Nr. 12 dargestellt.

Aufrauen der bearbeiteten Oberfläche von Kanal und Gussvorsprung

Die mit dem Fächerrad geschliffenen Oberflächen sind zu stark poliert, um eine gleichförmige Vermischung von Luft und Kraftstoff begünstigen zu können. Weiterhin bestehen Unterschiede in der Oberflächenbeschaffenheit dort, wo der Kanal an beiden Enden abgeschliffen wurde. Behoben werden diese Unregelmäßigkeiten durch das Bearbeiten des Kanals und Gussvorsprungs mit an einem geschlitzten Dorn eingesetzten Schleifleinen (siehe Foto 13). Der fortgeschrittene Bearbeitungszustand ist in Foto Nr. 14 dargestellt. Die weniger polierte, jedoch gleichmäßigere Oberflächenqualität kann mit der durch einen Fächerschleifer erzielten Oberflächenbeschaffenheit in Foto Nr. 12 verglichen werden.

Schruppen der Ventilanlagefläche

Nach Fräsen bzw. Schneiden des Ventilsitzes kann der Bereich unmittelbar oberhalb des Ventilsitzes auf die erforderlichen Maße aufgeweitet werden und in dem Bereich des Gussvorsprungs ein gleichmäßiger Übergang geschaffen werden. Der erste Schritt besteht im Einsatz eines ovalen Hartmetallfräsers (Foto 15). Durch das Schruppen wird der vorher bearbeitete Gussvorsprung mit den Bereichen des Ansaugkanals wie in Foto Nr. 16 dargestellt durch einen gleichmäßigen Übergang angeglichen.

Schlichten der Ventilanlagefläche

Der Bereich unmittelbar oberhalb des Ventilsitzes wird mit einem geeigneten zylindrischen Schleifeinsatz geglät-

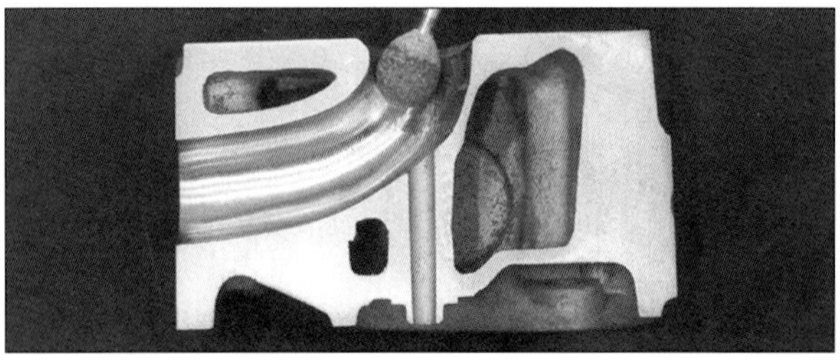

Foto 17 (siehe Text)

Foto 18 (siehe Text)

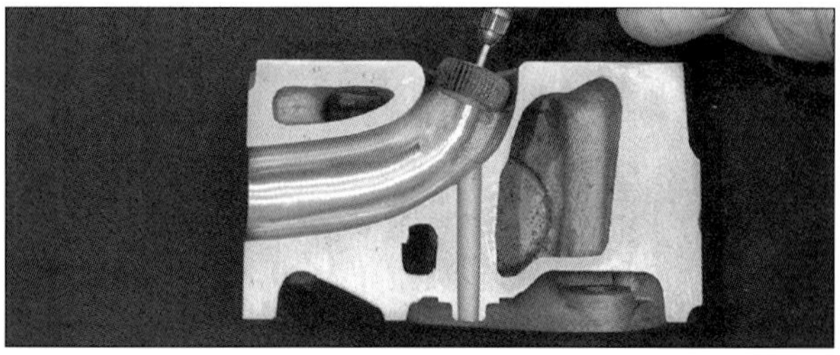

Foto 19 (siehe Text)

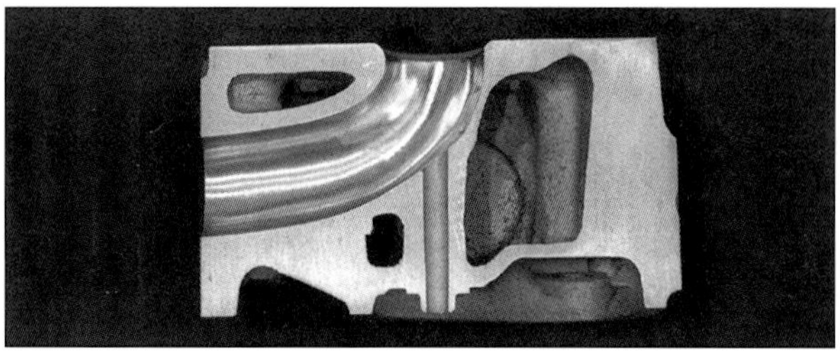

Foto 20 (siehe Text)

tet. Hierbei werden die bei den Schrupparbeiten entstandenen Unregelmäßigkeiten beseitigt (Fotos 17 und 18).

Schleifen der Ventilanlagefläche mit dem Fächerrad

Die nach den Schrupp- und Schlichtarbeiten verbleibenden rauen Oberflächen werden mit dem Fächerschleifer bereinigt. Hierbei darf insbesondere der Übergang vom Ventilsitz in den Kanal an der kürzeren Seite des Kanals nicht beschädigt werden (Foto Nr. 19). Die durch das Fächerrad erzeugte, polierte Oberflächenqualität bildet einen gleichmäßigen Übergang in dem vorher bearbeiteten Kanal- und Gussvorsprungbereich (siehe Foto 20).

Bearbeiten der Ventilanlagefläche mit dem Schleifleinen

Die letzte Stufe der Bearbeitung des Kanals im Zylinderkopf unter Verwendung eines Schleifers mit Elektro- oder Druckluftantrieb ist in Foto Nr. 21 dargestellt. Der Bereich unmittelbar oberhalb des Ventilsitzes wird geglättet und der Übergang zum Ansaugkanal und Gussvorsprungsbereich mit Schleifleinen auf geschlitztem Dorn angepasst. Das Ergebnis dieser Arbeiten ist im Foto Nr. 22 zu sehen.

Nacharbeiten von Hand

Was in diesen Fotos recht einfach anmutet, ist in der Praxis recht schwierig zu erreichen. Wären die Kanäle des Zylinderkopfes in zwei Hälften teilbar, so würde sich der Vorgang der Modifizierung einfach gestalten. Bei den dargestellten Arbeiten kann der zu bearbeitende Bereich jedoch nicht eingesehen werden. Aufgrund der beengten Platzverhältnisse ist es nur zu leicht möglich, einige geringfügige Unebenheiten zu übersehen – insbesondere am kürzeren Ende des Kanals. Nicht selten lässt sich der Problembereich mit der Hand klar erfühlen, die Lage wird dann durch Ansetzen des Schleifers an der falschen Stelle jedoch noch verschlimmert. In einer derartigen Situation ist es besser, das kurze Ende des Kanals mit Schleifleinen von Hand zu bearbeiten. Fotos Nr. 23 und 24 zeigen diesen Vorgang von beiden Enden des Kanals aus.

Anpassen von Kanälen an Krümmer

Bei Kanälen mit rundem Querschnitt kann eine Dichtung als Schablone verwendet werden. Hierzu die Dichtung am Zylinderkopf befestigen und die Silhouette des Querschnitts anzeichnen. Durch Auftragen von spezieller Farbe auf der Oberfläche vor dem Anzeichnen lassen sich später die äußeren Begrenzungen besser erkennen. Nachdem die Dichtung wieder entfernt wurde, kann der Kanal mit dem Hartmetallfräser entlang der Markierungen aufgeweitet werden. Ein Bearbeiten des Übergangs erfolgt im Zuge des Aufrauens der Kanaloberfläche. Die Endbearbeitung und das Schaffen von Übergängen exakt auf die angezeichneten Linien kann im Rahmen der vorhergehend beschriebenen Arbeitsschritte erfolgen.

Handelt es sich um einen Kanal mit rechtwinkligem Querschnitt, so kann entweder eine Dichtung als Schablone verwendet werden oder ein Richtwinkel, um die geraden Linien zur Begrenzung der erforderlichen Kanal-

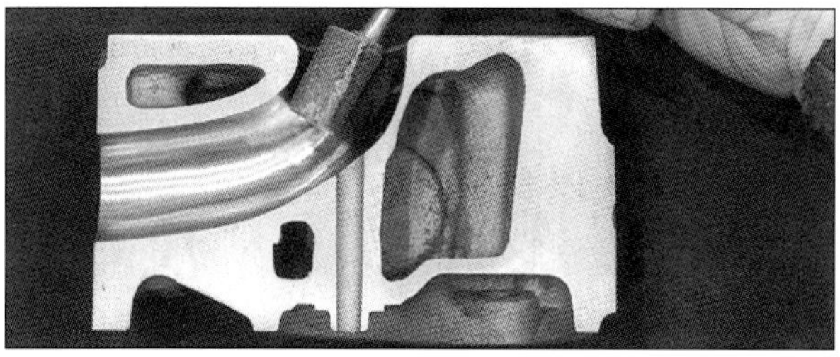

Foto 21 (siehe Text)

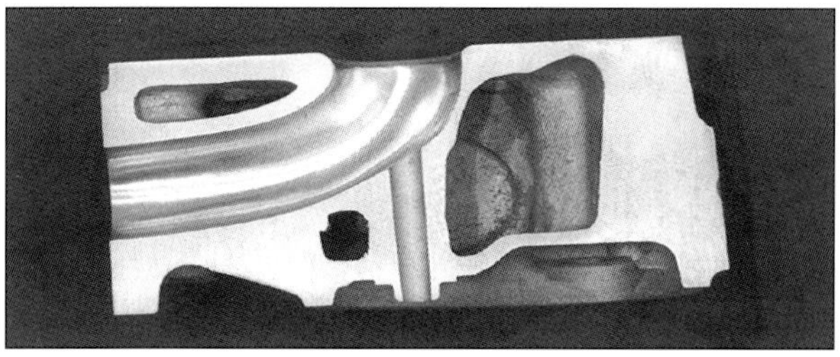

Foto 22 (siehe Text)

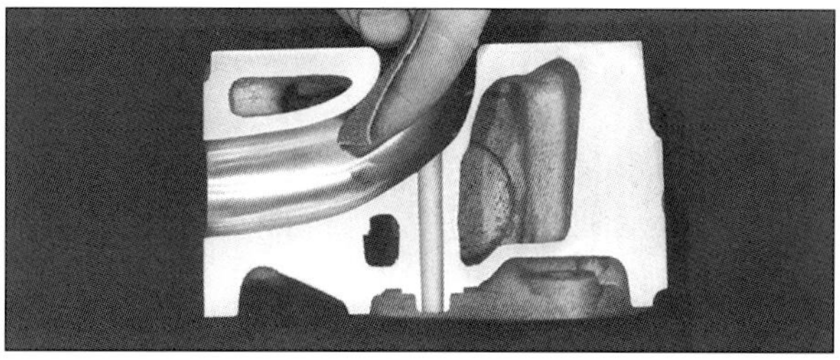

Foto 23 (siehe Text)

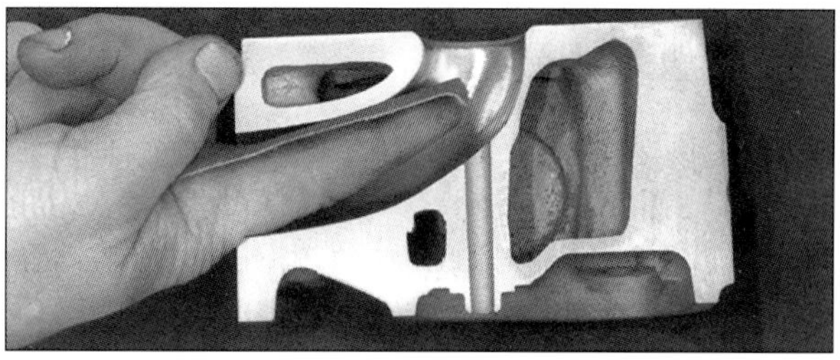

Foto 24 (siehe Text)

Ansaugkrümmerdichtung für den Rennsport an einem serienmäßigen Kanal

Anreißen der Kontur für die erforderliche Formgebung an einem rechtwinkligen Auslasskanal

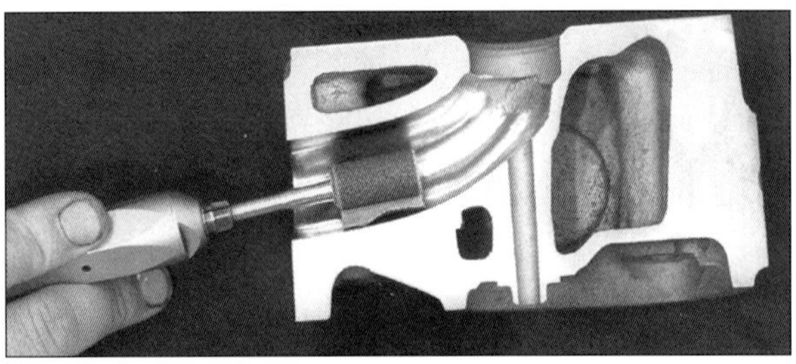

Aufweiten der Ecken des Kanals mit einem Hartmetallfräser oder, wie hier dargestellt, mit einem zylindrischen Schleifeinsatz.

form anzuzeichnen. Die Ecken zuerst mit einem ordentlichen Radius aufweiten, entweder mit einem kleinen, tulpenförmigen Hartmetallfräser oder einem zylindrischen Schleifeinsatz. Hierbei ist eine flache Gestaltung der Kanalwände anzustreben. Dafür wird ebenfalls zuerst der tulpenförmige Hartmetallfräser verwendet, dann ein zylindrischer Schleifer. Die weitere Bearbeitung des Kanals mit rechteckigem Querschnitt erfolgt unter Verwendung der Scheifeinsätze geeigneter Größe sowie Fächerschleifer und Polierleinen, so wie es für den Kanal mit rundem Querschnitt dargestellt und beschrieben ist.

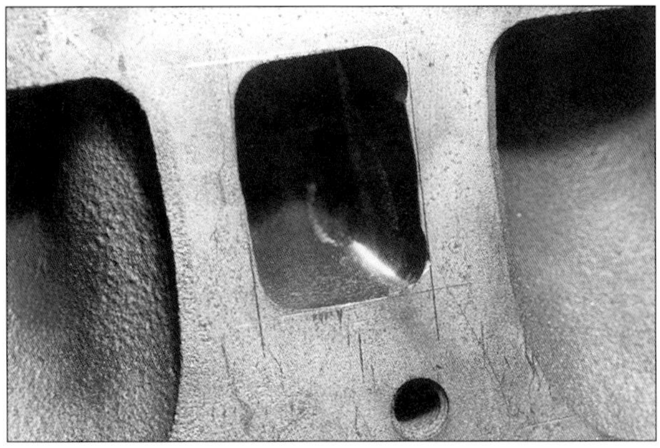

Hierdurch wird ein geeigneter Radius innerhalb der angezeichneten Linien erzeugt. Damit ist die Arbeit jedoch nicht beendet! Das Glätten der Wände und des Bodens gestaltet sich danach einfacher.

Ein am Ventilteller abgedrehtes Ventil wird verwendet, um die Ventilsitze während der Arbeiten am Verbrennungsraum (links) zu schützen. Zum Vergleich rechts ein serienmäßiges Ventil

Verbrennungsraum – umgestalten und nacharbeiten

Die Modifizierung und Nachbearbeitung des Brennraumes ist im Vergleich zu den Kanälen im Zylinderkopf wesentlich schwieriger. Ein versehentliches Abrutschen kann schon den gesamten Zylinderkopf ruinieren, z.B. kann durch zu viel Abschleifen der Verbrennungsraumwand die Dichtfläche abgetragen werden. Eine Reparatur würde hier Schweißen erfordern, ein teures und oft er-

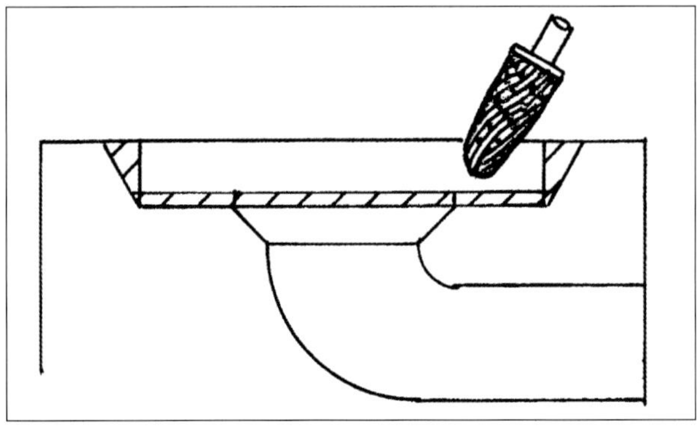

Zeichnung 1 (siehe Text)

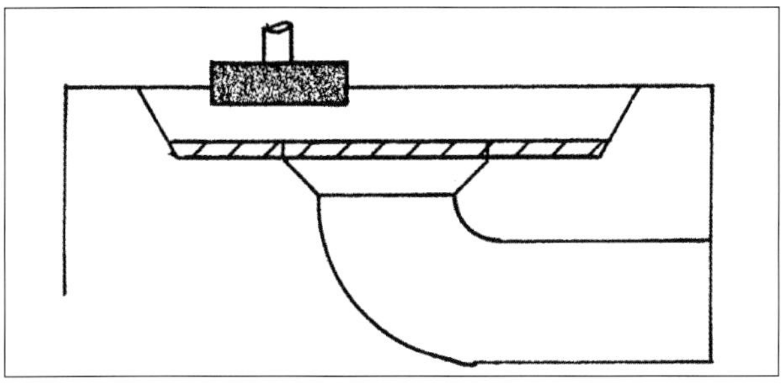

Zeichnung 2 (siehe Text)

folgloses Unterfangen. Mittels eines Fotos wird der Querschnitt eines Verbrennungsraums unter Umständen nicht klar genug in Bezug auf die zu bearbeitenden Bereiche dargestellt, sodass in den folgenden Zeichnungen zur besseren Veranschaulichung der erforderlichen Techniken eine etwas übertriebene Darstellung gewählt wurde.

Bearbeiten der Verbrennungsraumwand

Unter Verwendung von Schablonen und einer Dichtung zur Markierung des zu entfernenden Materials wird mit einem geeigneten Hartmetallfräser die Wand bearbeitet. Für eine verbesserte Gleichmäßigkeit verwenden wir im Regelfall einen Hartmetallfräser mit 14° eingeschlossenem Winkel. Vorsicht walten lassen, damit der Fräser nicht zu tief in den Deckenbereich des Verbrennungsraums gerät, anderenfalls könnte der Fräser unterhalb des Ventilsitzniveaus enden. Dies wäre kein guter Anblick! Dieser Vorgang ist in Zeichnung 1 dargestellt.

Verwendung eines zylindrischen Schleifwerkzeugs zur Bearbeitung der Verbrennungsraumdecke

Bearbeitung der Verbrennungsraumdecke mit einer Schleifscheibe

Aufrauen der Verbrennungsraumdecke

In Zeichnung 2 ist zu erkennen, dass die Wand des Verbrennungsraums bereits bearbeitet worden ist. Der zylindrische Schleifeinsatz wird für ein rasches Materialabtragen an der Verbrennungsraumdecke verwendet, um diese auf eine Ebene mit dem Ventilsitz zu bringen. Dieser Arbeitsschritt kann an Aluminiumzylinderköpfen mit einem zylindrischen Hartmetallfräser erfolgen. Ein Satz gebrauchter Ventile, deren Unterkante abgedreht wurde, wird als Abdeckung verwendet, um so eine Beschädigung der Ventilsitze zu vermeiden. Bei den Arbeiten auf eine gleichmäßige Oberflächenqualität achten, anderenfalls werden die erforderlichen Nacharbeiten sehr zeitraubend und materialintensiv sein.

Nacharbeiten der Verbrennungsraumdecke

Zeichnung Nr. 3 zeigt die Anwendung einer Schleifscheibe zum Glätten der Verbrennungsraumdecke. Besondere Vorsicht ist im Bereich des Übergangs von der Decke des Verbrennungsraums zur Wand geboten, weil die Scheibe in die Wand hineinschneiden kann und diese so beschädigen würde.

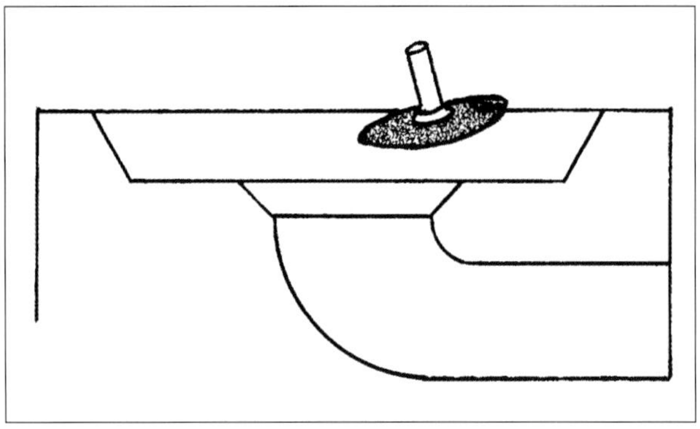

Zeichnung 3 (siehe Text)

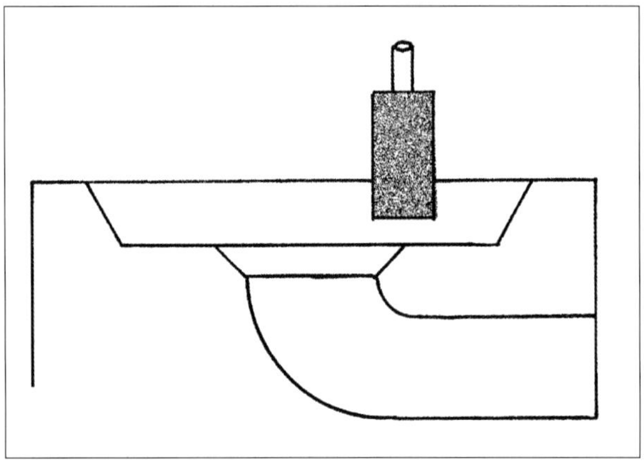

Zeichnung 4 (siehe Text)

Mit der Fächerscheibe kann das Dach geglättet werden und gleichzeitig für einen gleichmäßigen Übergang zur Verbrennungsraumwand gesorgt werden. Dies gilt insbesondere bei Arbeiten an Leichtmetall-Zylinderköpfen.

Nacharbeiten der Verbrennungsraumwand

Um eine glatte Oberfläche zu erhalten, kann die Wand mit Polierleinen und einem Fächerrad bearbeitet werden. Bei sphärischen Verbrennungsräumen kann es schwierig sein, eine gleichmäßige Oberflächenqualität zu erreichen. Deshalb verwenden wir bisweilen Schleifleinen an einem geschlitzten Dorn, um den Verbrennungsraum sorgfältig zu glätten und die Übergänge zu gestalten.

Hierbei sollte man versuchen, keine Überschneidung zur Stirnfläche des Zylinderkopfes zu bewirken. Dieser Arbeitsschritt muss vor einer Fräsung der Zylinderkopfdichtfläche erfolgen! Siehe Zeichnung 4.

Anpassen von Krümmern an Dichtungen und Kanäle

Die am Motor zu verwendende Zylinderkopfdichtung eignet sich hervorragend als Schablone zum Markieren der Bereiche, in denen Materialabtrag erforderlich ist. Die meisten Ansaugkrümmer bestehen aus Leichtmetall, sodass hier ein Hartmetallfräser – gegebenenfalls in Rostlöser bzw. Kriechöl eingetaucht, um so einer Zusetzung begegnen zu wirken – zur Anwendung kommt. Danach wird der bekannte Schleifleinen auf geschlitztem Dorn verwendet.

Der Krümmer soll hier nicht ganz bis zur angezeichneten Linie aufgeweitet werden. Stattdessen ist ein Bereich von 0,5 mm Materialstärke am gesamten Umfang zu belassen. Bei abschließender Montage des Krümmers am Zylinderkopf besteht unter Umständen keine exakte Übereinstimmung der Kanäle, was in den meisten Fällen von außen nicht erkennbar ist. Durch diesen Absatz wird ein geringfügiger Versatz der Krümmerposition kompensiert. Ferner befindet sich der Absatz in Bezug auf die Begünstigung des Luftdurchsatzes in der richtigen Richtung, nämlich vom Krümmer zum Ansaugkanal und nicht vom Kanal zum Krümmer. Durch diesen Absatz wird außerdem ein geringfügiger Luftwirbel erzeugt, der Kraftstofftröpfchen aufnimmt und den Kraftstoff in der Schwebe hält. Außerdem wird so Platz für die bei der Montage nach außen gequetschte Dichtung geschaffen, damit diese nicht den Luftstrom behindert.

Die meisten Querstromkrümmer, insbesondere für Rennsportanwendungen, können mit der Dichtung an den Zylinderkopf montiert werden, um dann im Innern nachbearbeitet zu werden, bis eine exakte Übereinstimmung der Kanäle zum Zylinderkopf erreicht ist. Während einige Zeitgenossen es vorziehen, den Auslasskanal exakt dem Krümmer anzupassen, meinen wir jedoch, dass ein Absatz vom Kanal in den Krümmer mit größerem Durchmesser (ca. 1 mm entlang des gesamten Umfangs) der Bildung von Schallwellen entgegenwirkt und so den Drehmomentverlauf des Motors im unteren Drehzahlbereich begünstigt.

KAPITEL 8

Ventile, Vermessen des Zylinderkopfes, Messen des Verbrennungsraumvolumens

Überprüfen gebrauchter Ventile

Es muss festgestellt werden, ob die Ventile verschlissen sind und ersetzt werden müssen. Hierzu wird jeder Ventilschaft auf Abnutzung und Beschädigung geprüft, wie z. B. Kanten- oder Riefenbildung. Für diese Prüfung kann entweder eine Bügelmessschraube verwendet oder einfach mit den Fingern gefühlt werden. Tatsächlich kann man mit dem Finger Unebenheiten von wenigen tausendstel Millimeter feststellen. Jegliche Gratbildung entlang des Ventilschaftes sollte hierbei erkennbar sein. Beim geringsten Anzeichen von Verschleiß müssen die betreffenden Ventile ersetzt werden. Eine Alternative besteht im Vermessen des Ventilschaftes mit einer Bügelmessschraube. An mehreren Stellen entlang des Schaftes prüfen und hierbei hauptsächlich auf den Bereich konzentrieren, der tatsächlich innerhalb der Ventilführung läuft. Diese Maße mit den Vorgaben des Werkstatthandbuchs vergleichen.

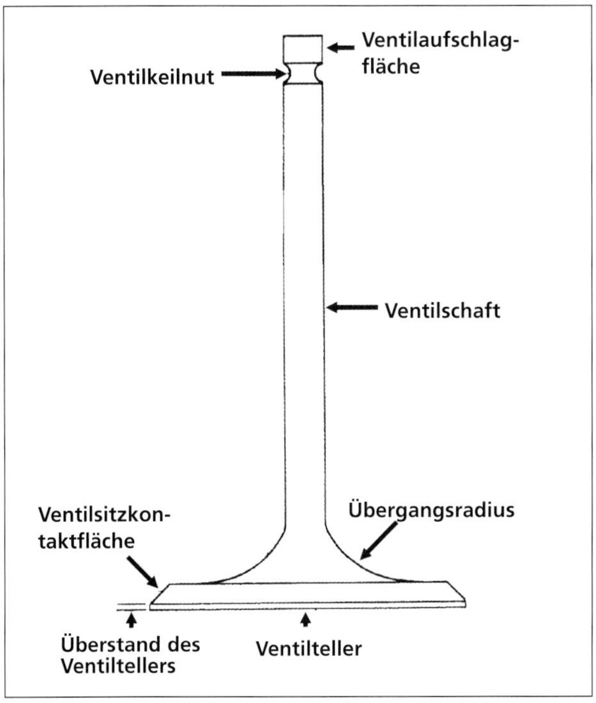

Aufbau des Ventils

Eine mögliche Verbiegung eines Ventilschaftes lässt sich durch Rollen des Ventils auf einer ebenen Oberfläche (Spiegel) prüfen. Hierbei auf Zwischenräume zwischen Ventilschaft und Oberfläche achten.

Alte Ventile sollten nicht voreilig weggeworfen werden, da diese später als schützende Abdeckung bei der Bearbeitung der Verbrennungsräume von großem Nutzen sein können.

Auswahl der Ventile

Für die weiteren Arbeitsschritte ist es nun an der Zeit, den Umfang der Modifizierung des Zylinderkopfes zu erwägen unter Berücksichtigung aller weiteren beabsichtigten Änderungen am Motor.

Wenn der Motor als solches mehr oder weniger im Serienzustand verbleiben soll, die ab Werk eingebaute Nockenwelle oder nur eine leicht leistungssteigernde Version gefahren werden soll und wird ein Betrieb des Motors nicht weit oberhalb von 5000/min beabsichtigt ist, so besteht keine Notwendigkeit, die Ventile gegen solche mit größerem Durchmesser auszutauschen. Durch Beibehalten der serienmäßigen Ventilgrößen wird der Motor elastischer und leistungsstärker sein und zwar genau dort, wo es am meisten gefordert wird – nämlich im unteren und mittleren Drehzahlbereich.

Einlassventile

Die an den meisten Zylinderköpfen serienmäßig eingebauten Einlassventile sind aus Stahl der Materialgüte EN52 hergestellt, der eine gute Verschleißfestigkeit bietet und für den Anwendungsbereich ideal geeignet ist. An einigen Motoren mit geringer Materialbelastung werden sogar Auslassventile aus dem Material EN52 verwendet.

Einlassventile: Serienversion (links), nachgeschnittene Ventile (Mitte), Sonderanfertigung (rechts)

Nahaufnahme von serienmäßigen und nachgearbeiteten Einlassventilen. Der Anschnitt im 30°-winkel entfernt die am serienmäßigen Ventil noch sichtbare Lippe. Die Strömungseigenschaften werden hierdurch wesentlich verbessert.

Umformen und Polieren der Rückseite des Ventiltellers zur Verbesserung der Luftströmung.

Einlassventile aus Edelstahl eignen sich am besten für den Motorsporteinsatz.

Eine größere Dimensionierung des Einlassventils ist in der Tat nur für Motorsportanwendungen erforderlich, um Motoren mit großem Hubraum mehr Leistung und eine verbesserte Gasannahme zu verschaffen. Gleichfalls sind größere Ventile erforderlich, wenn ein kleinerer Motor auf Hochleistung getrimmt werden soll. Diese Maßnahme ist aber nur in Kombination mit einer scharfen Nockenwelle und weiteren Modifizierungen an Motoren üblich. Werden die Ventile vergrößert und will man ihr Strömungspotenzial auch nur annähernd ausnutzen, so bedeutet dies eine wesentlich umfangreichere Modifikation des Zylinderkopfes. Mit größeren Einlassventilen werden Motoren mit kleinerem Hubraum etwas von ihrem Drehmoment im unteren Drehzahlbereich einbüßen. Dieser Effekt ist an kleineren Motoren klarer erkennbar, als es an Motoren mit größerem Hubraum der Fall wäre. Der Drehmomentverlust im unteren Drehzahlbereich wird für mehr Leistung am oberen Ende des Drehzahlspektrums eingetauscht. Eine Verwendung größerer Einlassventile bedeutet auch einen Anstieg der Kosten im Vergleich zu serienmäßigen Ventilen, da die größeren Ventile nach Kundenangaben angefertigt werden müssen, entweder aus EN52 Stahl oder 21/4N Edelstahl – allesamt Materialien, die nicht gerade billig sind.

Auslassventile

An den meisten Zylinderköpfen kommen serienmäßig Auslassventile aus Manganhartstahl (Austenitstahl) der Güteklasse 21/4 N mit einem chrombeschichteten Ventilschaft und einer gehärteten Spitze aus Stellit. Diese Härtung im Bereich des Kontakts zwischen Kipphebelauflage und Ventil bietet eine höhere Verschleißfestigkeit. Neuerdings wird der Ventilschaft als Alternative zur Chrombeschichtung auch chemisch gehärtet. Bei diesem Vorgang erfolgt eine Oberflächenhärtung des Ventils, ohne dass durch Beschichtung eine Vergrößerung des Durchmessers stattfinden würde. Auf diese Weise kann die Oberfläche des Ventilschaftes behandelt werden, ohne erhabene Stellen oder scharfkantige Flocken zu erhalten, wie es bei der Chrombeschichtung der Fall ist.

Edelstahl der Güteklasse 21/4 N ist das bessere Material für diesen Anwendungsbereich, sodass keine Notwendigkeit besteht, bei Ersatz der Ventile auf eine andere Materialgüte zu wechseln. Ventile aus diesem Material sind schon für den Einsatz von bleifreiem Kraftstoff geeignet. Aber Achtung! Wurde der Zylinderkopf bereits noch in der Ära des verbleiten Kraftstoffs generalüberholt, so wurden unter Umständen Auslassventile aus minderwertigerem Material eingebaut. Sind die vorhandenen Ventile des Zylinderkopfes nicht zu stark verschlissen und wird deren erneuter Einsatz beabsichtigt, so kann die Materialgüte des Auslassventils durch einfaches Anhalten an einen Magneten geprüft werden. Der Austenit-Edelstahl, wie er für Auslassventile zur Anwen-

Ein durch verschlissene Ventilschaftabdichtungen und ausgeschlagene Ventilführungen erzeugtes Problem ist die Ölkohlebildung auf der Rückseite der Ventilteller, die sich äußerst nachteilig auf die Strömungseigenschaften auswirkt.

Man bedenke nur, welche Behinderung des Luftstroms hierdurch verursacht wird! Eine Instandsetzung bzw. Erneuerung von Ventilführungen und Dichtungen in Verbindung mit einer gründlichen Entkokung würde dem Motor zu seiner ursprünglichen Leistung verhelfen und den Kraftstoffverbrauch senken.

dung kommen sollte, ist nicht magnetisch, sodass ein an den Auslassventilen haftender Magnet ein klares Zeichen für das Ersetzen der Ventile darstellt. Die Auslassventile diverser Hersteller sind heutzutage aus zwei unterschiedlichen Materialien gefertigt. Hierbei wird der verschleißfeste Ventilschaft aus EN52 (magnetisch) durch Reibschweißen mit einem Ventilteller aus 21/4 N (nicht magnetisch) verbunden. Diese Materialkombination ist für die meisten Anwendungsbereiche im Alltagsbetrieb geeignet, in denen die serienmäßig vorgegebenen Drehzahlen nicht überschritten werden.

Erfahrungsgemäß ist es für den Alltagsbetrieb auf der Straße nicht erforderlich, Auslassventile mit größerem Durchmesser einzubauen. Dies gilt sogar für die meisten vollwertigen Motorsport-Zylinderköpfe. Wenn sich also die Dimensionierung des Auslassventils als angemessen erweist, so ist selbst im Falle von reinrassigen Rennmotoren, die dauerhaft mit weit höheren Drehzahlen als die Serienaggregate betrieben werden, kein Grund zu einer Vergrößerung der Auslassventile gegeben. Diese Aussage muss jedoch im Falle von mit Abgasturbolader oder Kompressor aufgeladenen Motoren etwas relativiert werden. Auf diesen Sachverhalt gehen wir etwas später noch genauer ein.

An dieser Stelle ist eine Erläuterung angebracht, warum die Auslassventile der serienmäßigen Größe vorzuziehen sind. Dies liegt in den Druckunterschieden im Zylinder, die am Ende des Arbeitstaktes bzw. am Anfang des Ausstoßtaktes bestehen, begründet sowie im Zusammenhang mit dem oberhalb des Ventiltellers zur Verfügung stehenden Querschnitts, durch den die Abgase strö-

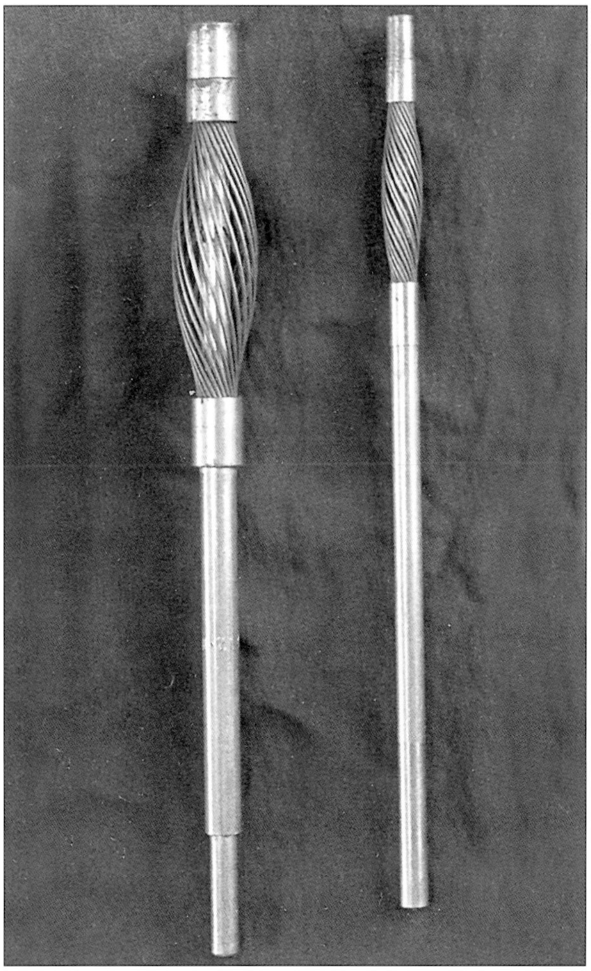

Werkzeuge zur Reinigung von Ventilführungen. Sie eignen sich ideal zum Entfernen von fest haftenden Ölkohlerückständen, die in Verbindung mit der Verwendung bleifreier Kraftstoffe auftreten. Erfolgt keine Reinigung, so kann dies zum Festfressen des Ventils in der Ventilführung führen.

men können. Nachdem die im Kraftstoff enthaltene Energie durch Herunterdrücken des Kolbens in der Bohrung in mechanische Arbeit umgesetzt wurde, befindet sich das im Zylinder expandierte Restgas weiterhin im Vergleich zu dem im Abgaskrümmer und in der Abgasanlage herrschenden Druck auf recht hohem Druckniveau. Mit Öffnen des Auslassventils verlässt das Restgas den Zylinder mit sehr hoher Gasgeschwindigkeit, die sich aus diesem großen Druckabfall ergibt.

Beträgt z. B. der Restdruck im Zylinder bei Öffnen des Auslassventils ca. 5 bar, so ergibt sich im Vergleich zum Atmosphärendruck, wie er im Abgaskrümmer herrscht (1 bar) ein Unterschied in der Strömungsrate im Vergleich zum Einlassventil von $\sqrt{(5/1)} = 2{,}2$. Das bedeutet, dass die Abgase etwas über doppelt so schnell durch das Auslassventil strömen, wie es das angesaugte Gemisch durch ein gleich dimensioniertes Einlassventil tun würde. Wesentlich weniger Energie wird beim Ausstoßen der verbrannten Restgase verbraucht, als für das Ansaugen des frischen Gemischs benötigt wird!

Man ist versucht zu glauben, dass ein kleines Ventil für das Ausströmen der Restgase eine Behinderung darstellt. Da jedoch die meisten Nocken das Auslassventil weit vor Erreichen des unteren Totpunkts öffnen, treibt der Restdruck den Kolben weiter nach unten und gleichzeitig bereits einen Teil des Gases in den Auspuffkrümmer. Hierdurch wird mehr Drehmoment erzeugt.

Das verbleibende Restgas wird dann, nach Durchschreiten des unteren Totpunkts, bei der Bewegung des Kolbens nach oben durch das Auslassventil in den Abgaskrümmer gedrückt.

Der Ausstoß des Gases wird weiterhin durch die Wirkung des Auslasskanals und des Ventilsitzes als Trichter begünstigt, wobei der Gasstrom von einem großen Raum (Zylinder) in einen kleineren Raum (Auslasskanal) erfolgt. Da ein Trichter für einen Gasdurchsatz in diese Richtung besonders geeignet ist, verlässt das Restgas den Zylinder sehr rasch. Modifizierungen am Auslassventil, am Ventilsitz und am Auslasskanal begünstigen diesen Vorgang zusätzlich. Mit Ausströmen des Abgases aus dem Zylinder mit einer derartigen Geschwindigkeit kann danach im Zylinder ein partieller Unterdruck bestehen bleiben. Diese Druckminderung unterstützt dann das Ansaugen des frischen Gemisches im nachfolgenden Ansaugtakt. Wie stark dieser Druckabfall den Ansaugvorgang unterstützt, hängt jedoch von einer Vielzahl weiterer Faktoren ab, wie z. B. Motordrehzahl, Nockenprofil und Konstruktion des Abgaskrümmers.

Das Ausströmen der Abgase erfordert einen gewissen Zeitraum, dessen Länge unabhängig von der Motordrehzahl ist. Je höher jedoch der Motor dreht, um so kürzer ist die Öffnungszeit des Auslassventils. Deshalb kann oberhalb einer bestimmten Motordrehzahl kein vollständiges Ausströmen der Abgase erfolgen, da die Ventilöffnungszeit für das auszustoßende Gasvolumen einfach zu gering wird. Somit verbleibt etwas Restgas im Zylinder. Diese Restgasmenge nimmt ein gewisses Volumen ein, das dann nicht vom angesaugten Gemisch ausgefüllt werden kann, und verunreinigt außerdem das neue Gemisch, was einen Leistungsabfall zur Folge hat. Hiervon unabhängig bleibt die Betrachtung, dass bei niedrigeren Drehzahlen eine beabsichtigte „Verunreinigung" des Gemischs mit Abgas erfolgt, um so durch Senken der Verbrennungsraumtemperatur die Abgaswerte unter Kontrolle zu halten. Zur Behebung dieses Problems der verbleibenden Restgase kann entweder der Ventilöffnungsbereich vergrößert werden, das Ventil eher geöffnet werden (längere Ventilöffnungszeit), der Ventilhub erhöht werden oder das Ventil später schließen. Man kann natürlich auch eine Kombination aller dieser vier Maßnahmen in Betracht ziehen. Die erste Lösung besteht im Einsetzen eines größeren Auslassventils, das dem ausströmenden Abgas eine größere Öffnung zum Durchströmen ermöglicht. Änderungen an Ventilöffnungspunkt, Ventilöffnungsdauer, Ventilschließpunkt und Ventilhub werden allerdings über die Nockenwelle und den Ventiltrieb gesteuert.

In den meisten Fällen ist jedoch bei Motoren für den Straßeneinsatz ein Auslassventil in der Serienversion völlig ausreichend. Und da an den meisten modifizierten Motoren bzw. Rennmotoren eine scharfe Nockenwelle eingebaut wird, sind Probleme mit einer mangelhaften Zylinderleerung eher unwahrscheinlich.

In dieser Argumentierung mag irgendwo eine Schwachstelle verborgen sein, von der wir jedoch noch keine Kenntnis erhalten haben!

Aufgeladene Motoren

Wie bereits erwähnt ändern sich die Dinge etwas, wenn das Kraftstoff-Luftgemisch nicht in den Zylinder gesaugt wird, sondern durch Turbolader oder Kompressor zwangsweise in die Zylinder gedrückt wird. Unter diesen Bedingungen kann das Auslassventil mit den zusätzlichen Mengen an Abgasen, die es zu bewältigen hat, überfordert sein. In einem solchen Fall wird günstigsterweise auf das größtmögliche Auslassventil umgerüstet. Einer Vergrößerung des Auslassventils gegenüber der Vergrößerung des Einlassventils ist hier sogar Vorrang zu geben, bzw. die Dimensionierung des Einlassventils kann etwas verringert werden, um größere Auslassventile einbauen zu können.

Bei Turbomotoren führt eine rasche Gasentleerung aus dem Zylinder zu einem zügigen Ansprechen des Turboladers und somit zu einem Leistungsschub im niederen Drehzahlbereich, während bei Kompressoraufladung einfach eine Unterstützung beim Leeren der überfüllten Zylinder erforderlich ist. Als Faustregel gilt hier, dass eine Dimensionierung der Auslassventile für aufgeladene Motoren auf 90% der Maße der Einlassventile ausreicht.

Ventilführungen

Zum Erneuern von Ventilführungen bestehen mehrere Alternativen. An gusseisernen Zylinderköpfen besteht die Wahl zwischen Ersatz aus Gusseisen oder Bronzelegierungen, während die meisten Leichtmetallzylinderköpfe serienmäßig mit Ventilführungen aus Bronzelegierung ausgestattet sind. In beiden Fällen besteht eine weitere Möglichkeit im Einbau dünner Innenlaufbuchsen der Ventilführungen aus Bronzelegierung (K-Line-Einsätze).

Neue Führungen werden dort verwendet, wo die Originalteile leicht auszubauen sind oder wo die Ventile direkt im Material des Zylinderkopfes laufen, ohne dass eine separate Führung vorhanden wäre. Die bestehenden Bohrungen der Ventilführung können aufgebohrt werden, um das Einpressen der separaten Führungen zu ermöglichen. Diese so genannten K-Line-Einsätze (oder gleichwertige Erzeugnisse) sind ein sehr effektives Mittel, um verschlissene oder zu groß geratene Ventilführungen wieder nutzbar zu machen, die auf anderem Wege nicht instand gesetzt werden können; immer voraussetzend, dass die ursprünglichen Ventilführungen nicht zu stark verschlissen sind. Die vorhandene Bohrung der Ventil-

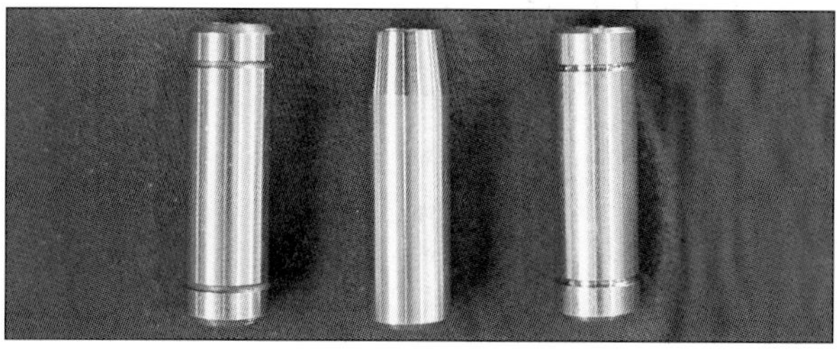

Links eine serienmäßig verwendete Ventilführung aus Gusseisen. In der Mitte eine kegelig zugespitzte Ventilführung aus Bronze, rechts eine serienmäßige Ventilführung aus Bronze.

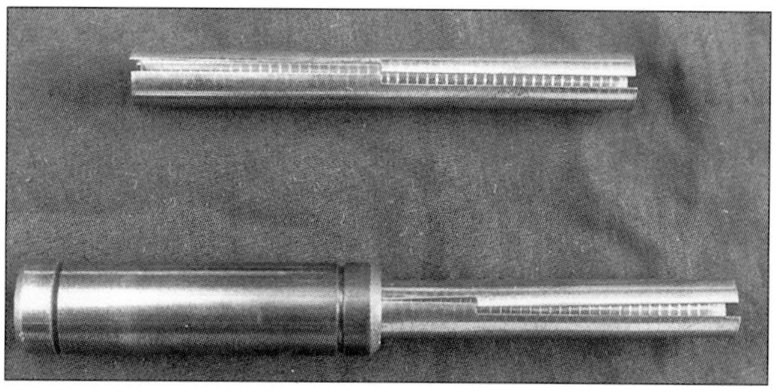

Dünne Laufbuchsen für Bronze-Ventilführungen der Firma K-Line. In der darunter liegenden Führung ist die Laufbuchse teilweise eingesetzt.

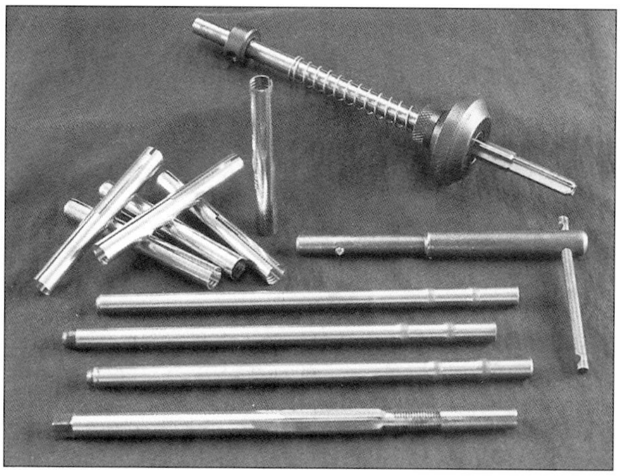

Einbauwerkzeuge, Reibahle und Führung (oben) und drei Aufweitungswerkzeuge (unten im Bild) für Montage von K-Line-Einsätzen. Rechts das Werkzeug zum Abtrennen des Überstands oben und unten. Links im Bild ist eine Reihe von Einsätzen zu sehen.

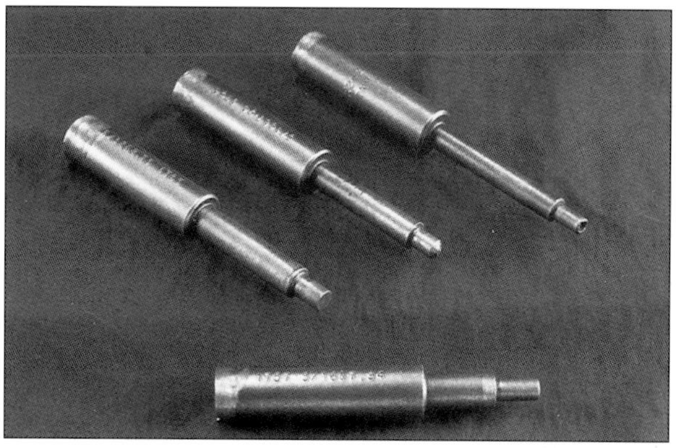

Diverse Dorne zum Entfernen von Ventilführungen aus jenen Zylinderköpfen, wo dies konstruktionsgemäß möglich ist.

sitze wird auf Übergröße aufgerieben und der Einsatz in Form eines dünnen Bronzerohres wird eingepresst. Der Einsatz wird dann durch Aufweiten in drei Stufen vergrößert, um eine exakte Passung zu ermöglichen. Die Dorne zum Aufweiten werden einer nach dem anderen

Die Ventilführung wird mit einem Hammer herausgetrieben.

mit einem Hammer durch die Bohrung getrieben. Der Einsatz in der Ventilführung ist somit formschlüssig arretiert und passt sich an die Form der Führung an. Eventuell vorhandene Überstände oben und unten werden entfernt. Dann kann der Einsatz auf den exakten Durchmesser des Ventilschaftes zuzüglich Spiel aufgerieben werden.

Zu beachten ist, dass im Motorsporteinsatz besser jene Ventilführungen aus Bronze verwendet werden, die aus dem Vollmaterial gearbeitet sind und eingepresst werden.

Im Alltagsbetrieb reichen im gusseisernen Zylinderkopf die vorhandenen Führungen im Gusseisen aus, da wir jedoch an einer Verbesserung der Leistungen des Zylinderkopfes interessiert sind, sollten unbedingt Führungen aus Bronze eingebaut werden. Dies trifft insbesondere auf jene Motoren zu, die mit bleifreiem Kraftstoff betrieben werden sollen. Ventilführungen aus Bronze bieten eine wesentlich bessere Möglichkeit des Wärmetransfers vom Ventilschaft weg, weisen günstigere Verschleißeigenschaften auf und lassen sich auch bei verminderter Schmierung im Vergleich zur gusseisernen Variante betreiben. Ebenfalls laufen die Ventile in Bronzeführungen in engeren Toleranzen, sodass weniger Öl über die Führung angesaugt wird und eine Verunreinigung des Gemisches vermieden werden kann. Gleichzeitig wird so einer Verkokung der Rückseite des Ventiltellers entgegengewirkt. Nach vielen Jahren der Forschung und Entwicklung verwenden wir nun unsere eigenen, speziell angefertigten Ventilführungen aus einer Mangan-Silizium-Bronze-Legierung in allen unseren Zylinderköpfen. Hergestellt aus speziell für diesen Anwendungsbereich entwickeltem Material sind diese Führungen für das Betreiben mit oberflächenbehandelten, chrombeschichteten oder nicht chrombeschichteten Ventilschäften gleichermaßen gut geeignet. Dies kann für einige Typen von Bronzeführungen nicht gesagt werden, die beim Einsatz von Ventilschäften, welche nicht chrombeschichtet bzw. gehärtet sind, stark einlaufen und verschleißen können. Man sollte einen Zulieferer immer danach fragen, welche Ventile mit den angebotenen Ventilführungen aus Bronze verwendet werden müssen, um später Probleme durch vorzeitigen Verschleiß zu vermeiden. Liegen Zweifel vor, so sind generell Ventile mit chrombeschichtetem Ventilschäften an Einlass- und Auslassventilen zu verwenden.

Der wichtigste Aspekt bei der Verwendung dieser Bronzeventilführungen ist die Fähigkeit der Wärmeabfuhr. Die Kompatibilität mit bleifreiem Kraftstoff ist heut-

Einpressen neuer Führungen in einen Zylinderkopf

Nach dem Einbau ist es von entscheidender Wichtigkeit, die Führungen aufzureiben, um eventuellen Verzug oder Stauchung während des Einbaus zu beseitigen, ...

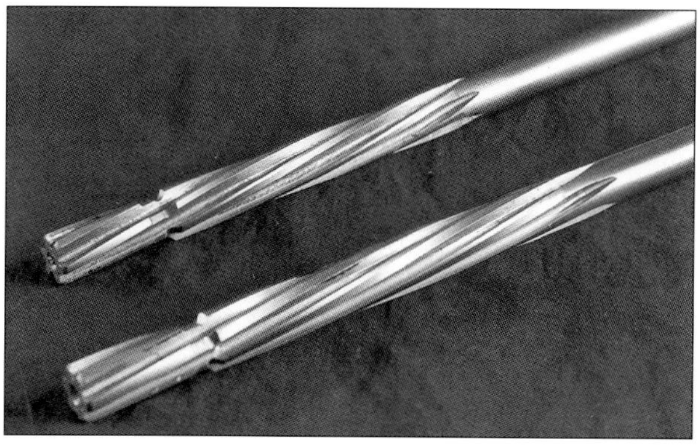

.... was durch solche Reibahlen erfolgt, deren Durchmesser sich nur um ein Tausendstel unterscheidet

zutage jedoch im Hinblick auf das verfügbare Kraftstoffangebot ebenso wichtig. Im Zuge der Einführung bleifreier Kraftstoffe wurde zuerst der Bleigehalt von z.B. 0,4 g Blei je Liter im Jahre 1986 auf 0,15 g je Liter reduziert. Im so genannten bleifreien Kraftstoff waren nur noch 0,013 g je Liter enthalten, während heutzutage kein Blei mehr zur Anwendung kommt. Die Wirkung des Bleizusatzes wird durch andere Additive erzeugt. Der Bleizusatz, genauer gesagt Bleitetraethyl, diente nicht nur der Schmierung des Ventils und des Ventilsitzes im Zylinderkopf, sondern bremste auch die Ausbreitung der Flammfront und somit die Verbrennungsgeschwindigkeit des Gemisches im Zylinder. Ohne den Bleizusatz verbrennt der Kraftstoff wesentlich schneller und unter höherer Temperaturentwicklung. Hieraus ergab sich die Anforderung, bei billigem, bleifreiem Kraftstoff den Zündzeitpunkt in Richtung „Spät" zu verstellen (dies gilt jedoch nicht für Super Bleifrei). Durch Fehlen des Bleizusatzes werden die Ventile wesentlich stärker belastet. Das Auslassventil muss hierbei härtesten Betriebsbedingungen standhalten, wie sie durch die extreme Hitzeentwicklung des aus dem Zylinder ausströmenden, verbrannten Gemisches erzeugt werden. Gleichfalls muss das Ventil dem ständigen Gegenschlagen der Kontaktfläche gegen den Ventilsitz im Zylinderkopf widerstehen. Am Einlassventil ist dies nicht so gravierend, da dieses durch das angesaugte, frische Gemisch ständig gekühlt wird.

Ventilführungen aus Bronze sind teurer als die serienmäßig verwendeten Ersatzteile aus Gusseisen. Es hat jedoch keinen Sinn, bei der Modifizierung eines Zylinderkopfes an der falschen Stelle zu sparen. Es sollten auf jeden Fall Ventilführungen aus Bronze eingebaut werden. Diese sind als gerade Bronzerohre erhältlich, die mit einer Presse in den Zylinderkopf eingepresst werden, um dann mit der Reibahle auf den richtigen Innendurchmesser aufgerieben zu werden. Das Reiben mit der Reibahle ist unbedingt erforderlich, um jeglichen Verzug der Buchse als Folge des Einpressens zu beseitigen und um das ordnungsgemäße Spiel zwischen Ventilschaft und Ventilführung zu garantieren.

Achtung! Andere Verfahren, die z. B. durch den Einsatz einer speziellen Drückahle den Innendurchmesser der Ventilführung im Gussteil des Zylinderkopfs zu verkleinern und gleichzeitig ein Ölgewinde schneiden, sind nicht ratsam. Auch hier müsste mit der Reibahle nachgerieben werden, die Methode als solches bewirkt jedoch keine dauerhafte Instandsetzung des Zylinderkopfes.

Zur Begünstigung des Strömungsverlaufs im Ansaugkanal sollte der in den Ansaugkanal hineinreichende Abschnitt der Ventilführungen durch Kegeldrehen verjüngt werden. Der Kegel sollte in einem Winkel von 7° von einem Ende aus angebracht werden, wobei die exakte Länge dieses verjüngten Abschnitts von dem Abstand abhängt, um den die Führung in den Kanal hineinreicht.

Unbedingt sollten einige Schleifarbeiten in den Kanälen und an den Gussvorsprüngen für Ventilführungen erfolgen, bevor die Ventilführungen eingesetzt und die Ventilsitze gefräst werden. Auf diese Weise besteht auch nicht die Gefahr, dass die neuen Ventilsitze versehentlich beschädigt werden. So gestalten sich Arbeiten innerhalb der Kanäle ebenfalls etwas einfacher. Sollte man mit einem Hartmetallfräser oder einem Schleifeinsatz gegen einen Ventilsitz geschlagen haben, so muss dieser nachgeschnitten werden, was später beim Abgleich der Verbrennungsraumvolumina den Spielraum eingrenzt – von den entstehenden Kosten ganz zu schweigen.

Ventilsitzeinsätze und Umrüstung auf bleifreien Kraftstoff

Ungeachtet dessen, ob der Zylinderkopf um die Ventilsitze herum eingerissen war oder nicht, raten wir in gusseisernen Zylinderköpfen dringend zum Einbau gehärteter Einsätze anstelle der serienmäßig verwendeten Auslassventilsitze. Das Alter der meisten modifizierten Zylinderköpfe und die im Alltagsbetrieb aufgetretenen, schweren Belastungen bedeuten im Regelfall, dass einige Zylinderköpfe bereits mindestens einmal generalüberholt wurden und somit wahrscheinlich bereits nachgearbeitete Ventilsitze aufweisen. Jene älteren Zylinderköpfe, die noch nicht generalüberholt wurden, werden in sehr mangel-

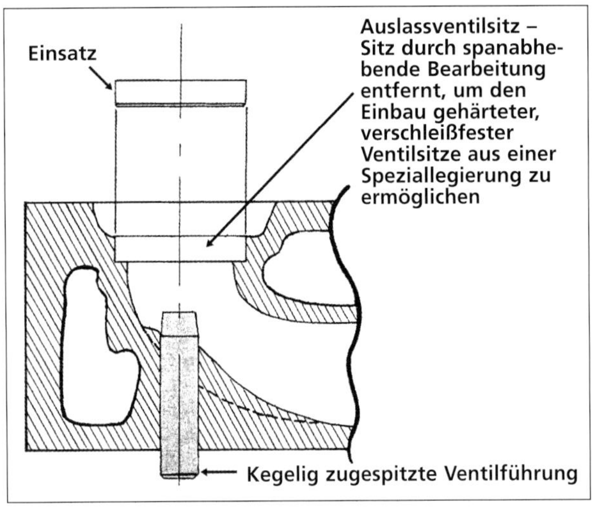

Querschnittsansicht für Einbau eines Ventilsitzeinsatzes

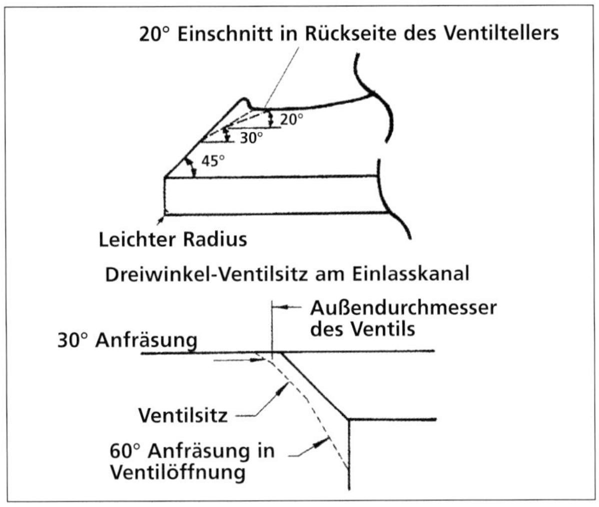

Dreiwinkel-Ventilfräsung für Einlassventilsitz und Ventil

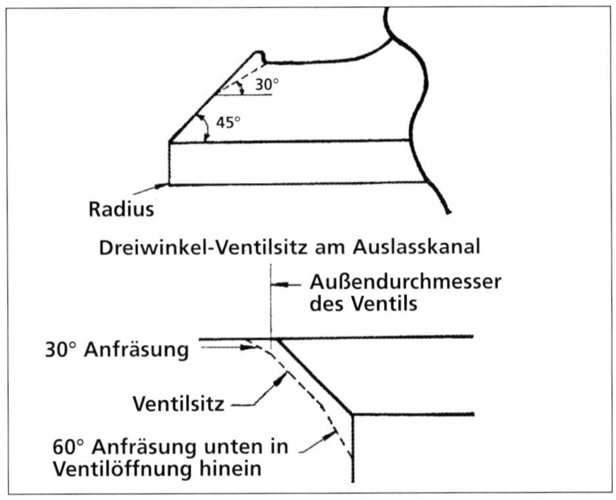

Dreiwinkel-Ventilsitzfräsung für Auslassventilsitz und Auslassventil

haftem Zustand sein, da sehr wahrscheinlich Erosion am Auslassventilsitz vorliegen wird und Schäden durch das heutzutage verwendete bleifreie Benzin entstanden sind. Durch Fräsen neuer Sitze in den Zylinderkopf selbst wird ein weiteres Absenken des Ventilsitzes aus dem Verbrennungsraum bewirkt, was eine höhere Position des Ventils im Zylinderkopf bedeutet und somit die gesamte Geometrie des Ventiltriebs durcheinander bringen kann. Die Ventilsitzeinsätze schützen gegen erhöhten Verschleiß und lassen sich gleichermaßen mit bleifreiem oder verbleitem Kraftstoff betreiben.

Ventilsitze

In Bezug auf Ventilsitze kommen nur die so genannten Dreiwinkel-Ventilsitze in Frage. Dies gilt sowohl für Hochleistungsmotoren als auch für Serienaggregate (siehe Zeichnung). Der Ventilsitz wird hierbei, wie der Name schon sagt, mit drei Winkeln gefertigt, unten mit 60° angefräst, um einen Übergang von der Ventilöffnung in den im Winkel von 45° angefrästen Ventilsitz zu bilden, gefolgt von einer oberen Fräsung im Winkel von 30°, die den Übergang vom Ventilsitz in den Verbrennungsraum bildet. In diesem Bereich des Zylinderkopfes sind die größten Zuwächse im Luftdurchsatz zu erwarten, da – wie bereits ausgeführt – dem Luftstrom nichts mehr zuwider ist als abrupte Änderungen der Strömungsrichtung oder des Volumenstroms. Denn in der Tat bietet die Luftströmung vom Kanal am Ventil vorbei eines der größten Hindernisse in der Luftführung innerhalb des gesamten Zylinderkopfes. Was immer unternommen wird, um den Übergang des Luftstroms vom Kanal in den Verbrennungsraum optimaler zu gestalten, hat eine wesentliche Verbesserung des Luftdurchsatzvermögens zur Folge. So ergibt sich im Vergleich zu den vormals serienmäßig verwendeten Einwinkel-Ventilsitzen mit nur einer Anfräsung im Winkel von 45° eine sofortige Verbesserung des Luftdurchsatzes von 25%, nachdem ein Dreiwinkel-Ventilsitz angefräst wurde! Verzichtet man also auf ein Anfräsen des Ventilsitzes, so verliert man auch direkt einen möglichen Leistungsvorteil. Um die Verluste eines Einwinkel-Ventilsitzes zu kompensieren, müsste ein sehr hoher Aufwand bei der Gestaltung der Ansaugkanäle betrieben werden und es wäre der Anbau weiterer, teurer Motorenteile erforderlich.

Die neuen Ventilsitze müssen so gefräst werden, dass das Ventil am Umfang der äußeren Kante des Ventilsitzes anliegt und abdichtet, nicht in der Mitte der Ventilsitz-

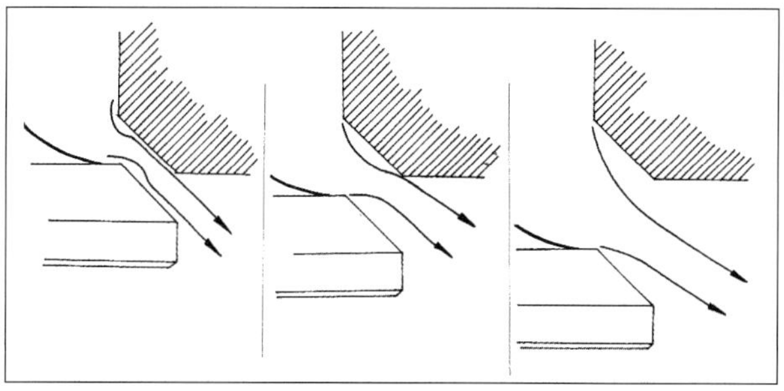

Schema der Luftströmung entlang eines serienmäßigen Ventilsitzes mit Ventil für niedrigen, mittleren und hohen Ventilhub.

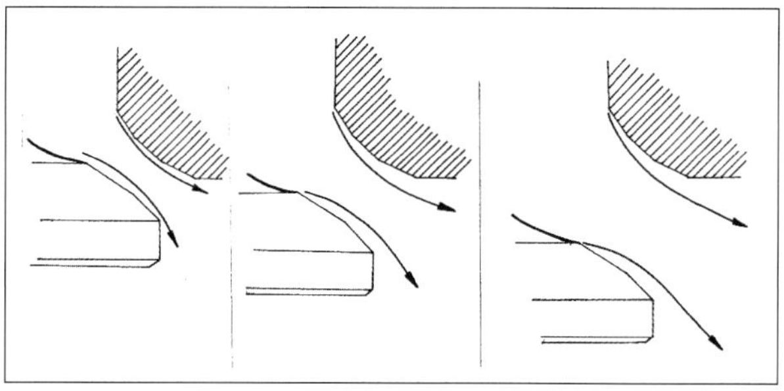

Schema der Luftströmung entlang eines modifizierten Ventilsitzes und entsprechend angepassten Ventils für geringen, mittleren und großen Ventilhub.

kontaktfläche oder gar an der inneren Kante. Auf diese Weise wird der Ventilsitzdurchmesser vergrößert und die Breite der Kanalöffnung durch Anfräsen eines breiten 60°-Winkels oben am Ventilsitz auf ein Höchstmaß im Zylinderkopf gebracht. Bei der Modifizierung des Zylinderkopfes kann dieser breite 60°-Winkel durch Schleifen mit einem zylindrischen Schleifeinsatz geschmälert werden, wodurch sich der Durchmesser der Ventilöffnung vergrößert und eine bessere Formgebung für den Luftstrom erreicht wird. Die untere Anfräsung bietet eine hervorragende optische Orientierungshilfe für die Schleifarbeiten. Sie dient als Führung, um ein gleichmäßiges Aufweiten der Ventilöffnung entlang des gesamten Umfangs zu ermöglichen und einen erkennbar gleichmäßigen Übergang zu schaffen, bevor man dem Ventilsitz selbst zu nahe kommt.

Eine ganze Reihe unterschiedlicher Breiten von Ventilsitzfräsern ist erhältlich, am häufigsten werden Fräser verwendet, die eine Ventilsitzbreite von 1,5 mm, 1,3 mm oder 1 mm erzeugen. Letztere finden nur für den Motorsporteinsatz Anwendung. Die überwiegende Mehrzahl der Ventilsitze in Zylinderköpfen von Motoren, die für den Alltagsbetrieb auf der Straße bestimmt sind, weist eine Breite von 1,3 mm am Ventilsitz auf; ein großer Unterschied im Vergleich zu dem normalerweise recht breiten Ventilsitzen der serienmäßigen Zylinderköpfe. Die Breite von 1,3 mm am Ventilsitz reicht aus, um den wichtigen Wärmetransfer zwischen Ventil und Zylinderkopf bei geschlossenem Ventil zu gewährleisten und weiterhin die mechanische Zuverlässigkeit und Langlebigkeit des Ventilsitzes zu garantieren und hierbei dennoch den Luftdurchsatz durch eine breitere Ventilöffnung zu verbessern. Die Ventilsitze müssen so angefräst werden, dass alle Ventilteller auf derselben Höhe stehen, innerhalb einer Toleranz von +/- 0,05 mm. Stehen die Ventilteller auf unterschiedlichem Niveau in Relation zum Verbrennungsraum, so wird dies einen wesentlichen und merklichen Einfluss auf die Füllung des Verbrennungsraums haben. Es wird dann sehr schwierig, die Verbrennungsraumvolumina gegeneinander abzugleichen, um bei jedem einzelnen Zylinder ein exakt identisches Verdichtungsverhältnis zu erreichen.

Vermessen des Zylinderkopfes und Abgleichen der Zylindervolumina

Vermessen des Zylinderkopfes

Wir können uns nun mit der Beschreibung jener Änderungen befassen, denen ein Zylinderkopf unterzogen werden kann.

In diesem Kapitel behandeln wir den scheinbar einfachsten Zylinderkopf, nämlich ein serienmäßiges Exemplar, wie es in einigen Motorsportklassen eingesetzt wird. Die Komplexität dieses augenscheinlich simplen Bauteils erschließt sich jedoch bei näherem Hinsehen – auch ein einfacher Zylinderkopf eines Vierzylindermotors ist ein äußerst kompliziertes Bauteil.

Diese fast serienmäßig gestalteten Zylinderköpfe werden im Motorsport in den Kategorien der seriennahen Fahrzeuge eingesetzt, deren Regelwerk keine wesentlichen Änderungen am Motor zulassen. Das Reglement für diese Klassen gibt vor, dass keinerlei Modifizierung an Kanälen oder Ventilen zulässig ist und somit keinerlei Bearbeiten oder Polieren der Kanäle erfolgen darf. Dennoch kann das Reglement die Bearbeitung der Ventilsitze zulassen und so die Umrüstung auf den Betrieb mit bleifreiem Kraftstoff gestatten. Nach dem Umbau auf bleifreies Benzin lässt sich Super Bleifrei mit höherer Oktanzahl fahren, was bedeutet, dass der Motor eine größere Zündzeitpunktverstellung in Richtung „Früh“ verkraftet und somit mehr Leistung erzeugen kann.

Für den Fall, dass das Reglement keine Änderungen

erlaubt, ist ein speziell ausgewähltes Gussteil erforderlich, um diesen Regeln zu genügen und dem Motor weiterhin zu ermöglichen, eine konkurrenzfähige Motorleistung zu erzeugen. Ebenfalls darf der Zylinderkopf nur das absolute Minimum an Gussfehlern und/oder sichtbarer Veränderung der Gussform aufweisen, sodass die Eingänge der Kanäle keinerlei fehlerhafte Ausrichtung zu den Ventilen aufweisen oder raue, fehlerhaft geformte Wände der Kanäle vorliegen. Ebenfalls dürfen die Ventilsitze nicht schwer beschädigt oder in der Verbrennungsraumdecke versenkt sein, da das Fräsen neuer Ventilsitze äußerst nachteilige, scharfe Kanten in den Verbrennungsräumen hinterlassen würde. Geben die Regeln vor, dass keine Modifizierung der Verbrennungsräume zulässig ist, so können diese scharfen Kanten später nicht entfernt werden. Neben den Störungen im Luftstrom, die solche scharfen Kanten bewirken, erzeugen sie außerdem innerhalb des Verbrennungsraums lokal heiße Stellen, was zu Frühzündung oder – noch schlimmer – dem destruktiven Aufeinandertreffen zweier Flammfronten führen würde.

Es versteht sich von selbst, dass diese physisch perfekten Gussteile äußerst selten sind und sich eine Suche danach recht aufwändig gestaltet. Dazu braucht man sehr viel Erfahrung, um zu wissen, worauf man schon bei der ersten Begutachtung schauen sollte, selbst wenn man das Glück hätte, eine ganze Reihe von alten Zylinderköpfen im Materiallager zu haben. Man wird wohl nicht umhin kommen, einen angesehenen Tuning-Spezialisten für den betreffenden Motor zur Beratung zu konsultieren. Nachdem einmal ein geeigneter Zylinderkopf gefunden wurde, wird dieser dann gereinigt und auf dem Luftdurchsatzprüfstand getestet, um so die Einsatzmöglichkeit dieses Gussteils zu prüfen. Obwohl die Kanäle augenscheinlich einwandfrei aussehen, kann – wie schon beschrieben – nur das Testen des Luftdurchsatzverhaltens hier die Spreu vom Weizen zu trennen.

Ist letztendlich die Wahl auf ein geeignetes Zylinderkopfgussstück gefallen, so werden neue Ventilführungen eingesetzt – Bronzelegierung für die Auslassventile, serienmäßige gusseiserne Ventilführungen für die Einlassventile. Die Ventilsitzeinsätze werden an den Auslassventilen eingebaut, da Bronzeführungen und Einsätze als Bestandteil der zulässigen Umrüstung auf bleifreien Kraftstoff, sofern Bestandteil des Reglements, erlaubt sind. Sowohl an Einlass- als auch an Auslassventilen werden Dreiwinkel-Ventilsitze angefräst, um den Luftdurchsatz zu begünstigen. Die Ventilsitzbreite beträgt im Normalfall 1,3 mm mit einer minimalen Breite des oberen und unteren Winkels. Nach dem Schneiden der Ventilsitze werden alle scharfen Kanten an der Ventilöffnung sorgfältig von Hand mit einer Schlichtfeile entfernt.

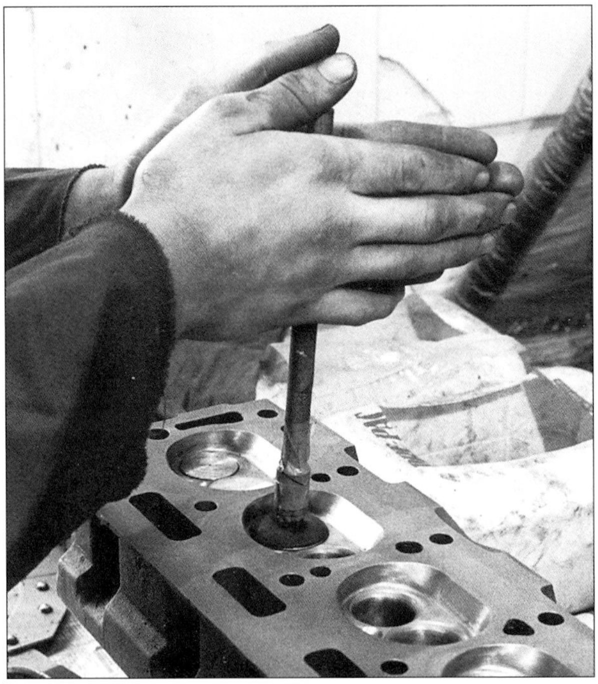

Läppen der Ventile mit feiner Schleifpaste, ...

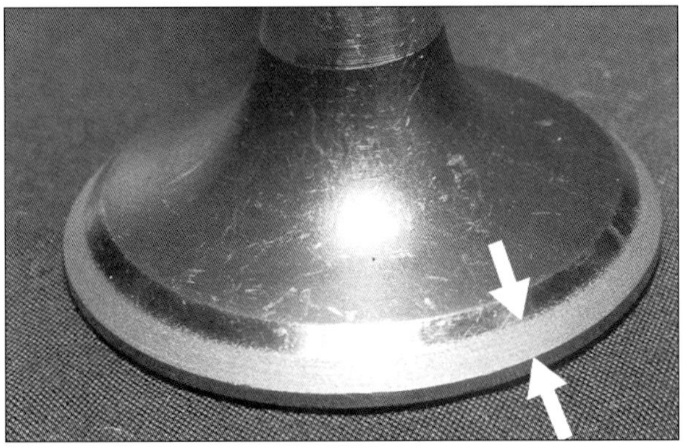

... wodurch entlang des gesamten Umfangs an der Kante des Ventils eine graue Ventilsitzfläche sichtbar wird.

Die Führungen werden mit etwas Vergaserreiniger gesäubert, danach werden mit einem Lappen mögliche Späne oder Abrieb entfernt, um so Beschädigungen am Ventil oder der Führung selbst zu vermeiden. Weiterhin ist nur ein Läppen der Ventile mit feinem Schleifmittel erforderlich. Den Ventildrehstab mit Saugnapf nur wenige Male hin und her drehen, bis ein gleichmäßiger, graufarbener Ventilsitz entlang der äußeren Kante des Ventils und des Zylinderkopfes erkennbar wird. Wichtig ist, die paarweise Zuordnung der Ventile zu jedem Verbrennungsraum zu beachten, da diese Zuordnung bei Ermittlung der Verbrennungsraumvolumina erforderlich sein wird.

Dem Reglement nach dürfen keine weiteren Änderungen am Zylinderkopf vorgenommen werden, außer einem leichten Abfräsen der Zylinderkopfdichtflächen, um das gewünschte Verdichtungsverhältnis zu erzielen. Hierbei ist zu beachten, dass das Verdichtungsverhältnis oder das Verbrennungsraumvolumen unter Umständen im Reglement vorgeschrieben ist. Bezüglich der Menge des beim Fräsen des Zylinderkopfes abgetragenen Metalls können hier keine genauen Angaben gemacht werden. Die unregelmäßige Formgebung der Verbrennungsräume bedeutet, dass es keine zwei identischen Zylinderköpfe gibt und es ist unmöglich, exakt vorzugeben, wie viel Materialstärke vom Zylinderkopf abgefräst werden muss, um das erforderliche Verbrennungsraumvolumen zu erreichen. Hierzu ist es erforderlich, das Volumen jedes einzelnen Verbrennungsraums durch Auffüllen mit Flüssigkeit zu messen.

Ermitteln des Verbrennungsraumvolumens

Zum Messen des Volumens eines Verbrennungsraums werden eine Bürette, ein Stück Plexiglas – groß genug, um den Verbrennungsraum abzudecken – mit einer kleinen Bohrung und etwas Schmierfett benötigt. Ebenfalls ist es wichtig, die für den Motorentyp werksseitig vorgesehene Zündkerze zu verwenden, denn sowohl Formgebung als auch Konstruktion der Zündkerze haben Einfluss auf das Verbrennungsraumvolumen und somit auf die Messung. Die Zündkerze fest in ihre Bohrung einschrauben, mit einem leichten Schmierfettfilm auf dem Gewinde, um eine gute Abdichtung zu gewährleisten. Den Zylinderkopf so auf einem Ständer befestigen, dass die Verbrennungsräume nach oben weisen. Einlass- und Auslassventile am Umfang des Ventilsitzes leicht mit Schmierfett einfetten und im zu messenden Verbrennungsraum einsetzen. Dann am äußeren Umfang des Verbrennungsraums etwas Schmierfett auf der Zylinderkopfdichtfläche auftragen und das Plexiglas mit der kleinen Bohrung auf den Zylinderkopf auflegen. Hierbei darf nicht zu viel Schmierfett am Umfang der Ventile oder unterhalb des Plexiglases in den Verbrennungsraum gelangen, denn die überstehende Schmierfettmenge verfälscht das gemessene Verbrennungsraumvolumen. Die Bürette mit Wasser füllen und den Messwert auf dem Rohr auf Null stellen. Es muss nicht unbedingt Wasser verwendet werden, Kerosin oder andere Flüssigkeiten sind ebenso geeignet, erfordern jedoch in der Anwendung wesentlich mehr Sorgfalt, da derartige Materialien nicht sehr hautfreundlich sind. Wasser ist problemlos verfügbar und auch ein Verschütten bringt keine Probleme mit sich. Nun kann das sorgfältige Einfüllen des Wassers aus der Bürette in den Verbrennungsraum durch die Bohrung im Plexiglas erfolgen, während die verdrängte Luft austreten kann. Ist der Verbrennungsraum vollständig gefüllt und sind verbleibende Luftblasen entfernt, so kann man an der Bürette das Verbrennungsraumvolumen anhand des ausgelaufenen Wasservolumens ablesen. Diesen Messwert notieren. Das Wasser aus dem Verbrennungsraum entfernen und anschließend etwas Rostlöser oder ein ähnlich wasserabweisendes Mittel verwenden, um Korrosion vorzubeugen.

Den Vorgang für die anderen Verbrennungsräume wiederholen und hierbei beachten, dass exakt jene Ventile verwendet werden, die vorher im entsprechenden Ventilsitz eingeschliffen wurden. Nacheinander das Volumen jedes Verbrennungsraums notieren.

Diese Messwerte können dann als Richtlinie verwendet werden, wie viel Material vom Zylinderkopf insgesamt abgetragen werden muss.

Zweifelsohne werden einige Verbrennungsräume etwas größer sein als andere. Dies ist nicht ungewöhnlich und durch das Abfräsen der Zylinderkopfdichtfläche werden die etwas zu groß geratenen Verbrennungsräume an das vom Reglement vorgegebene Maß angepasst. Diverse weitere Prüfungen des Volumens dieser größeren Verbrennungsräume werden erforderlich sein. Hierfür wird der Messvorgang mit der Bürette zwischen den einzelnen Fräsungen wiederholt. Diese wiederholten Überprüfungen sind wichtig, um einen zu hohen Materialabtrag zu vermeiden, wodurch dann der Verbrennungsraum zu klein geraten kann. Wurde einmal der größte Verbrennungsraum auf das erforderliche Volumen reduziert, so können die anderen drei Verbrennungsräume nun unter dem vom Reglement vorgegebenen Volumen liegen. Da eine Modifizierung der Verbrennungsräume gemäß Reglement nicht zulässig ist, wird die Stärke des Einlassventils in jedem Verbrennungsraum durch Nacharbeiten des Sitzes reduziert, wodurch die Breite der Ventilsitzkontaktfläche geringer wird. Serienmäßig sind die meisten Einlassventile mit sehr breiten Ventilsitzkontaktflächen versehen, sodass eine Schmälerung derselben

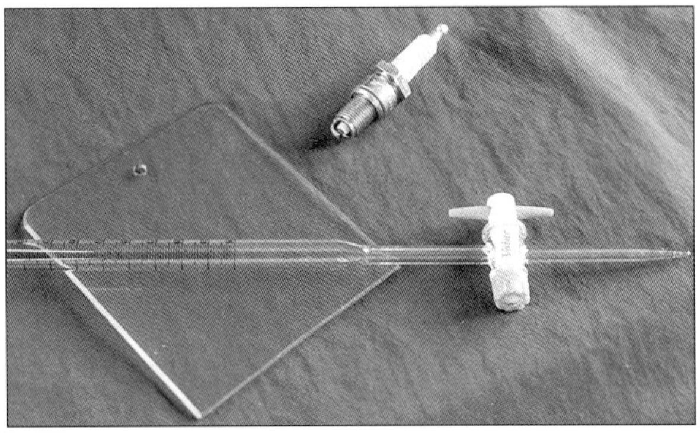

Bürette und weitere Ausrüstung. Zusätzlich wird noch etwas Schmierfett benötigt!

Messen des Verbrennungsraumvolumens

weder die Materialbeständigkeit noch die Lebensdauer des Motors beeinträchtigen wird. Wichtiger hingegen ist: Die Anlagefläche des Ventils bleibt unverändert. Dies erfordert wiederholtes Zerlegen und Messen des Verbrennungsraumvolumens mit der Bürette, bis alle Verbrennungsräume bis auf 0,5 ccm identisch sind. Die Ventile werden dann markiert, sodass sie nach einer späteren Demontage des Zylinderkopfes wieder an der richtigen Stelle eingebaut werden können.

All dies mag als etwas zu viel Aufwand anmuten. Es ist jedoch von entscheidender Wichtigkeit, bei einem Motor für den Renneinsatz eine möglichst hohe Laufruhe zu erzielen bei einer gleichzeitig möglichst hohen Leistungssteigerung. Bei Motorsportveranstaltungen mit Serienfahrzeugen soll der Umfang der erlaubten Modifizierungen an Motoren für alle Fahrzeuge auf gleichem Niveau sein, um so einen fairen Wettbewerb zu ermöglichen. Soll in einer derartigen Motorsportklasse der Sieg errungen werden, so müssen sämtliche zulässigen Mittel der Leistungssteigerung ausgeschöpft werden, was durch diese scheinbar pedantischen Maßnahmen erfolgt.

Messen der Verbrennungsraumtiefe zur Berechnung der vom Zylinderkopf abzutragenden Materialstärke (siehe Anhang)

Abfräsen eines Zylinderkopfes auf einer speziellen Fräsmaschine

Bei dem letzten Arbeitsgang wird ein Entgrater oder eine feine Rundfeile entlang der Kante jedes Verbrennungsraums angesetzt, um die vom Fräser zurückgelassene scharfe Kante zu entfernen. Hierbei darf nur so wenig Metall wie möglich entfernt werden, um diese scharfen Kanten zu glätten. Durch diese Maßnahme sollen

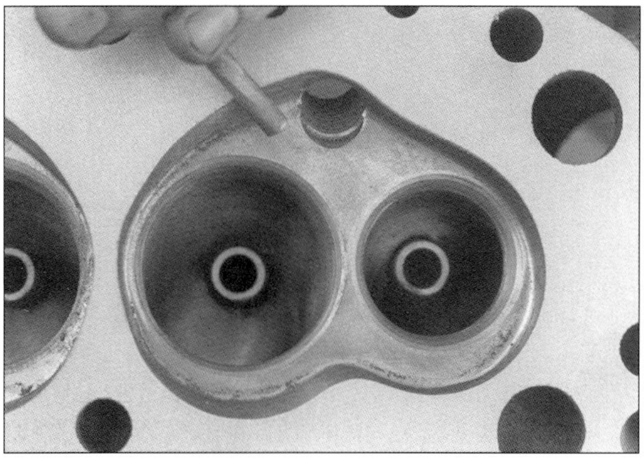

Entgraten der Kanten eines Verbrennungsraums mit einer feinen Feile

sämtliche der vorhergehend beschriebenen Vorsprünge für potenziell heiße Stellen entfernt werden. Auch eine Entgratung an den äußeren Kanten der Zylinderkopfdichtfläche wäre von Vorteil, um die Verletzungsgefahr bei der Handhabung des Zylinderkopfes zu mindern.

Am Rande sei hier die Methode der spanabhebenden Bearbeitung des Zylinderkopfes näher erläutert. Es kommt darauf an, durch eine entsprechende Oberflächenrauheit nach der Bearbeitung die Abdichtung zu gewährleisten. Die neue Zylinderkopfdichtung gräbt sich förmlich in die geringfügigen Unebenheiten der gefrästen Oberfläche ein. Je glatter die Zylinderkopfdichtfläche, um so problematischer wird die Abdichtung zur Zylinderkopfdichtung.

Verdichtungsverhältnisse

Für den Einsatz im Alltagsbetrieb sollte man sich auf ein Verdichtungsverhältnis von maximal 9,75:1 beschränken. Die niedrigeren Oktanzahlen der bleifreien Kraftstoffe in einigen Regionen machen eine Steigerung des Verdichtungsverhältnisses unrealistisch. Für den Rallyeeinsatz und Sprintrennen kann das Verdichtungsverhältnis auf 10,8:1 angehoben werden, für den klassischen Rennsporteinsatz auf 11,5:1 bis 12,5:1. Hierbei ist zu beachten, dass die größere Ventilüberschneidung der verwendeten schärferen Nockenwellen die Druckwerte in den Zylindern insgesamt mindert.

Diese Verdichtungsverhältnisse sind lediglich als Richtlinien zu betrachten. Wird ein Verdichtungsverhältnis weit über diesen Richtwerten gewählt, so werden Motorklingeln und Klopfen die Folgen sein. Zur Behebung dieser Probleme müsste der Zündzeitpunkt in Richtung „Spät" verlagert werden, was wiederum einen Leistungsverlust mit sich bringen würde! Einzelheiten zur Berechnung des optimalen Verdichtungsverhältnisses für den betreffenden Motor sind im Anhang aufgeführt.

KAPITEL 9

Bauteile des Ventiltriebs

Ventilfedern

Die Ventilfedern dienen zum Schließen des Ventils und dem Kontakt zwischen Kipphebel bzw. Schlepphebel oder Stößel mit den Nocken der Nockenwelle, sodass die Bewegung des Ventiltriebs auf kontrollierte Weise erfolgt. Diese recht simple Umschreibung vereinfacht die Dinge in der Tat etwas zu sehr, weil die Ventilfedern nämlich bei der Vorgehensweise der Leistungssteigerung eine sehr komplexe und wichtige Rolle spielen.

Der Nocken der Nockenwelle und die Ventilfeder steuern die Bewegung der kombinierten Masse von Ventil, Kipphebel bzw. Schlepphebel, Tassenstößel, der Stößelstange (sofern verwendet), dem Federteller und den Ventilkeilstücken, außerdem der Masse des sich bewegenden Abschnitts der Feder selbst.

Wie im Kapitel über Nockenwellen beschrieben, dient der Nocken der Nockenwelle dazu, die Drehbewegung der Welle auf mechanische Weise in eine Auf- und Ab-Bewegung des Ventils umzuwandeln. Das Profil gibt hierbei die Dauer und die Geschwindigkeit der Ventilöffnung vor, entweder über den Kipphebel bzw. Schlepphebel, die Stößelstange oder im Falle von OHC-Motoren durch direkte Betätigung auf einen Schlepphebel oder Tassenstößel. Allerdings besteht keine direkte Verbindung zwischen Nocken und Ventil, um dieses wieder in den geschlossenen Zustand zu ziehen. Das Öffnen und Schließen des Ventils erfolgt gemäß jenen Abschnitten der Nockenlaufbahn, die als Vornocken, Öffnungs- und Schließflanke und Nockenspitze bekannt sind. Der Nocken drückt auf und beschleunigt somit den gesamten Ventiltrieb während der positiven Beschleunigungsperiode entlang der Öffnungsflanke des Nockens. Nur hier muss die Ventilfeder keine Arbeit verrichten, um alle Teile in Verbindung miteinander zu halten. Während der negativen Beschleunigung (Verzögerung) der Öffnungsflanke würde das Ventil mit allen Einzelteilen weiter auf seinem Weg in Richtung Öffnung fortfahren. Ungeachtet seiner maximalen Geschwindigkeit würde es nicht von der Ventilfeder zurückgehalten. Die Federn müssen somit stark genug sein (eine ausreichende Federdruckkraft aufweisen), um alle Bauteile des Ventiltriebs – also den Schlepphebel bzw. Kipphebel und Nocken – bei allen Drehzahlen bis hin zur Drehzahlgrenze des Motors in Kontakt zu halten. Hierbei muss die Ventilfeder ebenfalls sicherstellen, dass das Ventil mit allen Bauteilen bei vollem Ventilhub im Ruhezustand verbleibt (Nockenspitze), sodass keine Ventilschwingungen auftreten. Die Ventilfeder muss ebenfalls dafür sorgen, dass das Ventil der Nockenbahn den gesamten Weg über folgt, vom vollen Ventilhub wieder zurück in die geschlossene Position.

Schwimmen der Ventile

Je höher die Motordrehzahl, umso größer die Kraft, die vom Nocken aufgrund der Beschleunigung auf den Ventiltrieb ausgeübt wird. Dies bewirkt einen Anstieg der Massen vom Ventil und seinen Bauteilen und einen Anstieg der Trägheit derselben. Es wird ein Punkt erreicht, an dem die Ventilfeder keine ausreichende Kraft mehr aufbringen kann (Druckkraft oder Öffnungsdruck), um der Trägheit des Ventiltriebs entgegenzuwirken. An diesem Punkt tritt das so genannte Schwimmen von Ventilen auf. Der Schlepphebel oder Kipphebel bzw. Stößel wird an der Nockenbahn aufgrund der Beschleunigungsrate entlang der Öffnungsflanke buchstäblich weggeschleudert, wodurch kurzzeitig ein Kontaktverlust erfolgt. Natürlich hat sich die Nockenwelle während dieser kurzen Trennung weitergedreht, sodass mit Landen des Schlepphebels, Kipphebels oder Stößels auf der Nockenbahn ein Abschnitt des Nockenbahnprofils verpasst wurde und die Bewegung somit nicht länger kontrolliert erfolgt.

Eine verschlissene Feder (links) im Vergleich zu einer neuen Feder (rechts). Man beachte den Höhenunterschied.

Ein Schwimmen der Ventile bringt natürlich die Steuerzeiten der Einlass- und Auslassventile während der vier Takte des Otto-Verfahrens durcheinander. Symptome schwimmender Ventile sind rasche und drastische Leistungsabnahme bei der auftretenden Drehzahl, ähnlich einer schweren Fehlzündung des Motors. Vom mechanischen Aspekt her betrachtet sind schwimmende Ventile der Langlebigkeit des Ventiltriebs nicht zuträglich. Alles was schlagartig wieder aufeinander trifft, kann verbiegen oder durchbrechen – wie z. B. Stößelstangen oder Kipphebel – von Beschädigung der Nockenlaufbahn selbst einmal abgesehen.

Schwimmende Ventile können aufgrund unterschiedlicher Faktoren auftreten. Hierzu gehören ein Überdrehen des Motors, ermattete oder verschlissene Ventilfedern, (diese verlieren mit der Zeit ihre Festigkeit aufgrund der Wärmeeinwirkung und der Natur ihrer Bewegung). Bisweilen kann eine zu scharfe Nockenwelle ebenfalls diesen Effekt hervorrufen. Abhilfe schafft einzig die Verwendung neuer oder strafferer Ventilfedern.

Flattern der Ventile

Das so genannte Ventilflattern tritt auf, wenn das Ventil mit genügender Kraft so gegen seinen Ventilsitz schlägt, dass es zurückspringt. Dies hat möglicherweise katastrophale Folgen, wenn sich der Kolben gerade in der Nähe befindet! Dieses Phänomen ergibt sich aus den Vibrationen des gesamten Ventiltriebs, wenn der Motor mit hoher Drehzahl läuft, sodass das Ventil wesentlich schneller auf seinen Sitz zurückschlägt als beabsichtigt, weil es nicht länger vom Nocken oder der Ventilfeder kontrolliert wird.

Professioneller Prüfstand für Ventilfedern. Beim Aufbau von Motoren für Dragster-Rennen ist es entscheidend, die Druckkraft der Federn aufeinander abzugleichen.

Dieses Problem wird durch Versteifung der Bauteile des Ventiltriebs behoben, sodass diese weniger flexibel bzw. biegsam sind. Stabilere Stößelstangen, verstärkte Stehbolzen, stärkere Kipphebelwellen und Kipphebellager usw. werden dieses Problem beheben oder zumindest auf einen Drehzahlbereich verlagern, der außerhalb des Betriebsbereichs des Motors liegt. Die Bauteile müssen verstrebt oder versteift werden, vorzugsweise ohne eine Zunahme der beweglichen Massen, denn Massenzunahme hätte wiederum das Schwimmen von Ventilen zur Folge und man stünde wieder am Anfang.

Eigenschwingung der Federn

Eine Schraubenfeder hat eine Frequenz, bei der sie in Eigenschwingung gerät, ähnlich einer Stimmgabel. Diese Frequenz wird als Resonanzfrequenz bezeichnet. Sie hängt zum Teil von der Konstruktion der Feder ab. Die Vibration tritt auch bei einem Vielfachen dieser Resonanzfrequenz auf.

Doppelte Ventilfedern

Dreifache Ventilfedern

Doppelte Ventilfedern mit flach gewundenem Dämpfer

Die störenden Kräfte, die zur Eigenschwingung der Federn führen, hängen mit der Ausführung der Öffnungsflanke, der Nockenbahn und der Drehzahl des Motors zusammen. Liegt die Drehzahl hoch genug, so kann die Frequenz der Ventilbewegung eine Resonanz der Ventilfeder bewirken. Die Feder „macht dann, was sie will" in Bezug auf ihre Bewegung, was unausweichlich bedeutet, dass der effektive Federdruck drastisch reduziert wird oder möglicherweise ganz ausbleibt. Eine Kontrolle des Ventiltriebs findet somit nicht mehr statt. Die Motorlebensdauer wird hierdurch äußerst nachteilig beeinflusst.

Um dem Schwimmen von Ventilen und einer Eigenschwingung der Ventilfeder entgegenzuwirken, werden straffere Ventilfedern verwendet. Zur Versteifung der Ventilfeder muss deren Konstruktion geändert werden. Der Federdraht muss dicker sein, die Materialgüte des Federdrahtes muss geändert werden oder der Federdurchmesser anders gewählt werden. Dies bringt bis zu einem bestimmten Punkt Abhilfe, es können jedoch bei maximalem Ventilhub Probleme durch Verkeilen der Federwindungen auftreten, oder aber die Feder passt einfach nicht mehr in ihre Führung im serienmäßigen Zylinderkopf. Dies bedeutet eine Bearbeitung oder eine Änderung des Ventiltriebs insgesamt.

Steigt die Notwendigkeit für eine steifere Feder, so kann der erforderliche Federdruck unter Umständen von einer einzelnen Ventilfeder nicht mehr erzeugt werden. Der nächste Optimierungsschritt besteht somit in der Verwendung doppelter Ventilfedern oder gar dreifacher Ventilfedern für besonders hochdrehende Motoren mit kompromisslos scharfen Nockenwellen. Bei doppelten Federn wird eine kleinere (in Bezug auf Durchmesser und Drahtstärke) jedoch in ungespannter Länge höhere Feder verwendet, die in Gegenrichtung zur im Durchmesser größeren, äußeren Feder gewickelt ist und in dieser eingebaut wird. Die Wicklung in Gegenrichtung erfolgt, um ein Verhaken der Federwindungen beider Federn zu vermeiden. Die unterschiedliche Resonanzfrequenz der kleineren Feder unterstützt die Beseitigung aller Betriebsprobleme, die aufgrund der Resonanzfrequenz der Hauptfeder auftreten. Sie bietet außerdem eine begrenzte Unterstützung in Bezug auf den Funktionsdruck im Betrieb, obwohl dies nicht ihr eigentlicher Zweck ist. Mit dreifachen Federn wird die Sache noch einen Schritt weiter geführt.

An einigen Motoren kommen Ventilfedern zur Anwendung, die innen mit einer flachen Federwindung ausgerüstet sind. Diese Dämpfer wirken nicht als zusätzliche Feder. Durch straffes Anliegen reiben sie lediglich gegen die Innenseite der eigentlichen Ventilfeder. Diese Reibung kontrolliert das Betriebsverhalten der Feder. Hier handelt es sich jedoch um eine recht ineffiziente Methode zur Behebung von Problemen mit Ventilfedern: Die Reibung erzeugt Wärme und Verschleiß, was nicht von Vorteil sein kann.

Eine andere Ausführung einer verstärkten Ventilfeder ist an einem Ende mit einer höheren Anzahl von Federwindungen versehen. Außerdem können Federn derart gewickelt werden, dass sich die gesamte Feder zu einem Ende hin verjüngt. Der Federdurchmesser ist dann unten größer als oben. So gibt es eine Vielzahl von Möglichkeiten und Kombinationen von Ventilfedern. Wie man unschwer erkennt, handelt es sich hier um ein Spezialgebiet und es ist daher ratsam, den Empfehlungen des Lieferanten der Nockenwelle zu folgen.

Die Verwendung steiferer Ventilfedern erzeugt jedoch auch Probleme. Je steifer die Feder, um so mehr Kraft muss die Nockenwelle ausüben, um das Ventil zu öffnen. Diese Kraft wirkt der Motordrehrichtung entgegen. Multipliziert mit der Anzahl der Ventilfedern eines Motors ergibt sich hieraus ein beträchtlicher Leistungsverlust durch die auftretende Reibung!

Steifere Federn erzeugen außerdem eine erhöhte Belastung der Nockenwelle und des Schlepphebels, Kipphebels oder Stößels, wodurch deren Verschleiß beschleunigt wird. Der gesamte Ventiltrieb wird außerdem belastet, wodurch die Stößelstangen, Kipphebellager, Kipphebelwellen und/oder Stehbolzen gedehnt und hin und her bewegt werden. Dies dient auf keinen Fall einer exakten Ventilsteuerung.

Ventilfederhöhe im eingebauten Zustand und Klemmen der Federwindungen

Um die Bewegung des Ventiltriebs wie beabsichtigt zu steuern, müssen die Ventilfedern korrekt eingebaut und so vorgespannt sein, dass bei Komprimierung durch Bewegung der Ventilsteuerung der erforderliche Widerstand geleistet werden kann, um jegliche der oben angesprochenen Probleme zu verhindern. Wurde die Nockenwelle gewechselt oder wurden Kipphebel mit höherem Hebelverhältnis eingebaut, so werden wahrscheinlich die Federn ebenfalls gewechselt werden müssen, da zwischen den Windungen in Anbetracht des nun geänderten Ventilhubs kein ausreichender Platz mehr besteht bzw. die Federkraft nicht mehr ausreicht, um den neuen Beschleunigungskräften entgegenzuwirken.

Erreicht eine Feder den vollständig komprimierten Zustand (d.h. es besteht kein Zwischenraum mehr zwischen den Federwindungen), so spricht man von ineinander verkeilten Federwindungen.

Eine zu lose eingebaute Feder (d. h. unzureichende Vorspannung oder Federdruck) kann ebenfalls nicht ordnungsgemäß funktionieren.

Achtung! Die Höhe der Feder im eingebauten Zustand muss bei der Montage des Zylinderkopfes geprüft werden und ist für eine Vermeidung von Schäden oder sogar eines kapitalen Motorschadens entscheidend. Die Höhe im eingebauten Zustand ist der Abstand vom Federsitz im Zylinderkopf zur Unterkante des Ventilfedertellers: Sie hat Einfluss auf die richtige Funktion der Feder und das Verkeilen der Federwindungen ineinander.

Die empfohlene Höhe im eingebauten Zustand wird vom Hersteller der Feder vorgegeben. Eine zu große Höhe kann durch spanabhebende Bearbeitung des Federsitzes im Zylinderkopf behoben werden (Vergrößerung der Einbauhöhe). Eine zu geringe Höhe der Feder kann durch Zugabe von Unterlegscheiben ausgeglichen werden (reduziert die Einbauhöhe). Hierbei ist jedoch zu beachten, dass die meisten Leichtmetallzylinderköpfe serienmäßig mit dünnen Stahlunterlegscheiben unter den Federn ausgerüstet sind. Hier handelt es sich nicht um Distanzscheiben, sondern um Federsitze, um Schäden durch die Federn am weicheren Material des Zylinderkopfes zu vermeiden.

Um ein Verkeilen der Windungen ineinander auszuschließen, muss die Ventilfeder im vollständig zusammengedrückten Zustand gemessen werden und dann dieses Maß von der Höhe im eingebauten Zustand subtrahiert werden (**Achtung** – hierbei mit äußerster Sorgfalt vorgehen!). Die Messung muss die Höhe aller verwendeten Distanzscheiben beinhalten. Der Unterschied sollte mindestens 1,27 mm mehr betragen als der maximale Ventilhub der Nockenwelle bzw. der Kipphebel. Erfolgt ein Verklemmen der Federwindungen vor Erreichen des vollen Ventilhubs, so wird die Langlebigkeit des Ventiltriebs stark beeinträchtigt werden.

Die besten Federn, die für eine betreffende Nockenwelle verwendet werden können, sind die vom Nockenwellenhersteller oder Lieferanten vorgegebenen Exemplare. Der Hersteller wird sich ausführlich mit den physikalischen Eigenschaften seiner Nockenwelle befasst haben und die optimale Feder ausgesucht haben. Welche Feder einzubauen ist, ist im Regelfall aus der Dokumentation für die Nockenwelle ersichtlich oder aber im Katalog des Herstellers aufgeführt. Man sollte sich auf den Rat dieser Hersteller verlassen, um so spätere Probleme zu vermeiden.

Als Randbemerkung sei hier auch auf die ultimative Lösung aller Probleme mit Ventilfedern, die sich beim Betrieb mit höheren Drehzahlen ergeben, hingewiesen. Hierbei werden die Ventilfedern einfach weggelassen. Die

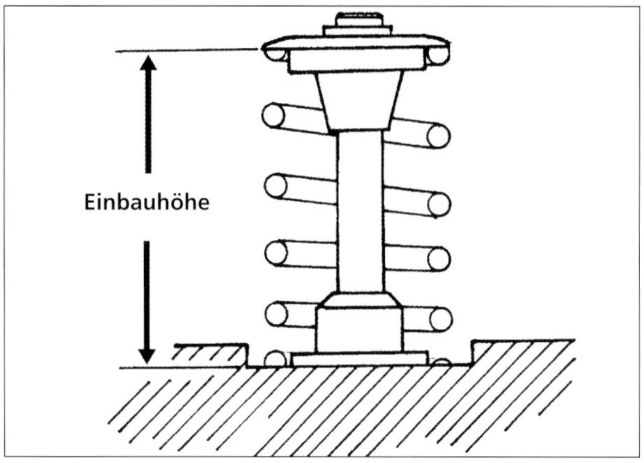

Ventilfederhöhe im eingebauten Zustand

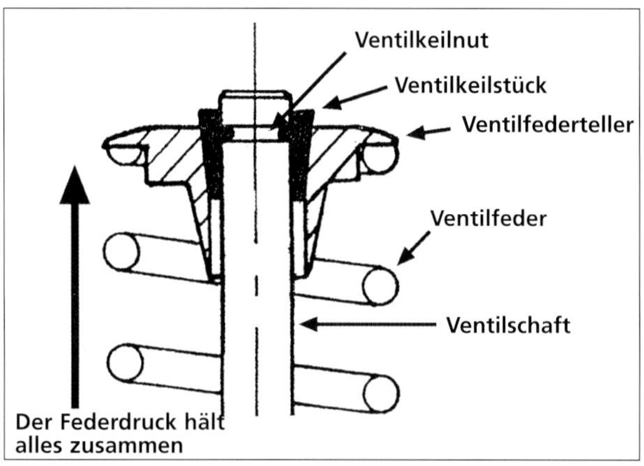

Aufgrund des Zusammenwirkens der einzelnen Bauteile müssen alle Teile des Ventiltriebs vor der Montage besonders sauber sein.

Konstruktion wurde an einigen besonders hochdrehenden Rennmotoren (aktuell 18.000 bis 19.000/min) in Formel-1-Fahrzeugen verwendet. Dieses System wurde von Renault Sport entwickelt und danach von den meisten Wettbewerbern übernommen. Diese Motoren werden mit vier obenliegenden Nockenwellen betrieben, die Ventilfedern entfallen jedoch. Statt dessen kommen so genannte „verkapselte Kammern" im Raum unterhalb der Ventilstößel zur Anwendung. Ein unter Basisdruck stehendes Edelgas füllt diese Kammenr, um das Ventil am Sitz zu halten (Vorspannung oder Sitzdruck). Der Tassenstößel wirkt in Verbindung mit seiner Gleitdichtung als Kolben und komprimiert das Gas bei der Öffnung des Ventils. Mit zunehmender Kompression des Gases verhält sich dieses ähnlich wie eine Feder mit ansteigender Druckrate und kontrolliert somit wirksam die Bewegung des Ventils. Verluste des Basisdrucks innerhalb der Kammern werden unter Verwendung eines Zufuhrnetzwerks aus einem kleinen Vorratsbehälter im Fahrzeug nachgefüllt. Die Reibung wird verringert, die Probleme mit Schraubenfedern entfallen, die zu bewegende Masse des Ventiltriebs wird reduziert und faszinierend hohe Drehzahlen werden so möglich.

Gewichtsreduzierung am Ventiltrieb

Eine weitere Methode die Probleme im Ventiltrieb zu minimieren, besteht in der Gewichtsreduzierung der beweglichen Teile. Durch Reduzieren der bewegten Massen und somit der zu kontrollierenden Kräfte wird die Arbeit der Feder wesentlich erleichtert. Alternative Materialien für Ventil und Ventilfederteller dienen alle einer Gewichtserleichterung. **Achtung!** Vorsicht bei der Verwendung von angebotenen Aluminiumfedertellern. Bei einigen Ausführungen kann das Ventil – in Verbindung mit zu straffen Federn – mit der Zeit durch den Ventilfederteller rutschen, wodurch das Ventil dann in den Motor fällt. Derartige Federteller werden am besten nur in Motoren für den Rennsport verwendet, wo sie häufiger geprüft und erneuert werden können, als das bei einem Fahrzeug für den Alltagsbetrieb der Fall ist.

Doppelte Federn und eine Auswahl von Ventilfedertellern aus Leichtmetalllegierung

Eine reichhaltige Auswahl von verschiedenen Ventilschaftabdichtungen: O-Ringe (unten rechts), Schirmbauweise (oben links), Hutbauweise (Mitte)

Ventilschaftabdichtungen

Die Ventilschaftabdichtung erfüllt eine wichtige Funktion in der Regulierung der in die Ventilführung geleiteten Ölmenge. Keine leichte Aufgabe, wenn man die in der Umgebung der Ventilschaftabdichtung befindliche Ölmenge und den Ölnebel, der unter dem Ventildeckel entsteht, bedenkt. Zur Schmierung des Ventilschaftes wird nur eine geringe Menge Öl benötigt. Im Falle der Einlassventile wird die Ölregulierung weiter erschwert, da hier bei Öffnung des Ventils eine Sogwirkung unterhalb der Ventilführung auftritt. Liegt zu viel Spiel zwischen Ventilschaft und Ventilführung vor und dichtet die Ventilschaftabdichtung nicht ordnungsgemäß ab, so kann zusätzliches Öl durch die Ventilführung am Ventil vorbei in den Motor gesaugt werden, wodurch das angesaugte frische Gemisch verunreinigt wird und eine Verkokung von Ventilen und Verbrennungsräumen erfolgt. Im Falle verschlissener Ventilschaftabdichtungen erfolgt ein charakteristischer Ausstoß blauen Rauches beim Starten des Motors bzw. bei plötzlicher Beschleunigung.

Für die meisten Anwendungsbereiche eignen sich die flexiblen Gummischaftabdichtungen am besten. Hier können kleine O-Ringe zur Anwendung kommen, oder haubenartige Schaftabdichtungen, je nach dem, welche Art ursprünglich vom Hersteller eingebaut wurde. Diese sind widerstandsfähiger gegen die Wärmeeinwirkung und die Ventilbewegung als die weniger flexiblen Kunststoffvarianten. Die festeren Ausführungen aus Kunststoff eignen sich für Motoren, die regelmäßig generalüberholt werden. Im Zuge der Generalüberholung wird dann auch die Ventilschaftabdichtung erneuert. Für den Alltagsgebrauch sind diese Versionen jedoch nicht so empfehlenswert. Durch verschlissene Ventile oder Führungen entstehen Bewegungen, die die weniger flexiblen Kunststoffdichtungen verformen und so übermäßige Mengen an Öl in den Ansaugluftstrom gelangen lassen.

An einigen Gummidichtungen sind die Gehäuse stabiler ausgeführt oder aber eine Metallklammer kommt zur Anwendung, um eine ordnungsgemäße Befestigung an der Ventilführung zu gewährleisten. Solange der Bereich zur Abdichtung um den Ventilschaft selbst flexibel ist, entstehen keine Probleme.

Wurde ein Zylinderkopf auf den Betrieb mit bleifreiem Kraftstoff umgebaut und ist er mit Bronze-Auslassventilführungen ausgerüstet, so verzichten wir auf die Ventilschaftabdichtungen. Sie werden nur an den Einlassventilen eingebaut. An den Bronzeführungen besteht ein geringeres Spiel zwischen Ventilschaft und Führung, als es an den gusseisernen Varianten der Fall ist, woraus sich automatisch eine bessere Ölführung ergibt. Wird zusätzlich Öl in den Abgasstrom gesaugt, so fördert dies die Schmierung am Auslassventil. Ferner wird das mit den heißen Abgasen verbrannte und am Auspuff ausgestoßene Öl keine Verunreinigung des angesaugten Gemischs bewirken.

Die Ventilschaftabdichtung muss bündig oben an der Ventilführung anliegen. Sollte es sich um O-Ringe handeln, so müssen sich diese ordnungsgemäß in Einbaulage befinden. Zum Abschluss ist zu prüfen, dass der Ventilfederteller bei maximalem Ventilhub nicht gegen die Ventilschaftabdichtung schlägt. Dies muss insbesondere bei Nachrüstung von Kipphebeln oder Nockenwellen mit großem Ventilhub beachtet werden. Durch spanabhebende Bearbeitung der Ventilfederteller (sofern möglich) kann das Problem durch Schaffen von mehr Freiraum behoben werden. Anderenfalls können ersatzweise andere Ventilfederteller nachgerüstet werden, sofern verfügbar.

Kipphebel und Kipphebelwelle

Jeglicher Verschleiß an der Kipphebelwelle oder Schlag am Kipphebel wird die Ventilsteuerzeiten beeinflussen und zu einem Leistungsverlust führen. Es macht somit keinen Sinn, eine alte Kipphebelwelle in einen gerade generalüberholten Motor einzubauen. Die Welle sollte zerlegt werden und auf Verschleißkanten an den Kipphebelpositionen geprüft werden (im Regelfall an der Unterseite der Welle) und dort, wo die Lagerböcke der Kipphebel die Welle umschließen (die Schäden an der Welle entstehen normalerweise im Inneren der Lagerblöcke). Zur genauesten Vermessung ist eine Bügelmessschraube zu verwenden oder zumindest entlang der Welle mit den Fingern zu prüfen. Jeglicher Verschleiß bedeutet, dass die Welle ersetzt werden sollte. Komplette, generalüberholte Kipphebelbaugruppen sind nicht unbedingt teuer. Hierbei muss lediglich sicher gestellt werden, dass die Ölzufuhr an der richtigen Stelle erfolgt – in Reihe oder versetzt – in Anpassung an den vorhandenen Zylinderkopf.

Die Kipphebelwellen kann man auch selbst durch Verwendung einer Welle mit Übergröße instand setzen, jedoch müssen die Kipphebel und die Kipphebelwellenlagerböcke exakt auf den erforderlichen größeren Durchmesser aufgerieben werden.

Jeglicher Verschleiß an den Kontaktflächen mit dem

Ventilschaft muss ebenfalls beseitigt werden, insbesondere wenn eine Änderung des Nockens auf ein Hochleistungsprofil erfolgt, die serienmäßig verwendeten Kipphebel jedoch weiter ihren Dienst tun sollen. Diese durch Verschleiß entstehenden Grate können eine seitliche Belastung des Ventils zur Folge haben und die weitere Abnutzung beschleunigen.

Sollten Lagerböcke der Kipphebelwelle aus Leichtmetall gefertigt sein, so sollte eine Umrüstung auf stabilere und steifere Lagerböcke aus Stahl erfolgen, bevor andere Leistungssteigerungen am Motor in Betracht gezogen werden.

Zur Vermessung des Ventiltriebs muss der Zylinderkopf vollständig montiert sein und am Motor angebaut werden, das Ventilspiel muss exakt eingestellt sein. Durch langsames Drehen des Motors in Motordrehrichtung prüfen, dass die Auflagefläche jedes Kipphebels mittig auf der Ventilspitze anliegt. Diese Prüfung ist bei der Hälfte des maximalen Ventilhubs durchzuführen. Wurde der Zylinderkopf plangefräst, so müssen die Stößelstangen unter Umständen gekürzt werden. Hierzu die runden Auflageflächen unten an den Stößelstangen abdrehen und die gleiche Formgebung wie im Original beibehalten. Wurde der Zylinderkopf nicht zu stark plangefräst, so kann unter Umständen dasselbe Ergebnis erreicht werden, indem mehrere dünne Unterlegscheiben unter den Lagerböcken der Kipphebelwelle angeordnet werden – wie an den stirnseitigen Lagerböcken an Zylinderköpfen späterer Baujahre vorzufinden.

Die Auflageflächen des Kipphebels müssen ebenfalls über jedem Ventil mittig angeordnet sein. Die Zentrierung erfolgt durch Einlegen dünner Distanzscheiben zwischen dem Lagerbock und dem Kipphebel oder durch Entfernen von Material an der Kante des Kipphebels.

Sind die Kipphebel einmal korrekt zentriert, so muss der Ventilhub jedes Ventils abgeglichen werden. Hierbei werden alle Ventile an das Ventil mit höchstem Ventilhub angeglichen bzw. an den korrekten, vorgegebenen Ventilhub, sofern vom Reglement vorgeschrieben. Die Kontaktflächen am Ende jedes Kipphebels müssen unter Umständen etwas umgeformt werden, damit der Ventilhub an allen Ventilen nahezu gleich bleibt (innerhalb 0,127 mm). Probleme mit der Geometrie des Ventiltriebs können an Motoren mit oben liegenden Nockenwellen (OHC) und Schlepphebeln ebenfalls auftreten. Der Nocken muss über der Kontaktfläche mittig angeordnet sein, anderenfalls geht Ventilhub verloren und der Verschleiß wird beschleunigt. Das betreffende Werkstatthandbuch enthält in der Regel Anweisungen zur korrekten Montage und Einstellung dieser Bauteile.

Hiermit wird ersichtlich, dass zum Prüfen und Einstellen des gesamten Ventiltriebs auf die vorgegebenen Toleranzen ein erheblicher Zeitaufwand erforderlich ist. Es wäre somit sinnlos, diese Arbeiten mit einer verschlissenen Kipphebelbaugruppe durchzuführen.

Die Maßnahmen zur erfolgreichen Leistungssteigerung erfordern hohe Investitionen an Zeit und Aufwand.

Kipphebel mit höherem Hebelverhältnis

Für diverse Motoren sind Kipphebel mit höherem Hebelverhältnis verfügbar. Diese bewirken eine Veränderung des Übersetzungsverhältnisses im Ventiltrieb. Sie bestehen meist aus einer Leichtmetalllegierung und sind mit Nadellagern auf der Welle gelagert. Des Weiteren verfügen diese Kipphebel über eine Rolle an der Auflagefläche am Ventil. Problematisch hierbei ist die Verwendung der Nadellager, da sich der Kipphebel immer nur eine kurze Strecke um die Kipphebelwelle herum bewegt und nicht ganz um seine eigene Achse dreht. Also wird die mechanische Belastung immer nur von einer geringen Anzahl von Rollen im Nadellager aufgenommen. Die Belastung wird somit aufgrund der geringen Kontaktfläche verstärkt und nicht gleichmäßig verteilt. Diese Kipphebel schlagen mit der Zeit aus, da an den Rollen des Nadellagers und an der Kipphebelwelle ein verstärkter Verschleiß einsetzt.

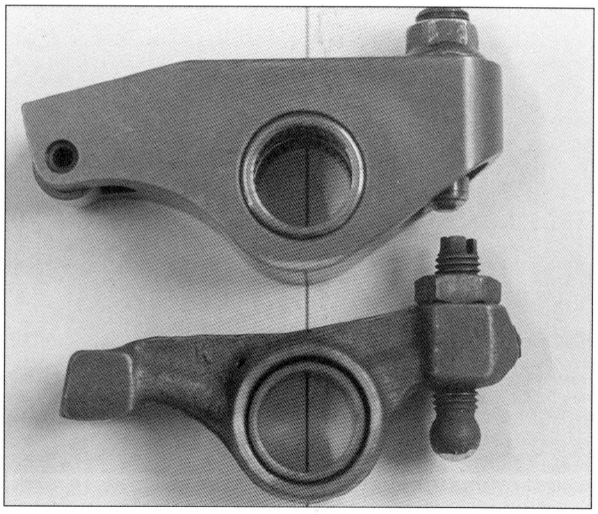

Leichtmetall-Kipphebel mit Rollenauflage und größerem Hebelverhältnis von 1,625:1 im Vergleich zum serienmäßigen gusseisernen Kipphebel mit Hebelverhältnis 1,42:1

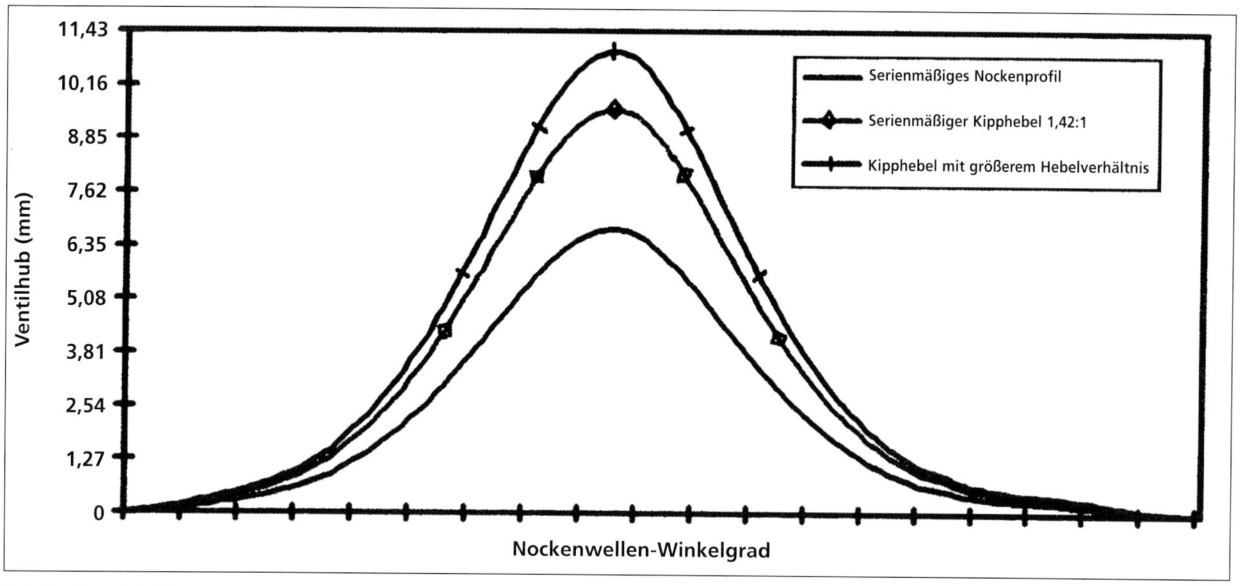

Serienmäßige Kipphebel im Vergleich zu Kipphebeln mit größerem Hebelverhältnis

Diese Kipphebel ändern nicht die Zeitdauer für das Öffnen und Schließen des Ventils, jedoch erhöhen sie den Ventilhub und die Beschleunigung einer Nockenwelle. Zu jedem Zeitpunkt entlang der Nockenbahn wird das Ventil etwas weiter heruntergedrückt, wenn diese Kipphebel mit höherem Hebelverhältnis zur Anwendung kommen. Die Ventilfedern müssen auf Verklemmen der Federwindungen bei vollem Ventilhub geprüft werden. **Achtung!** Ein Mindestabstand von 0,24 mm zwischen jeder Windung einer Feder ist ratsam. Erforderliche Änderungen müssen vorgenommen werden. Ebenfalls muss sicher gestellt werden, dass die Ventile bei vollem Ventilhub nicht auf den Block oder die Kolben treffen. Sollte das der Fall sein, so sind Einkerbungen im Kolbenboden oder in der

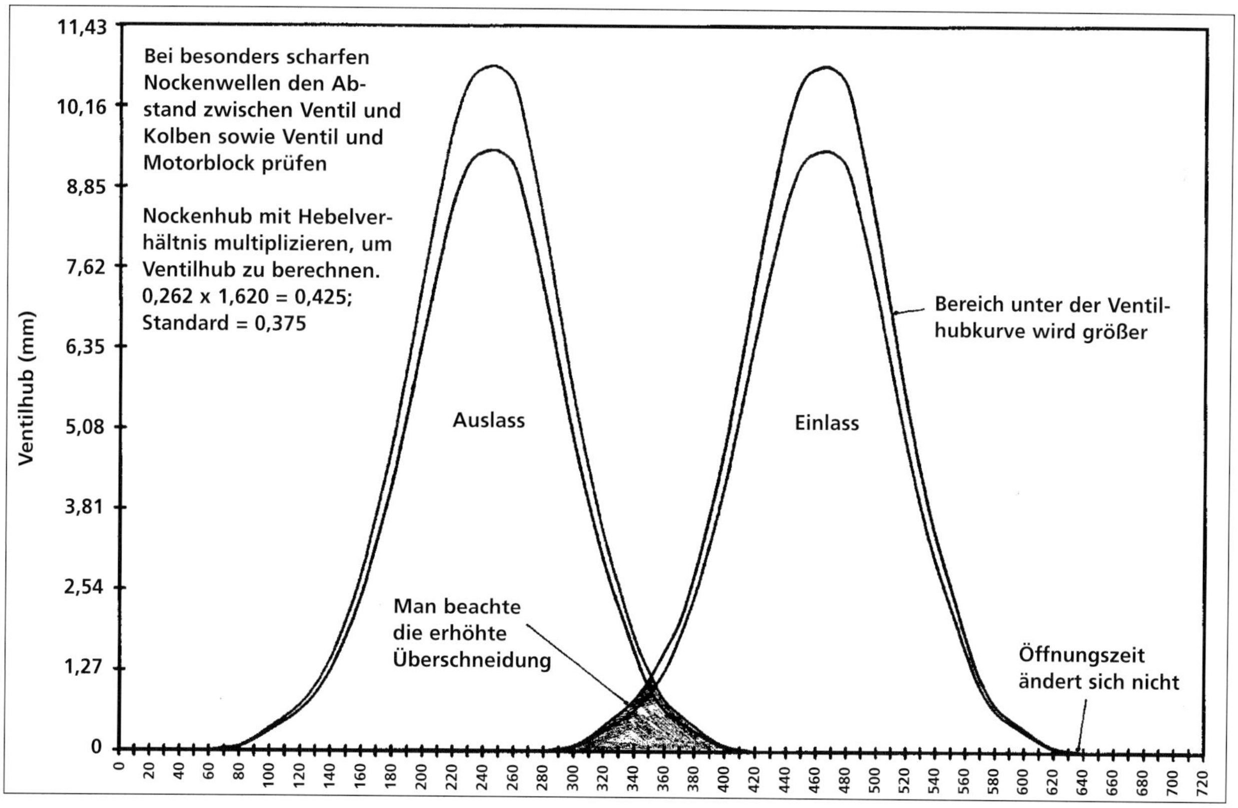

Die Auswirkung von Kipphebeln mit einem hohen Hebelverhältnis

Zylinderbohrung erforderlich, sofern diese nicht bereits vorhanden sind. Das Ventilspiel wird ebenfalls erhöht werden müssen, nämlich multipliziert mit dem Prozentsatz der Änderung im Kipphebelverhältnis. Beispielsweise verhält sich 1,42 zu 1 im Vergleich zu 1,625 zu 1 wie eine 14%ige Steigerung, sodass das Ventilspiel um 14% erhöht werden muss.

Bei Verwendung einer serienmäßigen Nockenwelle bietet der Einbau von Kipphebeln mit hohem Hebelverhältnis einen sofortigen Leistungszuwachs entlang des gesamten Drehzahlspektrums. **Achtung!** Wenden Sie sich zwecks Einsatz dieser speziellen Kipphebel in Verbindung mit scharfen Nockenwellen an die Hersteller der Nockenwelle und der Ventilfedern.

Eine Auswahl an schwer beschädigten Ventilen. Die Schadensbilder reichen von abgebrochenem Ventilteller und verbranntem Auslassventil bis hin zu Konstruktionsfehlern bzw. Materialermüdung.

Ventilkeilstücke

Die in den Nuten nahe der Spitze des Ventils eingesetzten Ventilkeilstücke dienen durch Verkeilen – aufgrund ihrer kegeligen Ausführung – im Zusammenspiel mit dem Federdruck einer Arretierung des Ventilfedertellers. Die Größe und Anzahl der Nuten und der Kegelwinkel des Ventilkeilstückes variieren je nach Motor. Einige Konstruktionen (wie die Dreifachnuten von Ford) weisen Ventilkeilstücke auf, die im eingebauten Zustand aneinander anschlagen, wodurch das Ventil im Betrieb gedreht wird. Dies soll den Verschleiß der Ventile gleichmäßig verteilen, kann jedoch bei hohen Drehzahlen und Einsatz im Motorsport zu Problemen führen. Die lose Passung dieser Ventilkeilstücke lässt derart viel Spiel am Ende des Ventils zu, dass Schäden entstehen können. Erkennbar sind diese Schäden an dem Verbiegen des Ventilschaftes oberhalb der Nuten aufgrund der hämmernden Wirkung der Ventilkeilstücke. Die Ventile werden dann nicht mehr

Diverse Ventilfederteller, Ventilkeilstücke, Distanzscheiben und Federsitze zum Schutz von Leichtmetallzylinderköpfen

Dieser Kipphebel ist gebrochen, weil der Motor überdreht wurde.

so einfach durch die Führungen passen, wenn der Zylinderkopf zerlegt wird. Als Abhilfe können die Ventilkeilstücke derart geändert werden, dass sie nicht mehr aneinander anliegen. Ein Verzicht auf die Rotationsfunktion der Ventile zum Verschleißausgleich ist an Motoren für den Motorsporteinsatz kein Problem, da diese öfter generalüberholt werden.

Achtung! Beim Zusammenbau des Zylinderkopfes sicher stellen, dass Ventilfederteller, Ventilkeilstücke und die Nuten in den Ventilen absolut sauber sind. Anderenfalls wäre die Klemmwirkung der Ventilkeilstücke stark beeinträchtigt.

KAPITEL 10

Nockenwellen

Die Aufgabe der Nockenwelle besteht im Öffnen und Schließen der Ventile zum richtigen Zeitpunkt, um die Zylinder mit frischem Gemisch zu befüllen, bevor eine Verbrennung stattfindet, und den Zylinder nach der Verbrennung wieder zu leeren. Das mag recht einfach klingen. Die Art und Weise, wie diese Aufgabe erfüllt wird, hat jedoch eine wesentliche Auswirkung auf das Drehmomentverhalten, die Leistung und den möglichen Einsatzbereich des Motors und sein Betriebsverhalten. Eine kurze Beschreibung der Arbeitsweise der Nockenwelle im Zusammenhang mit dem Viertaktverfahren ist somit angebracht.

Die Nockenwelle wandelt die Drehbewegung des Motors in eine Auf- und Abbewegung um, die zum Öffnen und Schließen der Ventile dient. Die Nockenwelle wird über die Steuerkette, den Zahnriemen oder Zahnräder von der Kurbelwelle angetrieben und dreht sich immer mit der Hälfte der Kurbelwellendrehzahl. Zwei volle Umdrehungen der Kurbelwelle sind erforderlich, um eine Umdrehung der Nockenwelle zu vollziehen und somit die vier Takte des Otto-Verfahrens von Anfang bis Ende zu durchlaufen. Um die Abfolge der einzelnen Arbeitstakte genau zu steuern, ist es entscheidend, dass die Nockenwelle im richtigen Verhältnis zur Kurbelwelle eingebaut ist, sodass die Ventile zu den exakt vorgegebenen Zeitpunkten während der Auf- und Ab-Bewegung des Kolbens im Zylinder geöffnet und geschlossen werden. Dieses Zusammenspiel zwischen der Nockenwelle und der Kurbelwelle bezeichnet man als Steuerzeiten.

Beginnen wir mit einigen allgemeinen Beobachtungen, z.B. dem Auspufftakt. Während sich der Kolben noch im Zuge des Arbeitstaktes im Zylinder nach unten bewegt, öffnet das Auslassventil vor Erreichen des unteren Totpunkts (UT) des Kolbens und leitet somit ein Ausströmen des verbrannten Gemisches aus dem Zylinder ein. Der Kolben bewegt sich im Zylinder wieder nach oben und drückt die verbleibenden Auspuffgase heraus. In der Zwischenzeit wurde mit Nähern des Kolbens zum oberen Totpunkt (OT) die Öffnung des Einlassventils eingeleitet, bevor das Auslassventil geschlossen hat. Diese frühzeitige Öffnung soll den durch die rasch ausströmenden Abgase erzeugten Unterdruck derart ausnutzen, dass ein Ansaugen des frischen Kraftstoff-Luftgemisches begünstigt wird. Das Auslassventil schließt unmittelbar nachdem der Kolben die Abwärtsbewegung im Zylinder beginnt und den Ansaugtakt fortführt. Das Einlassventil bleibt geöffnet, nachdem der Kolben den unteren Totpunkt durchlaufen hat und bereits mit dem Verdichtungstakt beginnt. Diese Maßnahme nutzt die Trägheit des nun rasch einströmenden Gemisches aus Luft und Kraftstoff aus, das sich in Schichten im Zylinder stromabwärts vom Einlassventil aufstaut. Die Füllung des Zylinders wird somit optimiert. Sind beide Ventile einmal geschlossen, so kann die Bewegung des Kolbens im Zylinder nach oben im Verdichtungstakt fortgeführt werden, bevor die Verbrennung des angesaugten und verdichteten Gemischs eingeleitet wird und der gesamte Ablauf von vorne beginnt.

Bei der Konstruktion der Nockenwellen müssen Kompromisse eingegangen werden, um ein Optimum an Drehmoment im unteren Drehzahlbereich und an Motorleistung an der Drehzahlgrenze zu erreichen. Der Ventilhub und die Ventilöffnungszeit sind die wichtigsten Kriterien für die Eignung eines Nockenprofils für einen bestimmten Anwendungsbereich. Heutzutage wird ebenfalls auf den so genannten Versetzungswinkel geachtet.

Fachbegriffe an der Nockenwelle

Die Nocken sind als Exzenter auf der Nockenwelle ausgebildet und wandeln die Drehbewegung der Nockenwelle in die Auf- und Abbewegung der Ventile um. Diese

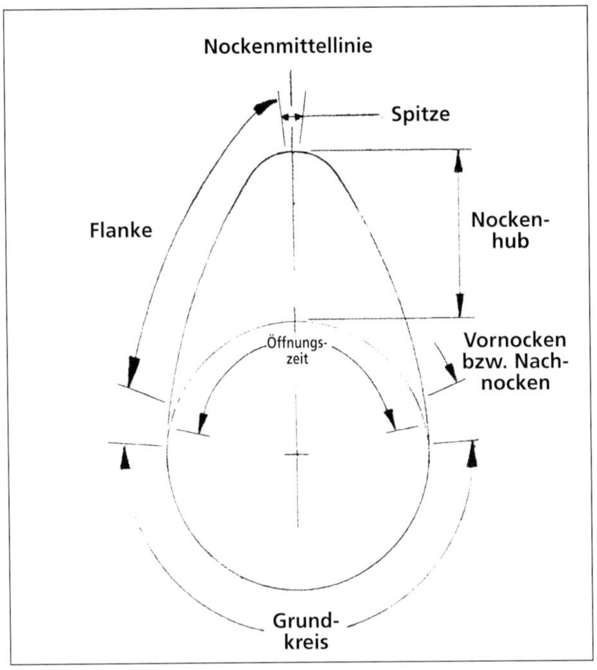

Fachbegriffe am Nocken

Bewegung wird über Schlepphebel, Kipphebel und Stößelstangen oder an OHC-Motoren über Schlepphebel mit Tassenstößeln übertragen.

Das Profil des Exzenters an der Nockenwelle bestimmt die genaue Charakteristik des Ablaufs während der vier Takte des Otto-Verfahrens. Selbst bei exakt identischem Ventilhub und den gleichen Öffnungs- und Schließpunkten gibt es hunderte von unterschiedlichen Nockenprofilen.

Der Nockengrundkreis ist der runde Abschnitt des Exzenters, an dem kein Ventilhub erfolgt. Dies ist der Bereich, an dem beim Messen des Ventilspiels mit der Fühlerlehre angesetzt wird. Solange sich das Druckstück (Stößel, Federteller, Kipp- oder Schlepphebel), auf das der Nocken wirkt, entlang dieses Grundkreises bewegt, verbleibt das Ventil an seinem Sitz und dichtet den Kanal zum Zylinder hin ab. Hierbei erfolgt die Ableitung eines Teils der Wärme an den Zylinderkopf über den Ventilsitz. Das Ventilspiel bildet den erforderlichen Freiraum für die Ausdehnung des Ventils und des Ventiltriebs unter der Wärmeeinwirkung.

Der so genannte Vornocken des Nockenprofils ist ein kurzer Abschnitt, der den anfänglichen Freiraum zwischen Nocken und Druckfläche oder Stößel sowie zwischen Stößelstange, Kipphebel bzw. Schlepphebel und Ventil wegnimmt und so einen Übergang vom Grundkreis auf jenen Punkt darstellt, an dem messbarer Ventilhub über das Nockenprofil eingeleitet wird. Der Vornocken dient einfach zum Überbrücken des Ventilspiels mit Einleiten der Ventilöffnung. Wurde der Ventiltrieb falsch eingestellt – mit einem Ventilspiel, das ein „Verpassen“ der Öffnungsrampe erlaubt –, so wird das Ventil schlagartig geöffnet und zu gewaltsam geschlossen, was zu Schäden an Ventil und Ventiltrieb führt, die bis zum Absplittern des Ventiltellers führen können!

Jener Bereich des Nockenexzenters, der den eigentlichen Ventilhub bewirkt, wird als Flanke bezeichnet. Hierdurch wird eine Beschleunigung des Bauteils mit der Druckfläche des Nockens zum Ventil hin erzeugt, die dann zum Ventilhub führt. Dann folgt ein Bereich kontrollierter Verzögerung, bis der Ventiltrieb kurzzeitig zum Stillstand kommt, während die Nockenspitze bei vollem Ventilhub auf die Druckfläche drückt. Die gegenüber liegende Flanke des Nockenprofils kontrolliert die Beschleunigung (Kraft der Ventilfeder) des Ventiltriebs vom Punkt des maximalen Ventilhubs weg, gefolgt von einem weiteren Abschnitt der Verzögerung, bevor das Ventil ohne zu starke Gewalteinwirkung entlang des Nachnockens wieder an seinen Sitz geführt wird, um dann den Nockengrundkreis zu durchlaufen. Die meisten Nocken werden mit Ventilhubkurven geschliffen, die an beiden Seiten identisch sind. Die Öffnungs- und Schließbewegung des Ventils folgt somit demselben Profil. Man spricht von einem symmetrischen Nockenprofil.

Ein asymmetrisches Nockenprofil wurde so geschliffen, dass beim Öffnen des Ventils eine andere Kurve beschrieben wird, als bei der Schließbewegung, was ein rasches Öffnen des Ventils und langsameres Schließen desselben bedeuten kann oder auch umgekehrt.

Ventilhub ist der maximale Abstand, um den das Ventil von seinem Sitz abgehoben wird, ausgedrückt in Millimetern. Der theoretische Ventilhub, wie er in den meisten Katalogen von Nockenwellenherstellern aufgeführt ist, wird durch Multiplizieren des vom Nockenprofil der entsprechenden Nockenwellen erzeugten Ventilhubs mit (Achtung!) dem theoretischen Hebelverhältnis des Kipphebels ermittelt. Der tatsächliche Ventilhub ist jedoch der eigentliche Weg, um den das Ventil abgehoben wird. Dieser tatsächliche Ventilhub wird bei der Vermessung des Ventiltriebs am Zylinderkopf ermittelt. Zwischen dem theoretischen Ventilhub als Produkt der Nockenhöhe und des Hebelverhältnisses der Kipphebel und dem tatsächlichen Ventilhub besteht ein signifikanter, nummerischer Unterschied. Beim tatsächlichen Ventilhub wird das Ven-

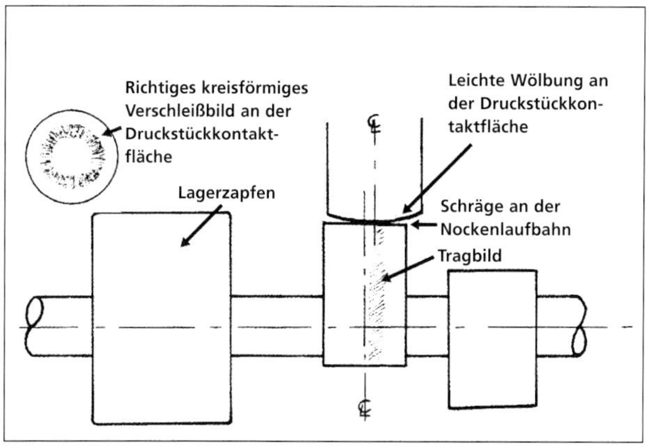

Zusammenhang zwischen Nockenprofil und Druckstück des Ventiltriebs (Stößel, Kipphebel, Schwinghebel)

tilspiel weiterhin berücksichtigt, außerdem Abweichungen in Bezug auf das Hebelverhältnis der Kipphebel und unterschiedliche Formgebungen der Anlaufflächen der Kipphebel sowie mechanische Streuungen an Stößelstangen und anderen Bauteilen des Ventiltriebs. Bisweilen weicht der Ventilhub des Nockenprofils selbst aus irgendeinem Grunde von dem werksseitig angegebenen Wert ab. Dies kann nicht zuletzt auf Qualitätsmängel in der Herstellung der Nockenwelle zurückgeführt werden.

Jeder Exzenter der Nockenwelle wird mit einer leichten Schräglage in Längsrichtung geschliffen. Diese Schräglage im Zusammenspiel mit der leichten Krümmung der Kontaktfläche des Druckstücks (Stößel, Kipphebel, Schlepphebel) kompensiert jegliche fehlerhafte Ausrichtung der Ventile, Tassenstößel bzw. Bohrungen

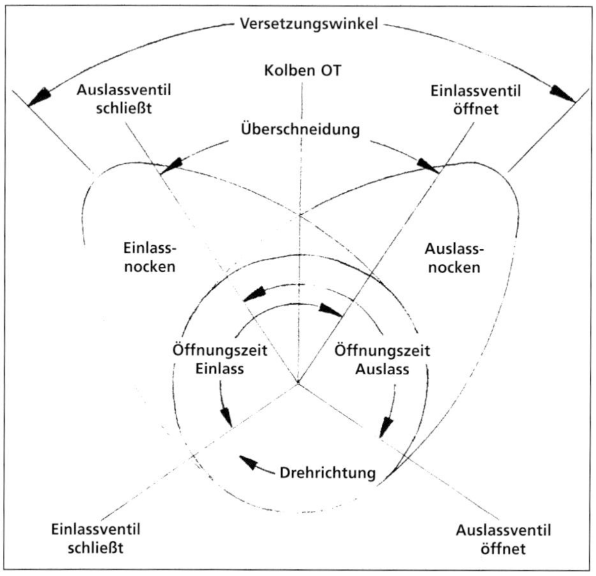

Zusammenhang zwischen Einlass- und Auslassnocken

der Hydrostößel an Schlepphebeln und dreht das Druckstück in seiner Bohrung, um den Verschleiß zwischen diesem und der Nockenwelle zu mindern.

Die Ventilhubrate beschreibt, wie schnell das Ventil geöffnet wird. Sie wird in Millimetern des Ventilhubs je Grad Kurbelwellenumdrehung ausgedrückt. Der Durchmesser bzw. die Breite der Druckfläche am Druckstück, auf das der Nocken wirkt, gibt die maximal mögliche Ventilhubrate des betreffenden Nockenprofils vor. Während dem Anheben des Druckstücks schwenkt die Flanke des Nockens entlang der Breite des Druckstücks, von dessen Mitte bis nahe an dessen Kante und dann wieder zurück zur Mitte. Eine zu hohe Ventilhubrate kann ein Eingraben der Nockenflanke in die Kante des Druckstücks bewirken, was der Langlebigkeit des Ventiltriebs nicht zuträglich ist.

Die Ventilöffnungszeit ist jene Zeitdauer, für die das Ventil geöffnet gehalten wird, gemessen in Grad Kurbelwellenumdrehung. Wie bereits angegeben schwankt dieser Wert beträchtlich, je nach dem, wo der Hersteller der Nockenwelle entscheidet, dass der Ventilhub beginnt.

Die so genannte Versetzung wird durch den Winkel zwischen den Mittellinien der Einlass- und Auslassnocken, ausgedrückt in Grad Nockenwellenumdrehung bewirkt. Dieser Wert wird beim Schleifen des Nockens vorgegeben.

Ventilüberschneidung bedeutet somit die Zeit, während derer Einlass- und Auslassventil gleichzeitig geöffnet sind. Wie an anderer Stelle schon ausgeführt, erfolgt dies zum Ende des Auslasstakts und zu Beginn des Ansaugtaktes, während der Kolben den oberen Totpunkt erreicht und sich von diesem wieder entfernt.

Nockenwellen mit „einfachem Schema" verfügen über ein identisches Nockenprofil an sowohl Einlass- als auch Auslassventilnocken. Eine Nockenwelle mit so genanntem Doppelschema weist unterschiedliche Nockenprofile für jeweils Einlass- und Auslassventilnocken auf. Letzteres erfolgt im Regelfall zur Kompensierung von Problemen im Ansaugtrakt oder, was häufiger vorkommt, im Auspuffsystem eines bestimmten Motors. Bei Motoren mit „siamesischen Ansaugkanälen" werden neuerdings Nockenwellen mit zwei unterschiedlichen Profilausführungen verwendet. Dies erfolgt zur Kompensierung von Störungen im Luftdurchsatz, wie sie an Motoren mit diesen zusammengeführten Ansaugkanälen auftreten. Die Vorteile an herkömmlichen Motoren für den Alltagsbetrieb sind frag-

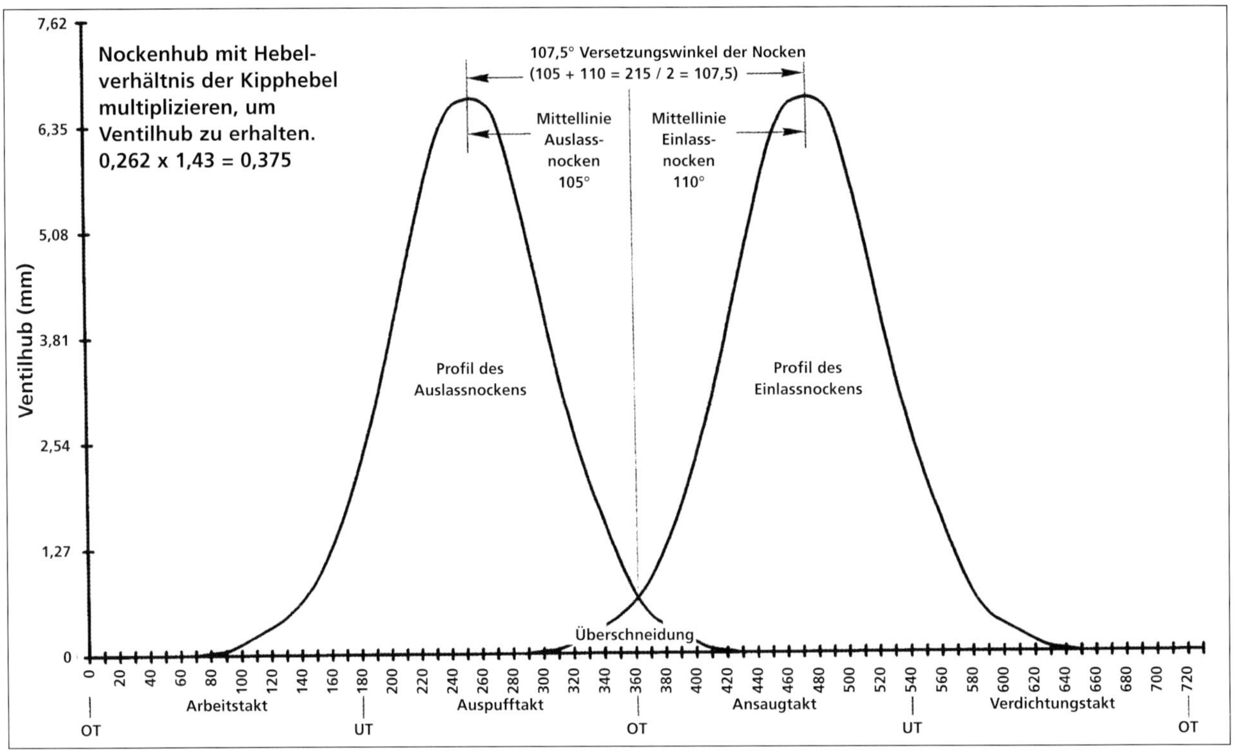

Darstellung des Versetzungswinkels

lich, sodass sich ein derartiger Aufwand nur für Rennmotoren lohnen würde.

Das Einstellen der Ventilsteuerzeiten über die Nockenwelle hat keinen Einfluss auf die Ventilöffnungszeit, den Ventilhub oder den Überschneidungswinkel. Letztere drei Größen sind alle durch das Schleifen des Nockenprofils vorgegeben. Durch Einstellen der Ventilsteuerzeiten wird lediglich der Zeitpunkt der Öffnung von Ventilen in Relation zum Kolbenhub eingestellt. Ein Verdrehen der Nockenwelle in Relation zur Kurbelwelle verschiebt die Drehzahlen, an denen das maximale Drehmoment und die höchste Motorleistung anliegen. Ein Verstellen der Nockenwelle in Richtung „Spät" führt zu einem späteren Öffnen der Ventile im Otto-Zyklus und verlegt die maximale Motorleistung auf eine höhere Drehzahl. Die Leistung insgesamt kann so gesteigert werden – mit Abstrichen im Drehmomentverlauf bei niedrigeren Drehzahlen. Eine Verstellung der Nockenwelle in Richtung „Früh" führt zu einem früheren Öffnen der Ventile im Ablauf der vier Takte und bewirkt das Gegenteil. Der Punkt, an dem die höchste Motorleistung erreicht wird, verschiebt sich in ein niedrigeres Drehzahlspektrum, dafür wird das Drehmoment erhöht. Diese Effekte sind jedoch nicht zwangsläufig zu erwarten, denn sie hängen vom betreffenden Motor und der verwendeten Nockenwelle ab. Hier lassen sich Erkenntnisse nur durch Experimentieren gewinnen.

Auswahl der Nockenwelle

Nur weil der Zylinderkopf modifiziert wurde, muss nicht automatisch eine neue Nockenwelle gewählt werden. Die serienmäßig eingebaute Nockenwelle wird nur zu oft abgeschrieben, sie ist jedoch meist ohne Weiteres in der Lage, die Modifikationen am Motor positiv zu unterstützen.

Im Rahmen dieses Buches ist es unmöglich, hier genaue Empfehlungen zur Auswahl von Nockenwellen zu geben und Angaben über die zu erwartende Leistungssteigerung zu machen. Alle Verallgemeinerungen über Ventilhub und über Ventilöffnungszeit bleiben bedeutungslos, da von Motor zu Motor entscheidende Unterschiede bestehen. Sinnvolle Ratschläge zur Auswahl der Nockenwelle sind vom Hersteller der Nockenwelle unter genauer Darlegung des betreffenden Anwendungsfalls und der gewünschten Motorcharakteristik einzuholen.

Hierbei ist zu beachten, dass die angegebene Ventilöffnungszeit den Vornocken einschließen kann, an dem kein eigentlicher Ventilhub erfolgt. Unterschiedliche Normen und verschiedene Messmethoden an Nockenwellen lassen die Ventilöffnungszeit als Größe zum objektiven Vergleich unterschiedlicher Typen jedoch nutzlos erscheinen. Die so genannte Versetzung eignet sich hierzu besser. Die Berechnung dieser Größe ist im Anhang zu finden. Die Versetzung kann konstant bleiben, während die Ventilöffnungszeit oder der Ventilhubrate (Profil) geändert wird. Somit können zwei Nockenwellen mit derselben Versetzung drastische Unterschiede bei der Überschneidung aufgrund der Ventilöffnungszeit aufweisen.

An einem bestimmten Profil wird mit Erweiterung des Versetzungswinkels (z.B. von 107° auf 112°) eine Ventilüberschneidung abnehmen, wodurch sich die Zylinderdrücke erhöhen und mehr Drehmoment erzeugt wird. Dies bewirkt einen gleichmäßigen Leerlauf und ein verbessertes Drehmomentverhalten im unteren und mittleren Drehzahlbereich, begrenzt jedoch die Leistung im oberen Drehzahlbereich. Mit Verengen des Versetzungswinkels (z.B. 110° auf 106°) wird die Ventilüberschneidung erhöht, die Zylinderdrücke bei niedrigen Drehzahlen werden verringert, genauso wie das Drehmoment und die Motorleistung in diesem Drehzahlbereich reduziert werden. Dies bewirkt einen unsauberen Leerlauf, jedoch auch mehr Drehmoment im mittleren Drehzahlbereich und mehr Leistung an der Drehzahlgrenze.

Sollen Kipphebel mit hohem Hebelverhältnis mit einer modifizierten Nockenwelle verwendet werden, so ist ein Profil mit zwischen 1° und 3° Abweichung vom serienmäßig vorgefundenen Versetzungswinkel zu wählen (z. B. von 108° auf 110°). Dies wirkt dem Effekt, den das hohe Kipphebelverhältnis in Form einer Verengung des scheinbaren Versetzungswinkels hat, entgegen und zwar durch Vergrößern des Ventilöffnungsbereichs (mehr Überschneidung bei OT). Anderenfalls wird der Motor empfindlicher auf die Änderung der Nockenwelle reagieren, als das normalerweise der Fall wäre.

Einfahren der Nockenwelle

Achtung! Die ersten Momente nach Inbetriebnahme einer neuen Nockenwelle sind für ihre Lebensdauer von entscheidender Bedeutung. Deshalb ist die Nockenwelle an der Nockenbahn und an der Druckfläche des Stößels, Kipphebels oder Schlepphebels mit für extreme Druckbelastung geeignetem Graphitfett bei der Montage vorzuschmieren. Eine Montagepaste auf Molybdänbasis ist hierfür ebenfalls geeignet.

Der Motor sollte rasch anspringen, damit möglichst schnell ein ausreichender Öldruck aufgebaut wird. Hierzu müssen Zündung und Gemischbildung entsprechend sorgfältig voreingestellt werden. Sobald der Motor läuft, ist er gleich auf ca. 2500/min hochzufahren und mit dieser Drehzahl 15 bis 20 Minuten lang laufen zu lassen. Die von der Motorschmierung geförderte Ölmenge wird dadurch erhöht, die Belastungen an der Nockenwelle werden reduziert und Nocken sowie deren Druckflächen können ordnungsgemäß einlaufen. Während dieser Einlaufphase den Motor zwischen 2000 und 2700/min halten, um so die Drehzahl und Last etwas zu variieren. Der Motor darf zu keiner Zeit mit Leerlaufdrehzahl drehen. Muss am Fahrzeug eine Einstellung verändert werden, so ist der Motor sofort abzustellen und die Einstellung bei Motorstillstand vorzunehmen, um dann für den Rest der Einlaufperiode von 15 bis 20 Minuten weiter mit 2500/min drehen zu können.

KAPITEL 11

Kraftstoffanlage und Kraftstoffzufuhr

Der während des Ansaugtakts im Motor zur Gemischbildung mit der Luft zugeteilte Kraftstoff kann entweder über einen Vergaser oder eine Kraftstoff-Einspritzanlage dosiert werden.

Der Vergaser ist so konstruiert, dass die im Ansaugtakt angesaugte Luftmenge genutzt wird, um über die Stellung der Drosselklappe die Kraftstoffmenge „stromabwärts" (vom Punkt der Kraftstoffzugabe) zu dosieren. Bei der Konstruktion des Ansaugkrümmers, der Luftsammelkammer und der Saugrohre muss den so genannten „nassen Strömungsbedingungen" besondere Beachtung geschenkt werden, die aufgrund der Beförderung vergleichsweise großer Kraftstofftropfen in der Luft entstehen. Diese Tropfen aus Benzin sind schwerer als die sie umgebende Luft, weshalb sie - im Luftstrom mitgerissen - nur schwer jene Biegungen und Verengungen passieren, die für den Luftstrom als solches ein Leichtes sind. Aufgrund ihrer Trägheit fliegen die Tropfen weiter geradeaus und treffen gegen die Wände des Saugrohrs.

Im ungünstigsten Fall sammeln sich die Tropfen am Boden des Saugrohrs oder der Luftsammelkammer in Form von Pfützen, wenn die Geschwindigkeit der umgebenden Luft nicht ausreicht, um die Kraftstofftropfen in der Schwebe zu halten. Diese aufgrund physikalischer Gesetzmäßigkeiten bestehenden Probleme in der Konstruktion können zu einer ungleichen Kraftstoffverteilung auf die einzelnen Zylinder führen, mit entsprechenden Abweichungen vom angestrebten Idealgemisch. Der Ansaugkrümmer wird normalerweise beheizt, um ein Verdampfen der Kraftstofftropfen zu begünstigen. Dies erfolgt entweder durch das Ableiten von Kühlwasser durch Kanäle des Ansaugkrümmers oder aber durch Beheizung mit Abgasen.

Neben dem althergebrachten Vergaser hat sich die Kraftstoffeinspritzung als zuverlässige Gemischbildungsanlage durchgesetzt. Die verschärften Bestimmungen zur Minderung von schädlichen Abgasen begünstigte die Entwicklung der Einspritzsysteme. Die Einspritzanlage ermöglicht jedoch ebenso eine Verbesserung der Motorleistung, eine Senkung des Kraftstoffverbrauchs und bietet eine Möglichkeit, die Probleme der Tröpfchenbildung im Ansaugkrümmer zu beheben. Bei der so genannten Saugrohreinspritzanlage wird jeder Zylinder von einem eigenen Kraftstoffeinspritzventil mit Kraftstoff beschickt und zwar direkt in jedes Saugrohr unmittelbar oberhalb

Eine extreme Leistungssteigerung erfordert auch eine größere Menge an Kraftstoff, die hier von einem Satz Holley-Vergaser zugeteilt wird. Man beachte die geraden Ansaugkanäle.

Die beeindruckenden Ansaugtrichter einer mechanischen Einspritzanlage

des Einlassventils. So wird eine exakt gleiche Verteilung des Kraftstoffs auf jeden Zylinder erreicht. Da der Kraftstoff unter Druck in Form eines feinen Sprühnebels zugeteilt wird, erfolgt eine wesentlich zuverlässigere Vermischung des Kraftstoffs mit der Ansaugluft. Der Ansaugkrümmer bzw. die Luftsammelkammer dient nur noch der Zufuhr „trockener" Luft. Dadurch wird es möglich, die Dimensionierung der einzelnen Baugruppen für alle Zylinder aneinander anzugleichen. Außerdem lassen sich die Effekte des Staudrucks und der Ansaugimpulse so besser ausnutzen. Bei der Einspritzanlage ist die Drosselklappe im Regelfall weit am Anfang „stromaufwärts" im Ansaugtrakt angeordnet, während die zugeteilte Kraftstoffmenge für die angesaugte Luftmenge entweder auf mechanischem oder elektronischem Wege gesteuert wird.

Die so genannte Zentraleinspritzung hingegen ist dem Vergaser wesentlich ähnlicher. Hier wird der Kraftstoff ebenfalls „stromaufwärts" vor der Drosselklappe zugeteilt, sodass in Bezug auf Tröpfchenbildung dieselbe Problematik einer mangelnden Vermischung des Kraftstoffs mit der Luft wie bei einem Vergaser besteht. Die Zentraleinspritzung hat sich als kostengünstige Alternative zum Vergaser mit ausschließlich elektronisch gesteuerter Kraftstoffzuteilung durchgesetzt.

Grundlagen der Gemischbildung

Der sich nach unten bewegende Kolben erzeugt einen Unterdruck im Zylinder und mit Öffnen des Ansaugventils liegt dieser Unterdruck auch im Ansaugkrümmer an. Die unter Atmosphären-Luftdruck stehende Umgebungsluft befindet sich somit auf einem höheren Druckniveau. Der Atmosphären-Luftdruck drückt also quasi Luft in den Ansaugtrakt hinein. Diese Luft strömt auf ihrem Weg in den Zylinder durch den Vergaser, wo die Kraftstoffzuteilung erfolgt. Nur durch das Zuteilen von Kraftstoff in die Luft wird die Kraftentfaltung des Motors im Endeffekt erst möglich.

Die wesentliche Aufgabe jedes Vergasers besteht darin, ein Gemisch aus Kraftstoff und Luft zu erzeugen, das rasch und vollständig verbrannt werden kann. Die vollständige Verbrennung wird nur möglich, wenn der Kraftstoff sich mit der Luft möglichst gleichmäßig vermischt und dampfförmig in den Zylinder gelangt. Der Vergaser muss somit den als Flüssigkeit zugeteilten Kraftstoff zerstäuben und möglichst wirkungsvoll in der Luft verteilen. Wie gut ein Vergaser diese zentrale Aufgabe erfüllt, hat einen wesentlichen Einfluss auf den Wirkungsgrad der Verbrennung im Motor und somit auf die Ausnutzung der im Kraftstoff enthaltenen Energie. Dazu kommt die quantitative Verteilung des Kraftstoffs. Der Vergaser muss entlang des gesamten Drehzahlspektrums und für sämtliche Lastzustände des Motors die exakt richtige Kraftstoffmenge bereitstellen.

Für eine vollständige Verbrennung ist das so genannte stöchiometrische Mischungsverhältnis von 14,7 Teilen Luft zu 1 Teil Kraftstoff (gemessen nach Gewicht) erforderlich. Dieses ideale Mischungsverhältnis, genannt Lambda 1, garantiert jedoch weder maximale Motorleistung noch minimalen Kraftstoffverbrauch eines Motors. Die maximale Motorleistung wird im Regelfall mit einem Kraftstoff-Luftgemisch von 12,5 zu 1 (weniger Luft) erreicht, während die maximale Kraftstoffersparnis bei einem mageren Mischungsverhältnis von 16 zu 1 (mehr Luft) erzeugt wird. Ein ruhiger Motorlauf bei Reisegeschwindigkeit wird mit einem Mischungsverhältnis von 13,4 zu 1 erreicht. In moderneren Motoren werden noch stärker abweichende Mischungsverhältnisse von Luft zu Kraftstoff im Streben nach mehr Leistung, Senkung des Kraftstoffverbrauchs und der Abgaswerte verwendet. Die oben angegebenen Mischungsverhältnisse gelten jedoch für die meisten älteren Fahrzeuge. Die dem Motor zugeteilte Kraftstoffmenge kann mit einem Abgastester geprüft werden. Dieser misst den im Abgas enthaltenen Anteil an Kohlenmonoxid (CO), einem Nebenprodukt des Verbrennungsvorgangs. Der Kohlenmonoxidanteil steht in einem direkten Verhältnis zu der dem Motor zugeteilten Kraftstoffmenge.

Wird ein Abgastester zusammen mit einem Rollenprüfstand verwendet, so können diverse Betriebsbedingungen des Motors simuliert werden. Dies erlaubt eine exaktere Einstellung der Gemischzusammensetzung für sämtliche Motorlastzustände und Drehzahlen. Die beste Motorleistung wird im Regelfall bei einem CO-Wert von 5% erlangt, der sparsamste Verbrauch bei ca. 0,5 bis 1% CO.

Ein zu fettes Gemisch wird zur Bildung von Kohleablagerungen im Verbrennungsraum und auf dem Kolbenboden führen und außerdem die Leistungsfähigkeit der Zündkerzen beeinträchtigen. Das überschüssige Benzin verunreinigt außerdem das Motoröl und führt zu einem Abreißen des Schmierfilms mit einhergehendem Verschleiß der Zylinderwand durch Abwaschen des Ölfilms zwischen Zylinderbohrung und Kolben.

Ein zu mageres Gemisch kann jedoch zum Überhitzen des Motors führen, zu Abbrand an den Ventilen und zu Schäden am Kolbenboden. Ebenfalls ist ein zu mageres Gemisch schwer zu entzünden. Eventuelle Probleme mit der Zündanlage werden hierdurch noch verstärkt und außerdem geht Motorleistung verloren.

Soll der Motor wesentlich mehr Leistung als in der Serienversion erzeugen, so wird eine Aufrüstung des Kraftstoffzufuhrsystems, bestehend aus Pumpe, Filter und Druckregler erforderlich sein. Weitere Einzelheiten werden später in diesem Kapitel behandelt.

Für eine exakte Einstellung der Gemischbildungsanlage ist außerdem eine hochwertige Drosselklappenbetätigung erforderlich. Gleichfalls darf der Luftfilter nur einen geringen Luftwiderstand bilden.

In diesem Buch werden wir die beiden häufigsten Vergaser-Ausführungen beschreiben. Zuerst behandeln wir den so genannten Gleichdruckvergaser, repräsentiert durch den SU-Vergaser, dessen Funktionsprinzip jedoch auch von anderen Herstellern angewandt wurde. Des Weiteren werden wir Vergaser mit feststehendem Düsenquerschnitt und variablem Luftdruck behandeln, speziell Weber- bzw. Dellorto-Vergaser.

SU-Vergaser (Gleichdruckvergaser)

Der Gleichdruckvergaser ist eine der einfachsten und doch wirkungsvollsten Gemischbildungsanlagen. Er ist bekannt für seine Langlebigkeit, Robustheit und in der Regel störungsfreien Betrieb. Aufgrund der häufigen Verwendung in Serienfahrzeugen hat er jedoch nicht das Hochleistungsimage, das er verdienen würde. Mit SU-Vergasern lassen sich ohne Probleme Motorleistungen erzielen, wie sie von Flachstromvergasern für den Motorsporteinsatz nur bei sehr hohen Drehzahlen und dann nur marginal übertroffen werden können. Geringfügige Probleme am SU-Vergaser sind normalerweise mit einfachsten Wartungsarbeiten zu beheben.

Im Gleichdruckvergaser herrscht ein konstanter Unterdruck. Im Innern des Vergasers blockiert ein verschiebbarer Kolben den Lufteinlass vollständig, wenn vom Motor keine Luft angesaugt wird. Durch die Schwerkraft und eine leichte Feder wird der Kolben auf den Boden des Ansaugkanals gedrückt. Oberhalb des Kolbens befindet sich eine luftdichte Kammer, wobei Luft nur durch eine Bohrung im Sockel des Kolbens ein- oder austreten kann. Die Kammer ist über diese Bohrung zur Unterdruckseite (stromabwärts) geöffnet.

Mit Durchdrehen des Motors mittels Anlasser erzeugt der den Luftstrom behindernde Kolben des Vergasers auf der „stromabwärts" gelegenen Seite einen Unterdruck. Dieser Unterdruck wird nun über die Bohrung in die Kammer oberhalb des Kolbens weitergeleitet. Durch den unterhalb des Kolbens wirkenden Atmosphären-Luftdruck führt der Druckunterschied oberhalb und unterhalb des Kolbens zum Anheben desselben aus seiner Ruheposition. Wie weit der Kolben angehoben wird, hängt von dem Luftdurchsatz in den Motor ab. Hierdurch ergibt sich im Prinzip ein selbstnachstellender Vergaser.

Am Kolben ist eine zur Spitze hin verjüngte Nadel angebracht, die in einer einzelnen, runden, darunter liegenden Düse geführt wird. Der Kraftstoff tritt im Zwischenraum zwischen der Nadel und den Innenwänden der Düse aus. Da der Konstrukteur das Ausmaß des Kolbenhubs im Vergaser proportional zum Luftdurchsatz berechnen kann, können Durchmesser und Verjüngung der Düsennadel so gewählt werden, dass jeweils eine bestimmte Querschnittsfläche der Düse blockiert wird, sodass immer eine konstante bzw. für jede Auslenkung des Kolbens gleiche Kraftstoffmenge durchgelassen wird. Durch das Nadelprofil ergibt sich das richtige Mischungsverhältnis bei allen Motordrehzahlen.

Im Leerlauf liegt ausreichend Unterdruck vom Motor an, um Kraftstoff aus der Düse zu ziehen. Deshalb ist kein Leerlaufkreis erforderlich. Ebenfalls gibt es keine separate Beschleunigerpumpe. Die Konstruktion des Vergasers ermöglicht auch hier die Zuteilung des für die Beschleunigung erforderlichen, zusätzlichen Kraftstoffs aus der einzelnen Düse. Eine mittig angeordnete Hülse zur Führung des Kolbens ist als Rohr ausgebildet und ist mit Öl gefüllt. Auf dieser mittigen Hülse sitzt eine Messingbuchse im Öl. Erfolgt also ein rascher Anstieg des vom Motor benötigten Luftdurchsatzes aufgrund von Beschleunigung und versucht der Kolben, diesem raschen Unterdruckanstieg nachzugeben, so wird der Kolben kurzzeitig über die Hydraulikwirkung der Buchse im Öl gedämpft. Der kurzfristig ansteigende Unterdruck, erzeugt durch die teilweise Blockierung des Lufteinlasses über den Saugkolben des Vergasers, zieht zusätzlichen Kraftstoff aus der Düse und bewirkt somit eine Anreicherung des Gemisches, wie sie sonst über eine separate Pumpe erfolgt.

Interessanterweise verfügt ein korrekt eingestellter SU-Vergaser über ein dichteres Kennfeld als computergesteuerte Kraftstoffeinspritzanlagen. Somit ist der SU-Vergaser besser in der Lage, die Kraftstoffzuteilung auf den spezifischen Bedarfsfall anzupassen und dem Motorlastzustand sowie der Drosselklappenposition zu entsprechen, als dies für viele moderne Gemischbildungsanlagen gilt. Für eine als „prähistorisch" angesehene Konstruktion ist das gar nicht so schlecht.

Modifizierung am Gleichdruckvergaser

Die normale Drosselklappe des Vergasers ist als Messingscheibe auf einer Welle ausgeführt, die drehbar gelagert über ein Betätigungsgestänge mit dem Gaspedal verbunden ist. An einigen SU-Vergasern ist die Drosselklappe mit einem federbelasteten Ventil versehen. Hierdurch sollen die Schadstoffe im Abgas bei Schubbetrieb reduziert werden. Wird die Drosselklappe bei hoher Motordrehzahl abrupt geschlossen, so bewirkt der enorme und plötzliche Anstieg des Unterdrucks ein Ansaugen von sämtlichem Kraftstoff, der an den Wänden des Ansaugkrümmers festhängt, in die Zylinder und verursacht so kurzzeitig eine extreme Anfettung des Gemischs und schlechte Abgaswerte. Das federbelastete Ventil behebt dieses Problem durch Öffnung während dieses extrem hohen Unterdrucks, reduziert somit den Unterdruck und ermöglicht eine bessere Verbrennung unter zusätzlicher Beimengung von Luft. An Fahrzeugen, deren Vergaser mit diesem federbelasteten Ventil ausgerüstet sind, ist die Motorbremswirkung erkennbar schwächer.

Problematisch an dieser Konstruktion sind die Federn zum Öffnen des Ventils, die mit der Zeit ermüden. Dadurch erfolgt eine Öffnung des Ventils bereits im Leerlauf und ein unkontrollierter Anstieg der Leerlaufdrehzahl ist die Folge.

Die Ventile stellen ebenso eine große physische Behinderung des Luftstroms dar, sodass es aus der Perspektive einer Leistungssteigerung des Motors und zur Verbesserung des Leerlaufverhaltens günstiger ist, derartige Vergaser auf Drosselklappen ohne diese federbelasteten Ventile umzurüsten. Ist dies nicht möglich, so lässt sich das federbelastete Ventil immer noch zulöten.

Im Bezug auf Vergaser-Drosselklappen können wir hier einige Änderungen angeben, um das Luftdurchsatzvermögen des Vergasers zu verbessern. Diese Änderungen liegen innerhalb der Möglichkeiten des Hobbyschraubers. Blickt man in den Vergaser auf die Drosselklappe, so erkennt man die Befestigung der Drosselklappe an der Drosselklappenwelle mittels zweier kleiner Schrauben. Diese Schrauben sind mit dem Kopf versenkt und an der Gegenseite aufgespalten. Dies soll

SU-Drosselklappen: links die einfache Bauart und rechts die Ausführung mit Luftdurchlassventil

ein Herausfallen während des Betriebs verhindern. Die Enden dieser Schrauben ragen um ein beträchtliches Maß in den Luftstrom und Prüfungen auf dem Luftdurchsatzprüfstand haben ergeben, dass ein Abfeilen bündig mit der Drosselklappenwelle das Luftdurchsatzverhalten wesentlich verbessert. Die Schrauben müssen dann mit einem Tropfen Schraubensicherungslack in Einbaulage gesichert werden. Weiterer Zuwachs an Luftdurchsatz kann durch Abfeilen der Drosselklappenwelle erreicht werden. Dies erfolgt gleichmäßig auf beiden Seiten, um die Wellenbreite zu reduzieren und so eine stromliniengünstigere Form zu erreichen. Die letzte und drastischste Modifizierung betrifft das Entfernen einer Hälfte der gesamten Drosselklappenwelle, wodurch die Welle nur noch eine einseitige Flachstelle aufweist, auf der die Drosselklappe montiert wird. Die Senkkopfschrauben sollten gegen Rundkopfschrauben ersetzt werden, die mit Sicherungslack befestigt werden.

Es ist nicht erforderlich, die Form der Drosselklappe selbst im SU-Vergaser zu ändern. Wird das Blech der Drosselklappe dünner gewählt, so können Probleme bei der Abdichtung auftreten und im Extremfall ein Verziehen während des Betriebes.

Sinnvoll kann es sein, die Innenseite des Luftansaugkanals im Vergaser zu glätten und zu entgraten. Hierbei wird jegliche scharfe oder hervorstehende Kante geglättet und ein gleichmäßiger Übergang an unterschiedlichen Querschnitten geschafft. Der Brückenabschnitt unten im Vergaseransaugkanal, wo die Düse hervorsteht, darf jedoch nicht bearbeitet werden.

Ein serienmäßiger SU-Vergaser mit einem Ansaugkanaldurchmesser von 38,1 mm (1,5 Zoll) kann auf unserem Luftdurchsatzprüfstand einen Luftdurchsatz von 4133 Liter pro Minute (146 cfm) aufweisen. Eine radikale

Ein Blick durch den Vergaser. Klar erkennbar ist die durch die Drosselklappenwelle, die Schrauben und das Klappenventil erzeugte Verengung des Ansaugquerschnitts.

Modifizierung der Drosselklappenwelle bewirkt einen Zuwachs des Luftdurchsatzes von 10%, während das Glätten der Übergänge weitere 3% ergibt. So wurden durch diese Arbeiten bereits 4671 Liter pro Minute (165 cfm) erreicht. Ein serienmäßiger SU-Vergaser mit 44,45 mm (1,75 Zoll) Querschnitt hat ein Luftdurchsatzvermögen von 5775 Liter pro Minute und reagiert auf die oben angegebenen Modifizierungen ebenso positiv.

Der Wechsel auf größere SU-Vergaser ist nur für sehr schnelle und großvolumige Motoren mit scharfer Nockenwelle bzw. für den Motorsporteinsatz erforderlich. Die größeren Luftansaugkanäle führen zu einem Leistungsverlust im Drehzahlbereich unterhalb 1500/min, während sie einen Leistungszuwachs gegenüber dem SU-Vergaser mit 1,5-Zoll-Einlassdurchmesser nur bei Drehzahlen oberhalb 6000/min ermöglichen, weil erst bei diesen Drehzahlen die Größe der Ansaugkanäle für mehr Luftdurchsatz ausgenutzt werden kann.

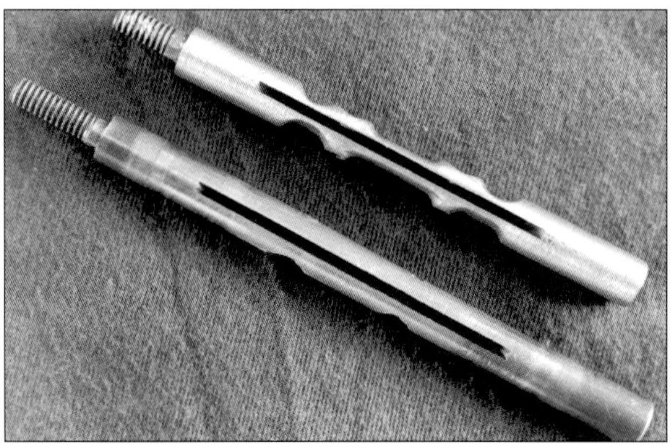

Drosselklappenwellen in der Serienausführung (links unten) und in modifizierter Form. An Letzterer wurde die Querschnittsfläche zwischen den Schrauben reduziert.

Uns sind keine weiteren Änderungen am Gleichdruckvergaser bekannt, die zu einer Steigerung des Luftdurchsatzvermögens führen könnten, ohne die Betriebssicherheit des Vergasers selbst zu gefährden.

In keinster Weise können wir das Abfeilen oder Umformen des Brückenabschnitts unten am Vergaser befürworten. Hier handelt es sich um jenen Abschnitt, in dem sich die Düse befindet. Aus gutem Grunde wurde der Brückenabschnitt von den Konstrukteuren mit rechteckigen Kanten ausgeführt. Man hat mit allen möglichen Abwandlungen von Formen des Brückenabschnittes experimentiert und sich auf diese flache und rechteckige Form geeinigt – möglicherweise, um den „stolpernden" Luftstrom an der Kante des Brückenabschnittes auszunutzen und den Kraftstoff förmlich aus der Düse zu heben. Eine Zerstäubung der Kraftstofftröpfchen wird dadurch begünstigt. Eine Überarbeitung der Form des Brückenabschnitts mag in der Theorie als sinnvoll erscheinen, ab Werk wurden SU-Vergaser jedoch in allen Neuauflagen dieser Konstruktion in diesem Teil unverändert belassen. Da wir davon ausgehen können, dass die Konstrukteure bei SU-Vergasern es besser wissen müssen, sollten am Brückenabschnitt keinerlei Änderungen vorgenommen werden!

Wurden die Kanäle des Zylinderkopfes modifiziert und an der Krümmerdichtfläche aufgeweitet, so ist ein Aufweiten der Kanäle im Krümmer zum Angleichen mit dem Kanalquerschnitt an der Dichtfläche vorteilhaft. Hierzu ist jede mögliche scharfe Kante an dieser Stelle zu entfernen. Für diese Arbeiten eignet sich ein Hartmetallwerkzeug zum Einsatz an Leichtmetallguss am besten. Das Werkzeug mit etwas Kriechöl einsprühen, um ein Zusetzen zu verhindern. Die gleiche Vorgehensweise empfiehlt sich, wenn größere SU-Vergaser eingebaut werden. Einfach jede Abstufung entfernen, die zwischen Vergaser und Krümmer besteht. Der Versuchung, den Ausgleichskanal im Ansaugkrümmer, der die beiden Vergaser miteinander verbindet, zu blockieren oder zu verlegen, sollte unterbleiben. Dieser Kanal dient einem bestimmten Zweck, nämlich der Reduzierung von Druckschwankungen im Krümmer, verursacht durch das Öffnen und Schließen der Ventile. Der Kanal begünstigt somit ein gleichmäßigeres Ansprechverhalten des Vergasers. Durch Testen auf dem Luftdurchsatzprüfstand zeigte sich wohl ein Zuwachs von ca. 28 Litern pro Minute (1 cfm) bei

Blockieren des Kanals und Glätten der Oberfläche, der Motor verlor jedoch 2 PS und lief auf dem Rollenprüfstand äußerst unkultiviert.

Reinigung

Ein gebrauchter Vergaser wird meist im Innern des Unterdruckgehäuses mit verbranntem Öl und Ablagerungen, verursacht durch die Hitze des Motors, verunreinigt sein. Diese Ablagerungen sind an der braunen Farbgebung zu erkennen. Sie müssen entfernt werden, damit sich der Kolben im Innern des Unterdruckgehäuses frei vertikal bewegen kann. Hierzu Vergaserreiniger oder Farbverdünner verwenden. Alle Verunreinigungen am Kolben selbst müssen ebenfalls entfernt werden, denn diese Ansammlungen können zu Leistungsverlust führen.

Beim Einbau des Unterdruckgehäuses erneut Motoröl bis zur Oberkante der Stange auffüllen. Wird zu wenig Öl aufgefüllt oder gar keines, führt dies zu einer Abmagerung des Gemisches beim Beschleunigen. Die Folge ist, dass der Motor dann stottert und einige Sekunden lang unruhig läuft.

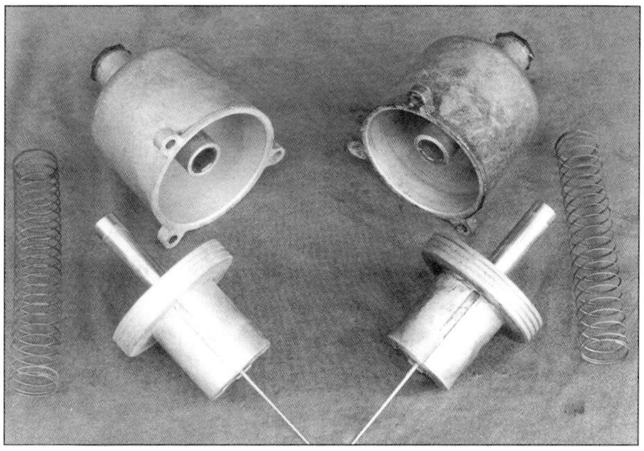

Bauteile des Unterdruckgehäuses mit Saugkolben an einem SU-Vergaser vor und nach der Reinigung

Typischer Fallstromvergaser mit zwei Lufteinlasskanälen

Vergaser mit konstantem Düsenquerschnitt

Die Vergaser von Herstellern wie Weber, Holley und Dellorto nutzen denselben Venturieffekt wie der SU-Vergaser. Während jedoch die Bewegung des Kolbens im Lufteinlasskanal des SU-Vergasers einen Lufttrichter mit variablem Querschnitt erzeugt, der einen konstanten Unterdruck unabhängig von der Motordrehzahl an der Kraftstoffdüse anlegt, besteht an Vergasern mit konstantem Düsenquerschnitt ein Lufttrichter mit konstanter Querschnittsfläche, in dem je nach Motordrehzahl ein anderer Unterdruck anliegt. Dieser Lufttrichter, auch Venturi genannt, dient der Steigerung der Luftgeschwindigkeit beim Durchströmen des Vergasers. Diese Vergaser sind mit 1, 2 oder 4 Lufttrichtern ausgestattet. Doppelvergaser oder Vierfachvergaser, wie sie meist an V8-Motoren zur Anwendung kommen, sind in Primärstufe und Sekundärstufe aufgeteilt, die jeweils durch Drosselklappen und Verbindungsgestänge gesteuert werden. Primärstufe und Sekundärstufe können gleichzeitig oder progressiv versetzt geöffnet werden. Vierfachvergaser können in der Primärstufe und Sekundärstufe Drosselklappen mit der gleichen oder unterschiedlichen Größen aufweisen. Ist an einem Vierfachvergaser die Primärstufe kleiner ausgeführt, so dient diese Stufe hauptsächlich der Gemischbildung für niedrigere Drehzahlen und sparsames Fahren bei Reisegeschwindigkeit. Die größere Sekundärstufe öffnet mit Ansteigen der Motordrehzahl oder bei höherer Leistungsanforderung und kann entweder mechanisch oder mit Unterdruck betätigt werden.

Die Vergaserkonstruktionen lassen sich grundsätzlich in Fallstromvergaser oder Querstromvergaser einteilen.

Ein typischer Querstromvergaser mit zwei Lufttrichtern verfügt über zwei Einlassrohre, im Regelfall ein Einlass je Zylinder. In jedem Rohr befindet sich ein Venturi oder Lufttrichter. In der Mitte zwischen den beiden Lufttrichtern befindet sich eine gemeinsam genutzte Schwimmerkammer. Die beiden Drosselklappen sind über eine Welle miteinander verbunden und werden so synchron betätigt. Mit Durchströmen des Lufttrichters wird die Luftgeschwindigkeit erhöht. Die höchste Luftgeschwindigkeit wird im engsten Querschnitt des Venturis erreicht. Die Zunahme der Luftgeschwindigkeit verringert den Luftdruck und erzeugt auf diese Weise einen Unterdruck. Im Venturi ist an der schmalsten Stelle ein Kraftstoffauslass vorgesehen. Durch den Unterdruck wird Kraftstoff aus der Schwimmerkammer heraus gesaugt. Durch Vermischen von etwas Luft mit dem Kraftstoff, bevor dieser aus der Düse austritt, wird die Tröpfchengröße verringert und eine bessere Zerstäubung erreicht. Dieser Effekt wird durch so genannte Luftkorrekturdüsen und Emulsionsrohre bewirkt. Ein Problem besteht darin, dass mit steigender Luftgeschwindigkeit aufgrund der erhöhten, vom Motor angesaugten Luftmenge, die aus der Düse gesaugte Kraftstoffmenge in unproportional größerer Menge zugeteilt wird und somit eine Anfettung des Gemischs erfolgt. Im Gegenzug magert das Gemisch mit abfallender Motordrehzahl ab. Zur Beseitigung dieser Problematik und anderer Probleme im Leerlauf sowie für die Anreicherung des Gemisches beim Beschleunigen und beim Kaltstart kommen im Vergaser eine Anzahl unterschiedlicher Kraftstoffdüsen sowie interne Luft- und Kraftstoffregelkanäle zum Einsatz. Diese gewährleisten die Zuteilung der korrekten Kraftstoffmenge bei allen Motordrehzahlen und Motorlastzuständen.

An einigen Konstruktionen (Weber und Dellorto) können unterschiedlich große Lufttrichter verwendet werden, um ein Anpassen des Vergasers an unterschiedliche Motoren zu ermöglichen. Alle Vergaser mit konstantem Düsenquerschnitt besitzen austauschbare Bauteile wie Leerlaufdüsen, Hauptdüsen, Emulsionsrohre, usw. Durch Verwendung von Bauteilen mit anderer Größe kann der betreffende Vergaser exakt für die erforderliche Kraftstoffzuteilung des betreffenden Motors kalibriert werden. Alle diese Teile sind bei einem Vergaserspezialisten erhältlich.

Die Einlassrohre der Querstromvergaser sind in einer reichhaltigen Auswahl verschiedenster Größen erhältlich; 40, 45, 48 und nur beim Weber-Vergaser 50 und 55 mm Durchmesser (selten!). Der Durchmesser des Einlassrohrs findet sich in der Bezeichnung des Vergasers wieder.

Generell sind Vergaser aller Bauarten Präzisionsinstrumente. Sie sind lange genug im Einsatz, sodass für die richtige Einstellung eine Menge an Informationen zur Kalibrierung und Erfahrungswerte verfügbar sind. Diese Informationen ermöglichen den Experten die Lieferung der erforderlichen Teile zum Kalibrieren des Vergasers für einen bestimmten Anwendungsfall. Auf diese Weise kann ein Vergaser bereits einbaufertig geliefert werden. Auch wenn die Einstellungen im Prinzip schon stimmen, so werden sie doch nicht exakt an den spezifischen Motor angepasst sein. Für diese Feineinstellungen ist eine Serie ausgiebiger Probeläufe auf dem Rollenprüfstand in Zusammenarbeit mit einem Fachmann erforderlich.

Zur Verwendung eines komplett anderen Vergasers muss unter Umständen der Ansaugkrümmer geändert werden. Auf dem Zubehörsektor findet man bei verschiedenen Herstellern eine große Auswahl an unterschiedlichen Tuningteilen für diesen Bereich.

Wie bei jedem Krümmer, sei er neu oder gebraucht, ist eine kurze Prüfung vor dem Einbau erforderlich, um Stufen im Ansaugkanal am Flansch vom Vergaser an den Krümmer sowie vom Krümmer auf den Zylinderkopf zu vermeiden. Diese werden durch Anschliff und Bearbeitung, wie vorhergehend beschrieben, einfach behoben.

Luftfilter

Vor Erreichen des Vergasers kann der Luftstrom bereits einer beträchtlichen Behinderung im Luftfilter ausgesetzt sein. Die serienmäßig eingebauten Luftfiltergehäuse und Luftfiltereinsätze sorgen für eine gute Dämpfung der Ansauggeräusche. Die Papierfiltereinsätze eignen sich ferner gut zum Absondern von Verunreinigungen in der Luft. Kleine Luftführungsrohre und das Filtermaterial behindern den Luftdurchsatz jedoch erheblich. Ein Austauschen gegen einen guten Luftfilter mit hohem Luftdurchsatz wird aufgrund des potenziell höheren Füllungsgrades für einen Leistungszuwachs sorgen. Die Wahl des verwendeten Filters fällt auf die Bauart mit in Öl getränktem Baumwollstoff (z.B. K&N, JR-Filter oder Euro Web) oder die Bauart mit in Öl getränktem Polyesterschaum (z.B. Pipercross, ITG Megaflow, Ramair oder Jamex). Beide Systeme funktionieren mehr oder weniger gleich gut. Geringe Unterschiede im Luftdurchsatzvermögen sind zu vernachlässigen. Alle diese Hochleistungs-Luftfilter können den Luftbedarf des Motors ausreichend decken. Die Auswahl fällt somit nach Kriterien des Budgets, des zur Verfügung stehenden Einbauraums und der Optik.

Die Filter mit Baumwollnetz (beispielsweise verwendet K&N nur Baumwolle) sind stabil, lassen sich leicht reinigen und neu einölen. Mit sorgfältiger Wartung werden sie praktisch ein Leben lang halten. Einige der anderen, ähnlich ausgeführten Bauarten mit Textilnetz sind entweder aus Baumwolle oder Kunstfasern gefertigt, die genauso lange halten, sich jedoch nicht so leicht reinigen lassen. Sie ermöglichen dennoch einen erhöhten Luftdurchsatz und weisen eine sehr effektive Filterwirkung auf. Die Schaumstofffilter können etwas preiswerter sein, müssen jedoch sorgfältiger gereinigt und öfter gepflegt werden. Die Schaumstofffilter fallen leichter zusammen, können jedoch bei guter Wartung und Pflege sehr lange halten. Alle Ausführungen von namhaften Herstellern sind feuerhemmend ausgeführt. Sie stellen somit keine Brandgefahr dar, wenn es einmal zu einem Flammenrückschlag durch den Vergaser kommen sollte. Die Schaumstofffilter sind auf die Fläche bezogen nicht so wirkungsvoll wie die Filter aus Baumwollnetz, sodass ein größerer Filter erforderlich sein wird, um die gleiche Luftmenge zu bewältigen.

Die Montage eines gekrümmten bzw. nach innen verjüngten Lufteinlasses an den Vergaser ist anzuraten. Diese sind in Trompetenform, als Stummelrohre oder Staudruckrohre erhältlich. Sie glätten die Luftführung in den Vergaser und verbessern den Luftdurchsatz wesentlich.

Keinesfalls sollte ein Fahrzeug auf der Straße ohne Luftfilter gefahren werden. Das hierbei in den Motor gesaugte Fremdmaterial wirkt wie eine Schleifpaste und kann die Lebenserwartung des Motors auf weniger als ein Viertel der normal zu erwartenden Nutzdauer mindern. Das Fahren mit offenen, ungefilterten Einlassrohren mag auf der Rennstrecke sinnvoll erscheinen. Doch selbst Rennteams mit enormem Budget fahren ihre Motoren heutzutage mit Filter, um die beträchtliche Investition in den Motor zu schützen und eine Niederlage im Rennen aufgrund von verschleißinduziertem Leistungsverlust zu vermeiden. Billige, flache Luftfilter aus Schaumstoffmaterial, wie er gemeinhin in Sitzkissen zur Anwendung kommt, können das Fremdmaterial nicht herausfiltern und verengen in den meisten Fällen den Einlasskanal mindestens so weit, wie es die serienmäßig eingebauten Luftfilter tun, ohne hierbei eine gleichwertige Filterwirkung erzeugen zu können. Wird der Motor mit einem Metallnetz oder Drahtgeflecht über dem Lufteinlassstutzen gefahren, so birgt dies noch mehr Nachteile. Eine Filterung der Ansaugluft wird hierdurch nicht bewirkt und die Querschnittsfläche des Lufteinlasses wird enorm reduziert. Dies mindert das Luftdurchsatzvermögen und kann die Kraftstoffzuteilung und das Betriebsverhalten der Vergaser nachteilig beeinflussen. Es muss deshalb immer mit einem Luftfilter gefahren werden, der von einem namhaften Hersteller stammt.

Durch Einbau von Luftfiltern mit erhöhtem Luftdurchsatzvermögen muss der Motor nicht mehr so stark ansaugen, um die gleiche Luftmenge in den Motor zu fördern. Dies bewirkt eine Verzerrung der Unterdruckwerte, für welche die Düsenbestückung des Vergasers in der Serienversion ausgewählt wurde. Da der Widerstand, den der Luftfilter der angesaugten Luft entgegensetzt, nun geringer ist, werden die Gemischzusammensetzungen mit Einbau der Hochleistungsluftfilter abmagern. Das Gemisch muss auf dem Rollenprüfstand getestet werden, um dann die richtigen Einstellungen vorzunehmen. Durch Ändern der Düsennadeln oder Düsen muss der Kraftstoffverbrauch nicht ansteigen, sondern das bessere „Atmungsvermögen" des Motors bedeutet, dass bei einer geringeren Drosselklappenöffnung die gleiche Leistung erzeugt werden kann. Der Kraftstoffverbrauch wird also durch den Einbau derartiger Luftfilter mit erhöhtem Luftdurchsatzvermögen tatsächlich verringert. Das gilt natürlich nur so lange, wie man nicht der Versuchung verfällt, den Zuwachs an Leistung auch auszunutzen!

Kraftstoffzufuhr

Wurden an einem Motor wesentliche Veränderungen vorgenommen, um eine Leistungssteigerung gegenüber der Serienversion zu bewirken, so wird die ursprünglich verwendete Kraftstoffpumpe nicht in der Lage sein, eine ausreichende Kraftstoffmenge für den Motor zu fördern. Wie der Kraftstoffbedarf des Motors näherungsweise ermittelt wird, ist im Anhang aufgeführt.

Wir werden an dieser Stelle keinen Bezug auf die Kraftstoffeinspritzanlagen nehmen. Angaben hierzu ge-

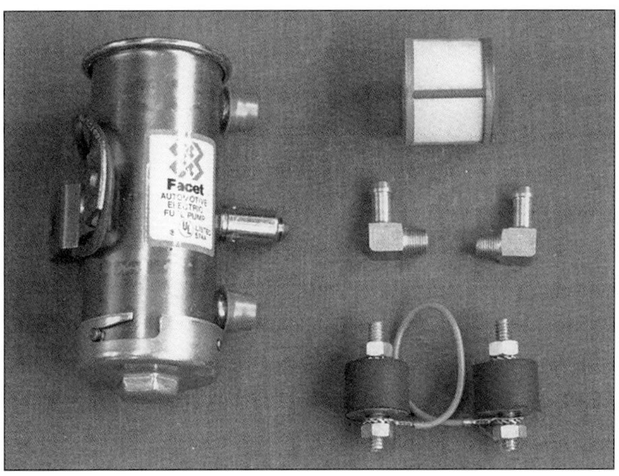

Nachrüstbare elektrische Kraftstoffpumpe mit Anschlüssen

ben einschlägige Spezialisten oder können aus Werkstatthandbüchern entnommen werden. Dies gilt auch für alle Einstellwerte.

Qualitativ hochwertige elektrische Kraftstoffpumpen sind von FSE (Facet), Mitsuba, BG Fuel Systems, Holley und anderen Herstellern erhältlich. Hierbei ist jedoch sicherzustellen, dass die Pumpen über die richtige Polarität verfügen, um am betreffenden Fahrzeug betrieben werden zu können. Außerdem muss die Pumpe in der Nähe des Kraftstofftanks montiert werden, um ordnungsgemäß funktionieren zu können. So kann die Pumpe idealerweise den Kraftstoff vom Tank zum Vergaser drücken und muss ihn nicht erst über einen längeren Weg ansaugen. Zwischen Tank und Pumpe ist ein Filter anzuordnen, der die Kraftstofffördermenge jedoch nicht verringern darf. So wird eine Beschädigung der Pumpe durch jegliches Fremdmaterial im Tank verhindert.

Die Kraftstoffleitungen müssen groß genug sein, um dem Kraftstoffbedarf des Motors zu genügen. Der Hersteller der Pumpe oder ein Vergaserspezialist wird in der Lage sein, über die erforderliche Größen zu beraten.

Zusätzlich zur Kraftstoffpumpe mit erhöhter Leistung ist ein verstellbarer Druckregler erforderlich. Bei zu hohem Kraftstoffdruck kann das Schwimmernadelventil des Vergasers die Kraftstoffzufuhr nur schwer regeln und bei zu großer Förderleistung der Pumpe wird der Vergaser dann überflutet. Idealerweise sollte ein Kraftstofffilter unmittelbar vor dem Vergaser angeordnet werden, um ein Blockieren der Düsen durch Fremdmaterial zu verhindern. Filter und Kraftstoffdruckregler sind einzeln von Herstellern wie Holley, Malpassi oder Purolator erhältlich oder in einer kombinierten Einheit, wie z. B. der Malpassi Filter King. Diese können an jedem geeigneten und sicheren Ort im Motorraum montiert werden.

Bei der Verwendung einer Pumpe mit erhöhter Fördermenge im Zusammenhang mit SU-Vergasern muss der Kraftstoffdruck auf 1,5 psi (0,103 bar) eingestellt werden.

Bei Kraftstoffförderung an Weber- oder Dellorto-Querstromvergaser muss der Kraftstoffdruck auf ca. 3,5 bis 4 psi bzw. 0,241 bis 0,276 bar eingestellt werden.

Ein Kraftstoffdruckmanometer wird benötigt, um den Kraftstoffdruck einzustellen. Das Manometer an die Kraftstoffzufuhrleitung für die Vergaser anschließen und den Regler auf den erforderlichen Wert einstellen. Hierbei darf nur die Pumpe laufen, nicht jedoch der Motor. Als Alternative kann das Kraftstoffdruckmanometer mit einem T-Stück in die Kraftstoffzufuhrleitung eingebaut werden, um bei laufendem Motor das Ablesen des Kraftstoffdrucks zu ermöglichen. Warnung! Bei Abnehmen des Manometers auf heraus spritzenden Kraftstoff achten.

Wichtige Hinweise im Zusammenhang mit der Kraftstoffzufuhr

Nachstehend einige zusätzliche Punkte, die beachtet werden sollten:

Warnung! Immer sicher stellen, dass flexible Kraftstoffschläuche kraftstoffresistent sind, die auftretenden Drücke aushalten und richtig und sicher eingebaut und verlegt sind.

Warnung! Immer sicher stellen, dass die Ablaufrohre der Entlüfter an Schwimmerkammern des SU-Vergasers oder ähnlicher Konstruktionen eingebaut sind und möglichst weit weg von dem heißen Auspuffkrümmer verlegt werden. Der Auspuffkrümmer liegt nämlich meist unmittelbar unterhalb des Vergasers. Die Ablaufleitung des Entlüfters der Schwimmerkammer darf sich nicht auf das Auspuffrohr entleeren.

Immer prüfen, dass das Drosselklappengestänge bei vollständig durchgetretenem Gaspedal auch tatsächlich die Drosselklappen im Vergaser bis zum Anschlag öffnet. Den Seilzug oder das Gestänge so einstellen, dass die Vollgasstellung im Vergaser erreicht wird, wenn das Pedal am Boden ist. Anderenfalls ist ein Anschlag für das Gaspedal zu montieren, sodass das Gestänge oder der Seilzug bei Volllaststellung des Gaspedals nicht überlastet wird.

Bestehen keinerlei Probleme mit den Vergasern, so sind sie unbedingt unangetastet zu lassen. Ein vollständiges Zerlegen des Vergasers im Rahmen „routinemäßiger Wartungsarbeiten“ ist keine gute Idee.

Bei Problemen mit dem Betriebsverhalten ist erst eine Ursache außerhalb des Vergasers, z. B. am Motor oder der Zündanlage auszuschließen, bevor man Hand an die Vergaser anlegt. Oft haben Symptome eines Vergaserproblems tatsächlich eine andere Ursache. Hier zahlt sich ein Prüfdurchlauf auf dem Rollenprüfstand mit einem Motortester aus.

Ist das Zerlegen der Vergaser einmal beschlossene Sache, so sollte dies nie ohne die erforderlichen Unterlagen angegangen werden. Das Angebot an Vergaserliteratur ist wahrhaft umfassend und so kann man auch recht einfach eine Explosionszeichnung mit Einstellwerten finden. Zu beachten sind jedoch die vielen unterschiedlichen Ausführungen und Versionen eines Vergasertyps. Unterschiede gibt es bei diversen Bauteilen und den jeweiligen Einstelldaten. Beim Arbeiten ohne solche Literatur, aber auch ohnehin zur Sicherheit, sollte man das Zerlegen des Vergasers schrittweise dokumentieren, z. B. mit Zeichnungen oder Fotos. Die Einstellung der diversen Schrauben wird durch Hineindrehen bis zum Anschlag und gleichzeitigem Zählen der Umdrehungen festgehalten. Bei Montage wird dann die Schraube erst ganz hineingedreht und dann um die notierte Anzahl von Umdrehungen wieder heraus.

Vor dem Zerlegen muss das Gehäuse des Vergasers unbedingt gründlich gereinigt werden. Die äußeren Ablagerungen und Schmutzpartikel sind der größte Feind dieses Präzisionsmechanismus, insbesondere wenn diese erst einmal in die inneren Kanäle und Bohrungen gelangt sind. Bei der Handhabung ist grundsätzlich zu beachten, dass die filigranen Bauteile einen erhöhten Kraftaufwand bei Montage, Demontage oder Justierung nur selten gut vertragen! Durch zu viel „Drehmoment“ ist schnell ein Gewinde im Aluminiumgehäuse überdreht oder eine Messingschraube abgebrochen.

Ein Kraftstofffilter in der Zufuhrleitung ist hilfreich, um eine Verstopfung der Düsen im Vergaser durch Ablagerungen aus dem Tank und Verunreinigungen des Kraftstoffs zu verhindern.

Es ist niemals davon auszugehen, dass der vorhandene Vergaser, sei er neu oder gebraucht, tatsächlich exakt auf den betreffenden Motor kalibriert ist. Das wäre eher ein Glücksfall. Zur optimalen Ausnutzung des Potenzials der Gemischbildungsanlage ist ein Prüflauf auf dem Rollenprüfstand mit Abgastester und Motortester erforderlich.

Wird nicht der serienmäßige Vergaser verwendet, so können eine defekte oder unpassende Drosselklappenbetätigung, also Gaszug oder Gasgestänge, den Erfolg des gesamten Projekts gefährden. Eine exakte Einstellung wird dann fast unmöglich.

KAPITEL 12

Abgasanlage

Die Abgasanlage kann in zwei wesentliche Abschnitte unterteilt werden, von denen jeder eine unterschiedliche Funktion erfüllt. Diese beiden Abschnitte haben jedoch auch einen direkten Einfluss aufeinander.

Der erste Teil der Abgasanlage ist der Auspuffkrümmer. Seine Funktion besteht in der Führung der aus dem Motor nach jedem Auslasstakt austretenden Abgase. Die Verbrennungsgase verlassen den Auslasskanal mit hoher Geschwindigkeit, unter hohem Druck und jeweils stoßweise. Vor jedem Impuls entsteht ein Bereich hohen Drucks und jedem Impuls nachfolgend entsteht ein Unterdruck. Dieser Unterdruck unterstützt ein Entleeren des Zylinders von verbliebenen Restgasen.

Mit jedem Öffnen des Auslassventils werden abrupt Energieimpulse in Form von Druckwellen erzeugt. Diese Wellen bewegen sich mit Schallgeschwindigkeit fort und überlagern die Impulse des herausströmenden Abgases. Die nach außen strahlenden Hochdruckwellen werden anfänglich von den einzelnen Krümmerrohren geführt. Trifft eine Druckwelle auf ein Hindernis, so wird sie von diesem Hindernis reflektiert, bleibt jedoch weiterhin eine Hochdruckwelle. Wenn eine Hochdruckwelle aus einem am Ende offenen Rohr herausschlägt oder plötzlich von einem Bereich kleinen Querschnitts in einen Bereich größeren Querschnitts gelangt, so wird eine Niederdruckwelle zurück durch die Rohrleitung reflektiert. So vibrieren diese Wellen – Hochdruck- und Niederdruckwellen – in dem Rohr vor und zurück, unabhängig von der Strömungsrichtung des Gases.

Angestrebt wird also eine zeitliche Abstimmung der Ankunft der zurückströmenden Niederdruckwelle auf das Öffnen eines Auslassventils, um hieraus einen Nutzen ziehen zu können. Diese Wellen werden nur am Auslassventil erzeugt, sodass die Zeit, die die Welle zum Erreichen des Ventils in Gegenrichtung des Gasstroms benötigt, von der Geschwindigkeit der Welle abhängt und außerdem davon, wie weit sie vor der Reflektierung entlang des Rohres wandern muss.

Durch Zusammenführen der Rohre von verschiedenen Zylindern an einem Sammelpunkt, was letztendlich eine Änderung des Rohrquerschnitts mit sich bringt, wird eine Niederdruckwelle von allen einzelnen Rohren erzeugt, die wiederum durch alle anderen angeschlossenen Rohre zurückwandern kann und somit den Drehzahlbereich dieses Effekts erweitert.

In der Theorie kann die Niederdruckwelle genutzt werden, um den Wirkungsgrad des Motors auf zwei Weisen zu erhöhen. Einerseits gilt, dass wenn ein Auslassventil in einem Niederdruckbereich im Abgasrohr öffnet, die Strömungsrate durch den Auslasskanal erhöht wird. Dieser Vorgang wird Spülung genannt. Die Verluste durch Pumparbeit des Motors werden hiermit reduziert. Andererseits wird während der Überschneidungsperiode, wenn Einlass- und Auslassventile gleichzeitig geöffnet sind (Kolben nahe OT am Ende des Auspufftakts), der von den rasch ausströmenden Gasen erzeugte Unterdruck im Zylinder und im Auslasskanal ein früher beginnendes Einströmen des frischen Gemischs durch das Einlassventil begünstigen. Die Füllung der Zylinder wird somit erhöht und deshalb auch der Füllungsgrad des Motors.

Obwohl der Durchsatz an Auspuffgasen nicht konstant bleibt, ist doch die Zeit, die diese Druckwellen benötigen, um vor und zurück reflektiert zu werden, nahezu konstant. Der Effekt wird somit nur über ein sehr schmales Drehzahlband auftreten. An einem Motor, an dem jeder Zylinder mit einem eigenen Auslasskanal versehen ist, kann sehr viel unternommen werden, um die Leistungsentfaltung unter Anwendung dieser Funktionsprinzipien maßgeschneidert zu gestalten. Dies erfolgt durch den Einbau unterschiedlich langer Auspuffkrümmerrohre. Im Idealfall sind die Auspuffkrümmerrohre (Primärrohre) alle gleich lang. Sie lassen sich in weitere

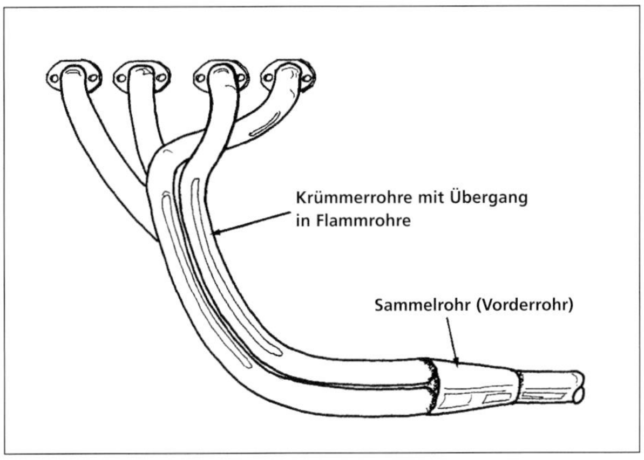

Bei dieser Variante münden die vier Rohre direkt in das Sammelrohr (Vorderrohr).

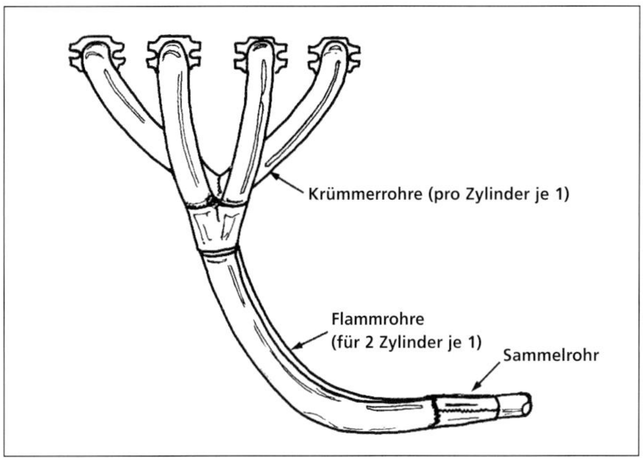

Bei diesem Auspuffkrümmer münden vier Rohren zuerst in zwei so genannte Flammrohre und anschließend in ein Sammelrohr (Vorderrohr).

Sammelrohre unterschiedlicher Länge (Sekundärrohre) führen, die wiederum gemeinsam in einem Sammelrohr enden.

Allgemein betrachtet gibt es drei Anordnungen des Abgaskrümmers. Im ersten Fall kommen sehr lange Krümmerrohre zur Anwendung, die den Auspuffimpuls jedes einzelnen Zylinders getrennt halten. Die Länge dieser Rohre wird im Rahmen der Motorkonstruktion ermittelt. Hierbei soll in jedem Rohr ein Niederdrucksignal erzeugt werden, das unmittelbar mit dem Öffnen beim nächsten Auslasstakt am Ventil wieder eintrifft. Alle einzelnen Rohre werden in ein Sammelrohr geführt, es gibt keine separaten Flammrohre, die einer Zusammenführung einzelner Krümmerrohre dienen. Diese Krümmerkonstruktion fördert die Leistungsentfaltung im mittleren bis oberen Drehzahlbereich und wird meist im Rennsport eingesetzt. Grundbedingung ist eine Motorkonstruktion mit jeweils einem Auslasskanal je Zylinder.

An der zweiten Krümmer-Bauart kommen wesentlich kürzere Krümmerrohre zur Anwendung, die paarweise zusammengeführt werden. Im Regelfall werden Zylinder 1 und 4 sowie Zylinder 2 und 3 (4-Zylinder-Motor) in zwei Flammrohre geführt. Letztere sind in der Länge ähnlich den Primärrohren gehalten. Flammrohre werden in einem Sammler weiter in die Abgasanlage geführt. Diese Bauart wird auch als Hosenrohr bezeichnet. In der Theorie werden die Auspuffimpulse des Zylinders Nr. 1 durch den Unterdruck in seinem Krümmerrohr, erzeugt vom vorhergehenden Auspufftakt des Zylinders Nr. 4, unterstützt – umgekehrt beeinflusst der Zylinder 1 Auspuffimpulse von Zylinder 4. Der gleiche Effekt tritt zwischen Zylindern 2 und 3 auf. Bei dieser Konstruktion wird die Leistungsentfaltung im unteren bis mittleren Drehzahlbereich unterstützt. Sie eignet sich hervorragend für einen Motor im Straßeneinsatz und Alltagsbetrieb.

Die dritte Bauart eines Auspuffkrümmers hat sich aus dem Motorradbau entwickelt und soll die Vorteile beider vorher genannten Konstruktionen miteinander verbinden. Die Krümmerrohre sind sehr lang, werden dann an ein Paar Flammrohre angeschlossen, bevor das Sammelrohr für die Weiterleitung in den Auspuff sorgt. Diese Konstruktion hat sich im Fahrzeugbau jedoch nicht durchgesetzt.

Ebenso kann der Durchmesser der Krümmerrohre die Strömungseigenschaften der Abgase beeinflussen. Rohre mit kleinem Querschnitt, wie an Fahrzeugen für den Straßeneinsatz zu finden, halten die Gasgeschwindigkeit sehr hoch und erzeugen somit einen stärkeren Negativimpuls im System und unterstützen die Spülung der Zylinder. Krümmerrohre mit großem Querschnitt ermöglichen den Durchsatz größerer Mengen an Abgasen, die jedoch erst bei höheren Drehzahlen erzeugt werden. Hierbei kommt ein ähnlicher Impulseffekt zur Anwendung.

Es ist leicht zu erahnen, dass es in der Praxis diverse Kombinationen der einzelnen Konstruktionsmerkmale, Rohrlängen und Rohrdurchmesser gibt. Das grundsätzliche Problem mit diesen voreingestellten Rohrlängen und Rohrdurchmessern besteht darin, dass die gewünschte Wirkung nur über ein bestimmtes, recht schmales Drehzahlband auftritt. Die Länge des Auspuffrohres variiert je nach Motorgröße und nach dem Drehzahlbereich, in dem der Effekt erwünscht ist. In einem anderen Drehzahlbereich kann es sein, dass die Wirkung überhaupt nicht einsetzt oder der Motor Leistung verliert und Beschleunigungslöcher oder zögernde Gasannahme auftreten. Werden dann noch die Auswirkungen der Änderungen am Motor, wie Austauschen von Zylinderköpfen, den Einbau einer scharfen Nockenwelle usw. in Betracht gezogen, so ergeben sich weitere Variablen, die in der Gleichung für die Konstruktion des Abgaskrümmers berücksichtigt werden müssen. Wie so oft im Ingenieurswesen läuft die Konstruktion auf den bestmöglichen Kompromiss hinaus. Und dieser Kompromiss lässt sich meist erst nach langwierigen Testphasen finden.

Die zweite Komponente ist die eigentliche Abgasanlage, nämlich die Rohrleitungen vom Sammler des Auspuffkrümmers zum Fahrzeugheck. Die Abgasanlage hat wiederum zwei wesentliche Funktionen. Zum einen ermöglicht sie den Einsatz von Schalldämpfern zur Eindämmung der von den Druckwellen und von dem mit hoher Geschwindigkeit austretenden Abgas erzeugten Geräuschen auf ein akzeptables Niveau. Zum zweiten führt es die Abgase in einem geschlossenen System, bis diese an einer Position an die Außenluft ausgestoßen werden können, wo sie keine Gefahr für Passanten darstellen und auch nicht in den Innenraum des Fahrzeugs eindringen können.

Ähnlich wie im Auspuffkrümmer treten auch in der Auspuffanlage selbst diese Effekte in vergleichbarer Weise auf. Sie werden jedoch meist viel zu weit vom Motor entfernt erzeugt, um sinnvoll genutzt werden zu können. In diesem Zusammenhang hat die Anordnung des Vorschalldämpfers die größte Auswirkung auf die Leistungskurve des Motors.

Die Schalldämmung des Auspuffgeräusches erfolgt im Regelfall durch Schottbleche oder Absorbierung. Schalldämpfer mit integrierten Schottblechen enthalten mehrere, den Abgasstrom behindernde Stehbleche mit Bohrungen sowie leere Kammern, die zum Aufbrechen und Verteilen der Druckwellen dienen, bis diese ihre Energien verloren haben. In einigen Fällen kann dieser vielfach verschlungene Pfad jedoch die Strömungsgeschwindigkeit der Abgase behindern und ein Hindernis für den Abgasdurchsatz darstellen, der gemeinhin als Staudruck bezeichnet wird.

Der Schalldämpfer mit absorbierender Wirkung ermöglicht ein direktes Durchströmen der Abgase in gerader Richtung entlang eines perforierten Rohrs. Die Druckwellen können sich durch die Perforierungen ausdehnen und werden durch dicht gepacktes, hitzeresistentes Dämmmaterial am Umfang des Rohrs abgebremst und verteilt.

Dieses Dämmmaterial bewirkt die eigentliche Schalldämpfung und spielt außerdem eine wichtige Rolle in Bezug auf die Motorleistung wie auch auf die Geräuschentwicklung der Abgase. Wird das Dämmmaterial zersetzt und mit der Zeit abgetragen, so kann das einen erheblichen Leistungsverlust zur Folge haben. Außerdem sind dann die Auspuffgeräusche erkennbar lauter. Der Zustand der absorbierenden Schalldämpfer lässt sich einfach überprüfen, indem man mit einem großen Schraubendreher oder Maulschlüssel gegen den Dämpfer klopft. Mit zersetztem Dämmmaterial wird der Schalldämpfer natürlich hohl klingen und nicht so dumpf, wie ein vollständig gefüllter Dämpfer.

Der Vorschalldämpfer dient dem Herausfiltern niederfrequenter Geräusche aus dem Abgasgeräusch. Der Mittel- bzw. Nachschalldämpfer dient dem Herausfiltern aller irritierenden hochfrequenten Geräusche, die noch verbleiben.

In der Serienversion sind die meisten Fahrzeuge mit Auspuffkrümmern aus Gusseisen ausgerüstet. Dieses Material kommt aufgrund seiner hervorragenden Geräuschabsorption sowie wegen seiner äußerst günstigen Wärmeleitfähigkeit zur Anwendung. Es eignet sich sehr gut für die Handhabung der heißen, chemisch aggressiven Mischung an Gasen, die mit jedem Auspufftakt aus dem Motor gestoßen wird. Aus fertigungstechnischer Sicht ist ein gusseiserner Krümmer immer billiger als die Anfertigung eines komplizierten Krümmerrohrs aus einzelnen Rohrabschnitten. Dessen ungeachtet sind einige moderne Hochleistungsfahrzeuge jedoch ab Werk mit geschweißten Krümmern ausgerüstet.

In diesem Zusammenhang sei hier eine kleine Anekdote erwähnt. Für eine gesamte Saison fuhren wir einen mehrmals siegreichen MGB in der Standardklasse mit einer Auspuffanlage, die mit Isolierfolie (Asbest) umwickelt war, mit der Absicht, den Motorraum kühler zu halten. Das Wärmeisolierband behielt die Hitze der Abgase innerhalb der Rohre und sollte so dem Motor eine höhere Leistungsentfaltung ermöglichen. Nach Anbringen der Isolierung konnte auf dem Rollenprüfstand kein Unterschied in der Motorleistung festgestellt werden. Wir ließen das Isolierband jedoch eingebaut, in der Annahme, dass unter Rennbedingungen und dementsprechend sehr hohen Temperaturen unter der Motorhaube mehr Leistung verfügbar wäre. In der Theorie ist die Reduzierung der Ansauglufttemperatur richtig. Jede Reduzierung um 3°C erzeugt ca. 1% mehr Leistung. Im Rückblick betrachtet gingen wir die Sache jedoch von der falschen Seite an. Nach Ende der Saison, als der nächste Motor gemäß aktuellsten technischen Daten für die kommende Saison installiert werden sollte, passte der gusseiserne Auspuffkrümmer nicht mehr an den Zylinderkopf. Er hatte sich aufgrund der extrem hohen Temperaturen um ca. 6,5 mm verzogen. Das Problem war hausgemacht. Zum einen wurden die Temperaturen unter der Motorhaube gesenkt, sodass unter Umständen etwas mehr Leistung gewonnen wurde. Zum anderen verloren wir jedoch tatsächlich Leistung durch Überhitzung im Inneren der Auspuffrohre. Schließlich wurde sämtliche als Strahlungswärme auftretende Hitze unter dem Isolierband eingeschlossen, wodurch der Zylinderkopf heißer wurde, natürlich auch die Ansaugkrümmer und somit das frisch angesaugte Gemisch aufgewärmt wurde. Der verzogene Auspuffkrümmer musste verschrottet und die gesamte Angelegenheit überdacht werden. Unsere einfache Lösung bestand im Einbau einer dicken Aluminiumplatte als Hitzeschild, um Ansaug- und Auslasskrümmer physisch voneinander zu trennen. Dieser Hitzeschutz ermöglichte dann die Funktion jedes Bauteils wie vorgesehen.

Bei weiteren Testläufen an einem anderen Fahrzeug mit dem Ford-Querstromzylinderkopf, an dem sich der Einlass im Zylinderkopf gegenüber der Auslassseite befindet, zeigte sich nach Entfernen des Isolierbands ein Leistungszuwachs von 3 PS an den Antriebsrädern. Man mag dies interpretieren, wie man will. Dennoch wäre es nicht sinnvoll, den serienmäßig am Fahrzeug befindlichen Hitzeschild zu demontieren. Schließlich wurde er aus gutem Grunde dort vorgesehen.

Die Anfertigung eines Auspuffkrümmers in Eigenbau stellt eine große Herausforderung dar. Hierbei sollte man jedoch vom ursprünglich verwendeten Krümmer nicht zu stark abweichen. Die Konstruktion muss auf jeden Fall auf dem Rollenprüfstand getestet werden.

Gleichfalls sind viele so genannte Hochleistungskrümmer als Nachrüstteil erhältlich. Für ein auf der Straße im Alltagsbetrieb zu bewegendes Fahrzeug sollte man bei der Auswahl eines Auspuffkrümmers aber eher konservativ vorgehen. Je größer der Durchmesser der Auspuffkrümmerrohre, um so geringer die Gasgeschwindigkeit. Dies bewirkt meist einen Leistungsabfall statt des gewünschten Leistungszuwachses. Derartige Hochleistungskrümmer sind eher für den Motorsport geeignet.

KAPITEL 13

Zündanlage

Über die Zündanlage wird die Verbrennung des Kraftstoff-Luftgemischs im Zylinder eingeleitet. Die gesamte angesaugte Gemischmenge verbrennt jedoch nicht auf einen Schlag. Die Verbrennung muss deshalb bereits eingeleitet werden, unmittelbar bevor der Kolben den oberen Totpunkt erreicht. Deshalb wird die Zündung in Richtung „Früh" verstellt, das heißt beispielsweise 14° vor OT.

Je nach Motordrehzahl muss die Frühverstellung der Zündung für optimale Leistung geändert werden. Es ist davon auszugehen, dass das Gemisch eine gewisse Zeit zur Verbrennung benötigt. Im Idealfall sollte die Verbrennung den maximalen Zylinderdruck unmittelbar nach dem oberen Totpunkt mit Beginn des Arbeitstaktes erreicht haben. Bei niedrigen Drehzahlen verbleibt ausreichend Zeit für die Vollendung der Verbrennung, da die Kolbengeschwindigkeit gering ist. Deshalb wird in diesem Drehzahlbereich auch nur eine geringe Frühverstellung der Zündung benötigt, z. B. 8° vor OT. Bei hohen Drehzahlen liegt eine wesentlich höhere Kolbengeschwindigkeit vor, was der Verbrennung wesentlich weniger Zeit zur Vollendung lässt. Zum Erreichen eines optimalen Zylinderdrucks muss deshalb der Zündfunken die Verbrennung wesentlich eher einleiten, z. B. 34° vor OT. Durch die Unterdruckverstellung wird der Zündzeitpunkt bei Teillast zwecks Senkung des Kraftstoffverbrauchs und Verbesserung der Motorleistung ebenfalls beeinflusst.

Im Zuge der Frühverstellung auf rein mechanischem Wege (Fliehkraftverstellung innerhalb des Verteilers) muss ein kleiner Kompromiss eingegangen werden. Hierbei kann nicht für alle Motordrehzahlen die optimale Leistung erreicht werden. Die werksseitige Voreinstellung ist jedoch meist nah genug am Idealwert. Offensichtlich bedingen wesentliche Änderungen am Motor auch eine Angleichung dieser optimalen Einstellwerte.

Als Alternative kann die Frühverstellung der Zündung auf elektronischem Wege erfolgen. Ein Mikroprozessor löst den Zündfunken auf der Grundlage von Rückmeldungen diverser Sensoren des Motors aus. Lässt sich der serienmäßige Verteiler nicht an die Charakteristik des getunten Motors anpassen, so können die mechanischen Bauteile des Verstellmechanismus verändert werden.

Die vollelektronischen Zündanlagen können die exakten Anforderungen in Bezug auf den Zündzeitpunkt des Motors zwecks optimalen Wirkungsgrads bei allen Drehzahlen und Lastzuständen besser bewältigen. Dies hilft insbesondere bei der Einhaltung der strengen Abgasnormen. Im Motorsporteinsatz (wo zulässig) kann die vollelektronische Zündanlage ein Zündkennfeld für Frühverstellung bzw. Spätverstellung bieten, das von einer mechanisch gesteuerten Zündanlage nie erreicht werden könnte. Das Betriebsverhalten und die Motorleistung insgesamt werden hierdurch verbessert.

Zündverteiler mit Unterbrecherkontakt

Die in einem traditionellen Zündverteiler arbeitenden Unterbrecherkontakte haben keine besonders lange Lebenserwartung. Der Verschleiß an den Unterbrecherkontakten in Verbindung mit Verschleiß an der Verteilerwelle bewirkt mit zunehmendem Alter des Verteilers ein Nachlassen des Wirkungsgrads. Solange jedoch die mechanische Frühverstellung und die Unterdruckverstellung korrekt arbeiten, ist es sinnvoll, die Unterbrecherkontakte gegen einen nachrüstbaren Induktivgeber auszutauschen. Dieser verrichtet seine Arbeit auch dann noch zuverlässig, wenn ein gewisses Maß an Verschleiß an der Verteilerwelle vorliegt. Eine große Bandbreite hervorragender elektronischer Anlagen sind von Firmen wie Lumenition, Accel, Mallory, MSD, Piranha, Micro Dynamics und Aldon erhältlich.

Wenn ein neuer Verteiler zur Debatte steht, so kann aus einer Reihe von „getunten" Verteilern bei Ersatzteilspezialisten ausgewählt werden. Diese Verteiler werden nicht schon bereits an den vorhandenen Motor angepasst sein. Diese Anpassung muss von einem Spezialisten auf dem Rollenprüfstand und unter Verwendung entsprechender Prüfgeräte eingestellt werden.

Für im Alltagsbetrieb eingesetzte Fahrzeuge sollte die Unterdruckverstellung beibehalten werden, um im Teillastbetrieb den Kraftstoffverbrauch zu senken.

Wenn wie im Rennsporteinsatz extrem scharfe Nockenwellen und große Vergaserdurchmesser verwendet werden, läuft der Motor bei niedrigen Drehzahlen sehr unruhig. Dies kann durch ein Erhöhen der Frühverstellung des Zündverteilers im unteren Drehzahlbereich verbessert werden. Entlang des weiteren Drehzahlspektrums erfolgt dann ein geringeres Maß an Frühverstellung, sodass die Frühverstellung insgesamt in ihrem Höchstwert gleich bleibt. Bei einem derartigen Anwendungsfall könnte die Unterdruckverstellung geringfügige Schwankungen in den Steuerzeiten der Zündanlage bewirken und darum sollte hier besser auf einen Verteiler ohne Unterdruckverstellung zurückgegriffen werden.

Kennfeld-Zündanlage

Diese Anlagen erfordern eine spezielle Computerausrüstung und man sollte die Möglichkeit haben, einen Rollenprüfstand oder Motorprüfstand nutzen zu können. Unter Verwendung des Kennfelds können die Motordrehzahlen unter diversen Lastzuständen stabilisiert werden. Gleichfalls kann die Frühverstellung für maximale Motorleistung eingestellt werden. Ohne die erforderlichen Prüf- und Überwachungsgeräte könnte hierbei der Motor beschädigt werden. Das Einstellen einer Kennfeldzündung überlässt man besser den Spezialisten.

Zündspulen

Die in den Serienversionen eines Fahrzeugs verwendete Hochspannungszündspule reicht für die meisten Anwendungsfälle aus. Ist diese Spule einmal verschlissen, so ersetzt man sie am besten gegen eine nachrüstbare Hochleistungszündspule. Bei der Auswahl der Zündspule muss beachtet werden, dass diese auf die betreffende Bauart der Zündimpulsauslösung des Motors ausgerichtet ist – also entweder über Unterbrecherkontakte oder Transistorzündung bzw. Hallgeber. An einigen Fahrzeugen früherer Baujahre muss der Vorwiderstand überbrückt werden, damit so eine Spule ordnungsgemäß funktioniert. Dies erfolgt im Regelfall durch Verlegen einer neuen Stromleitung vom Zündschalter (Klemme 15) direkt an die Spule, wodurch die ursprüngliche Zuleitung vollständig umgangen wird.

Zündkerzen

Über die Zündkerze wird die Zündenergie zur Einleitung der Verbrennung in den Verbrennungsraum übertragen. Die Zündkerze muss hierbei einer sehr hohen Spannung, Temperatur, sehr hohem Druck sowie Vibrationen widerstehen und in einer mit aggressiven Chemikalien belasteten Umgebung zuverlässig und betriebssicher funktionieren.

Die Zündkerze muss deshalb eine Selbstreinigungsfunktion haben, um die Chemikalien und Rußablagerungen abzubrennen. Anderenfalls würde der Zündfunken diese Ablagerungen als alternativen Weg an Masse verwenden und das Gemisch würde nicht verbrannt werden. Durch Nutzung der Motorwärme werden die Ablagerungen abgebrannt, der Rest der Wärme muss wirksam verteilt werden. Anderenfalls wird die Zündkerze eine überhitzte Stelle bilden und so eine Frühzündung ohne Zündfunken (Glühzündung) verursachen. Für unterschiedliche Motoren sind auch unterschiedliche Kerzen erforderlich, um diese Selbstreinigungsfunktion ablaufen zu lassen. Hierzu werden die Zündkerzen nach ihrem Wärmewert klassifiziert. Eine Zündkerze für einen heiß laufenden Motor muss die nicht benötigte Wärme wirkungsvoller ableiten, um in ihrem Arbeitsbereich frei von Ablagerungen zu bleiben. Diese Zündkerze hat einen geringeren Wärmewert. Läuft der Motor mit niedrigerer Verbrennungstemperatur, so muss die Zündkerze mehr Wärme

Einige Versionen der vielen aktuell verfügbaren Zündkerzentypen

einbehalten, um sich wieder freizubrennen. Diese Zündkerze hat einen höheren Wärmewert.

Bei der Auswahl der Zündkerze sollte man unbedingt die vom Fahrzeughersteller vorgegebene Marke vorziehen und genau auf den Wärmewert achten. Handelt es sich bei dem Einsatzbereich des Fahrzeugs vornehmlich um Kurzstreckenbetrieb, so sollte eine Zündkerze mit leicht höherem Wärmewert gewählt werden, um hier bei den häufig auftretenden Warmlaufphasen ein Freibrennen der Kerze zu gewährleisten. Bei Fahrzeugen für den Langstreckenbetrieb kann eine Zündkerze mit einem um eine Stufe niedrigeren Wärmewert verwendet werden.

Für den Motorsporteinsatz hängt der zu wählende Wärmewert von den technischen Daten des Motors ab und davon, welche Zündkerze die beste Leistung ermöglicht. Hierbei ist zu beachten, dass mit einem höheren Verdichtungsdruck im Motor auch die benötigte Zündspannung steigt. Deshalb ist es sinnvoll, eine Zündkerze einzusetzen, die zum Überspringen eines Funkens nur eine niedrigere Spannung benötigt. Derartige Zündkerzen sind etwas teurer und ihre Lebensdauer ist sehr begrenzt. Sie halten nur vier oder fünf Rennen mit jeweils zehn Runden!

Beim Einbau der Zündkerzen ist immer der vom Hersteller vorgegebene Elektrodenabstand an der Zündkerze einzustellen.

Zündkabel

Als Zündkabel wird am besten jene Bauart ausgewählt, die einen besonders langen Zündkerzenstecker aus Gummi aufweist, der den gesamten Isolator der Zündkerze umschließt. Auf diese Weise werden Feuchtigkeit und Verunreinigung ferngehalten, die sonst einen Kurzschluss an der Zündkerze entlang der Außenseite des Isolators ermöglichen würden. Der Zündfunke kann hierdurch fehlgeleitet werden und die Zündkerze zündet nicht.

Um außerdem ein Überspringen des Zündfunkens zu vermeiden, sollten die Zündkabel sauber gehalten werden.

Das Gleiche gilt für die gesamte Zündanlage, insbesondere Verteilerkappe und Zündspule. Verunreinigung und Feuchtigkeit bieten immer einen alternativen und leichteren Weg für den Zündfunken an Masse, wodurch die Zündspannung zumindest verringert wird und die Motorleistung durch mangelnde Zündleistung der Zündkerzen beeinträchtigt wird.

Der Aufbau der Zündkabel hat sich im Laufe der Jahre wesentlich geändert. In den sechziger und siebziger Jahren wurden Hochleistungszündkabel mit einer Kupferseele und einem extern montierten Entstörwiderstand (Kupfer hat schlechte Entstöreigenschaften) gefertigt. Unglücklicherweise schmilzt Kupfer auch bei höheren Temperaturen, sodass die Zündkabel damals tatsächlich wegschmelzen konnten.

Dieses Problem wurde mit den Kohlefaserzündkabeln behoben. Diese weisen gute Entstöreigenschaften auf, jedoch weiterhin eine mangelhafte Wärmeableitung. Bei diesen Zündkabeln kann bereits nach 18 Monaten Betriebszeit die Seele durchbrechen.

Moderne Zündkabel sind mit einer Silikonseele gefertigt, die hervorragende Motorleistung bei ausgezeichneter Hitzebeständigkeit und langer Lebensdauer bietet.

Verbrennungs-Klopfen – Frühzündung, Glühzündung und Flammfrontkollision

In diesem Abschnitt über Zündanlagen werden die Ursachen und Auswirkungen einer Flammfrontkollision sowie von Frühzündungen behandelt. Die Einstellung des Zündzeitpunkts hat auf diese Problembereiche die größte Auswirkung.

Unter normalen Umständen entzündet der Zündfunken das Gemisch im Verbrennungsraum. Die Verbrennung des Gemisches beginnt mit einer kleinen Flamme, die sich stetig ausdehnt und weiter verbreitet. Mit Ausbreitung der Flamme im Verbrennungsraum werden die vor der Flammfront befindlichen, unverbrannten Gase erhöhten Temperaturen ausgesetzt und weiter verdichtet.

Bei einer Flammfrontkollision erfolgt eine unkontrollierte Explosion dieses noch unverbrannten Restgemisches, das sich spontan aufgrund der extremen Hitze und des extrem hohen Drucks im Verbrennungsraum selbst entzündet. Dies ist an einem mechanischen Klingelgeräusch erkennbar, das aus dem Innern des Motors herrührt. Das Geräusch wird von der Schockwelle der Explosion, verursacht durch das Aufeinandertreffen der Flammfronten des durch den Zündfunken entzündeten Gemischteils und des selbst entzündeten Restgemisches, erzeugt. Die bei schwerer Flammfrontkollision freigesetzte Energie reicht aus, um z. B. Frostschutzstopfen aus dem Motorblock zu drücken oder gar Löcher in den Kolbenboden zu brennen. Durch geringfügige Flammfrontkollision kann der Kolbenschaft mit der Zeit abgetragen werden, wodurch die Kolbenringe dann frei liegen und in der Folge wegbrennen.

Die Flammfrontkollision wird normalerweise durch zu viel Frühverstellung der Zündung oder aber durch ein zu hohes Verdichtungsverhältnis verursacht. Ist das Gemisch dann noch zu mager, so verschärft dies die Situation zusätzlich. Eine Abmagerung des Gemisches allein verursacht im Regelfall jedoch noch keine Flammfrontkollision.

Frühzündung tritt auf, wenn das Gemisch im Verbrennungsraum von einer anderen Zündquelle als der Zündkerze in Brand gesetzt wird. Im Regelfall handelt es sich hier um einen Metallvorsprung oder glühende Ölkohleablagerungen. Deshalb spricht man auch von der so genannten Glühzündung. So können z. B. scharfe Kanten nach Abfräsen des Zylinderkopfes oder Motorblocks oder aber ein überhitztes Auslassventil eine Glühzündung verursachen. Auch können bisweilen scharfe Kanten nach Einbau von Ventilsitzeinsätzen hierfür verantwortlich sein. Deshalb muss vor der Montage des Zylinderkopfs sorgfältig entgratet werden. An einem älteren Motor mit hoher Laufleistung oder auch an einem neueren Motor im Kurzstreckenbetrieb mit ständig aufeinander folgenden Kaltstartvorgängen kann die Frühzündung durch glühende Ölkohleablagerungen auf dem Kolbenboden oder an der Oberfläche des Verbrennungsraums verursacht werden. Durch den Einsatz bleifreien Kraftstoffs wird diese Situation noch verschärft. Die bei Verbrennung von bleifreiem Kraftstoff entstehenden, sehr harten Verbrennungsnebenprodukte lagern sich im Verbrennungsraum und auf dem Kolbenboden ab. Die einzige Abhilfe ist hier das Entfernen der Kohleablagerungen von den betroffenen Bauteilen. Bei einem Motor mit hoher Laufleistung darf die Kohleablagerung an der Kante des Kolbens jedoch nicht entfernt werden. Diese dient als zusätzliche Abdichtung des Verbrennungsraums und als Öldichtung.

Bisweilen kann ein Wärmestau, verursacht durch Flammfrontkollision, zum Auftreten von Frühzündung führen. Die Auswirkungen von Frühzündung sind besonders durch den Effekt bekannt, dass der Motor nach Abschalten der Zündung „nachdieselt". An einigen Fahrzeugen kann dies durch eine hohe Leerlaufdrehzahl, ein mageres Gemisch oder eine zu starke Spätverstellung der Zündung verursacht sein oder aber durch eine Kombination aller drei Faktoren. Das Problem liegt ursächlich meist in einem zu hohen Wärmestau am Auslassventil bei dem mit Leerlaufdrehzahl drehenden Motor. Dies ist ein Grund für die Verwendung von Bronzeventilführungen bei Umrüstung auf bleifreien Kraftstoff. Hierdurch wird die zusätzliche Wärme besser abgeführt und die Wahrscheinlichkeit einer Frühzündung verringert.

KAPITEL 14

Arbeitsbeispiele für eine Modifizierung des Zylinderkopfes

In diesem Abschnitt des Buches werden Modifizierungen behandelt, die wir für weit verbreitete Zylinderkopf-Typen entwickelt haben. Wann immer möglich haben wir Leistungsangaben, Luftdurchsatzdaten und Fotos beigefügt, um die wichtigen Merkmale jedes Zylinderkopfs hervorzuheben. Wo angegeben, wurden die Leistungsdaten des Motors auf einem Rollenprüfstand mit Wasserwirbelbremse des Herstellers Clayton gemessen.

Ford CVH – halbkugelförmiger Verbrennungsraum

Die Einlasskanäle sind im Vergleich zu den 42-mm-Ventilen zu klein. Der Kanal muss zur Verbesserung des Luftdurchsatzes aufgeweitet werden. Wird dies jedoch zu weit getrieben, so findet man sich schnell im Kühlwasserkanal neben den Ventilführungen wieder.

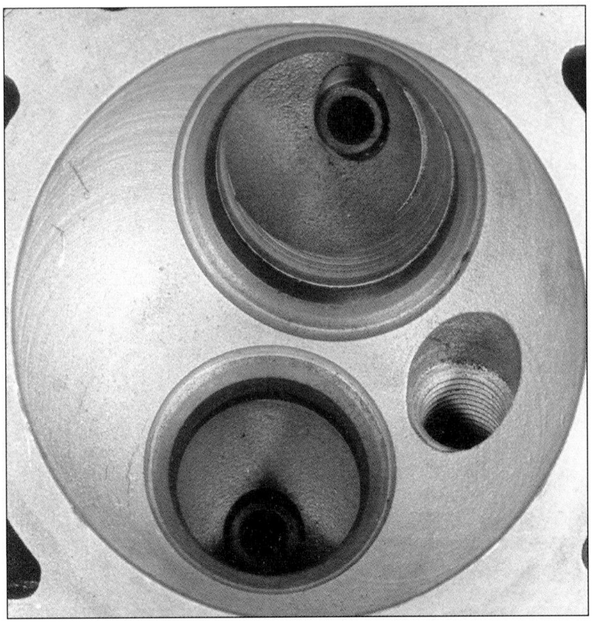

Verbrennungsraum

Modifizierte Ventilöffnung am Einlassventil

Da der Zylinderkopf aus Aluminiumguss hergestellt ist, lassen sich die Übergänge von den Ventilsitzeinsätzen zu den Ventilöffnungen nicht nahtlos gestalten. Durch einfaches Glätten der Ventilöffnung und Abdrehen der Rückseite des Ventils werden zusätzliche 10 PS an den Antriebsrädern gewonnen. Ansonsten bleibt der 1,6-Liter-Einspritzmotor unverändert. Durch Öffnen der Kanäle und Abschleifen des Gussvorsprungs zur Anpassung an die Kanalwandung werden ungefähr weitere 8 PS an den Antriebsrädern gewonnen.

- **Einlassventilsitz / Ventilöffnung:** 1 mm 40° oberer Anschnitt mit Übergang in Krümmung des Verbrennungsraums; 1,3 mm 45° Sitz; 1,5 mm 60° unterer Anschnitt mit Rundung in Ansaugkanal.

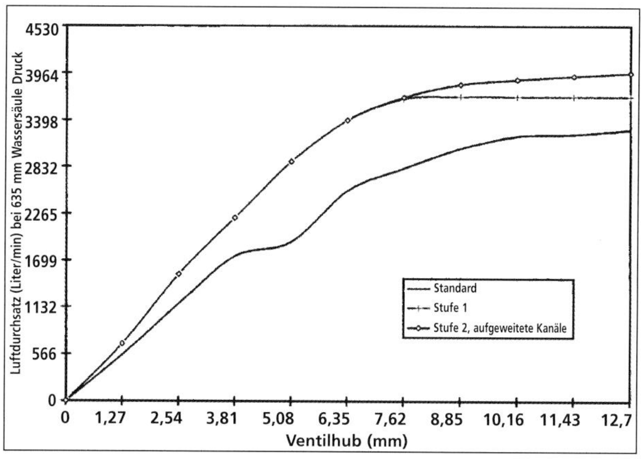

Luftdurchsatz im Einlasskanal bei 635 mm Wassersäule Druck (Ford CVH)

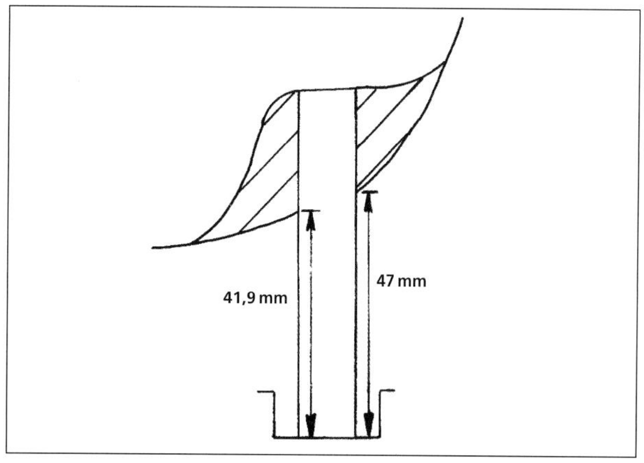

Modifizierung des Gussvorsprungs der Ventilschaftführung am Essex-V6

Ford V6 3-Liter „Essex"

In der Serienversion sind die Zylinderköpfe dieses V6-Motors äußerst nachteilig beschaffen. Die Kanäle sind sehr eng und die Ventilöffnungen passen nicht zur Ventilgröße.

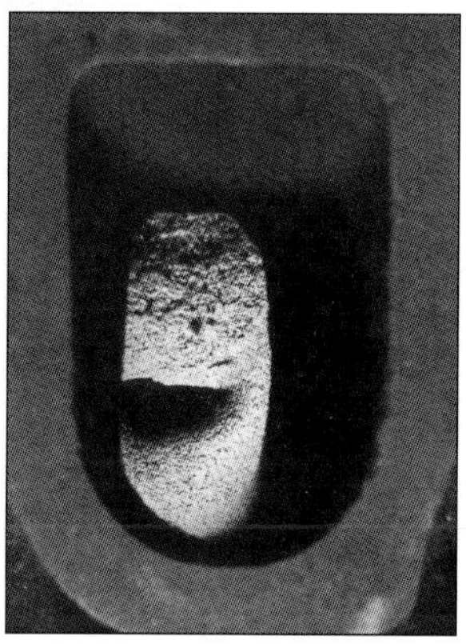

So sieht ein ab Werk ausgelieferter serienmäßiger Einlasskanal aus.

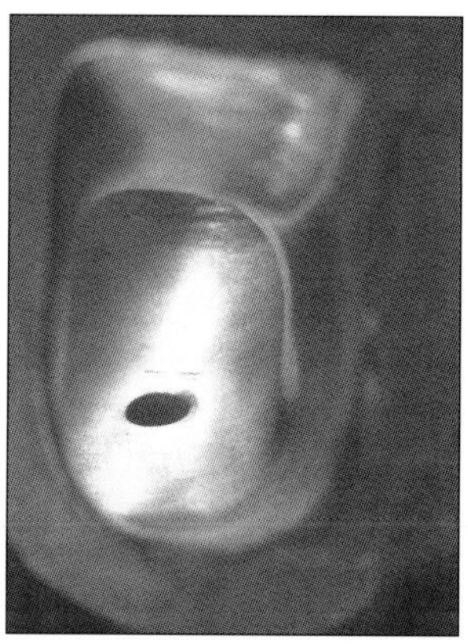

Die Unterschiede an dem modifizierten Einlasskanal sind deutlich erkennbar.

Um den Luftdurchsatz des Zylinderkopfes deutlich zu verbessern, müssen die Einlasskanäle um das größtmögliche Maß aufgeweitet werden, ohne den Kühlwassermantel zu durchstoßen. Der Gussvorsprung ist an die Ebene des Kanals anzugleichen. Ferner ist ein großes Einlassventil von 43 mm Durchmesser oder ein noch größeres mit 46 mm Durchmesser einzubauen.

Das Auslassventil ist groß genug dimensioniert. Gleiches gilt für den Auslasskanal. Hier muss lediglich eine Dreiwinkel-Ventilsitzfräsung vorgenommen werden. Ferner sollten der Gussvorsprung geglättet und die Innenfläche des Kanals bereinigt werden.

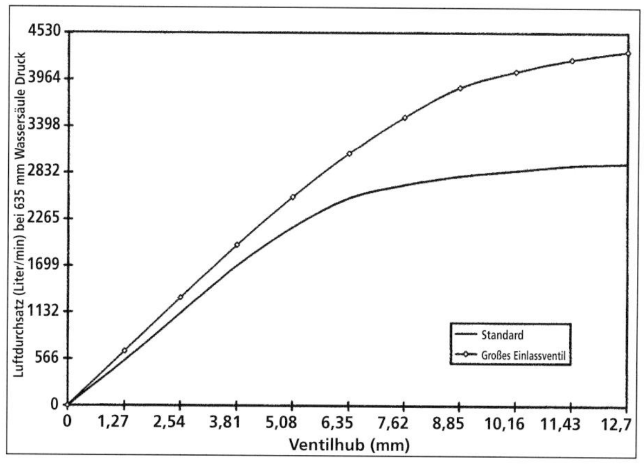

Luftdurchsatz im Einlasskanal bei 635 mm Wassersäule Druck (Essex-V6)

Mit einer für den Straßeneinsatz geeigneten, schärferen Nockenwelle, einem den Luftdurchsatz nicht behindernden Luftfilter und einer größeren Auspuffanlage leistet ein Motor mit diesen Zylinderköpfen bei Verwendung größerer Ventile statt den serienmäßigen 110 PS ungefähr 175 PS an den Antriebsrädern.

- **Einlassventilsitz / Ventilöffnung:** 1,5 mm 30° oberer Anschnitt; 1,5 mm 45° Sitz; 1,5 mm 60° unterer Anschnitt mit Rundung in Ansaugkanal.

Ford 2-Liter SOHC „Pinto"

Dieser Zylinderkopf lässt sich sehr gut modifizieren. Die Serienversion des Zylinderkopfs der Motoren mit Einspritzanlage ist für eine Überarbeitung nahezu genauso gut geeignet wie jener für die Vergaserversion – sofern die einfachen Modifizierungen wie nachstehend angegeben durchgeführt werden.

Ventilöffnungen und Verbrennungsraum in serienmäßigem und verbessertem Zustand

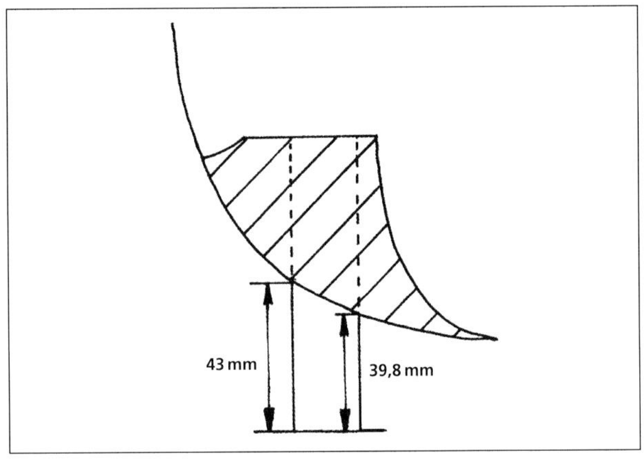

Modifizierung des Gussvorsprungs an der Ventilschaft-führung, Pinto-Motor

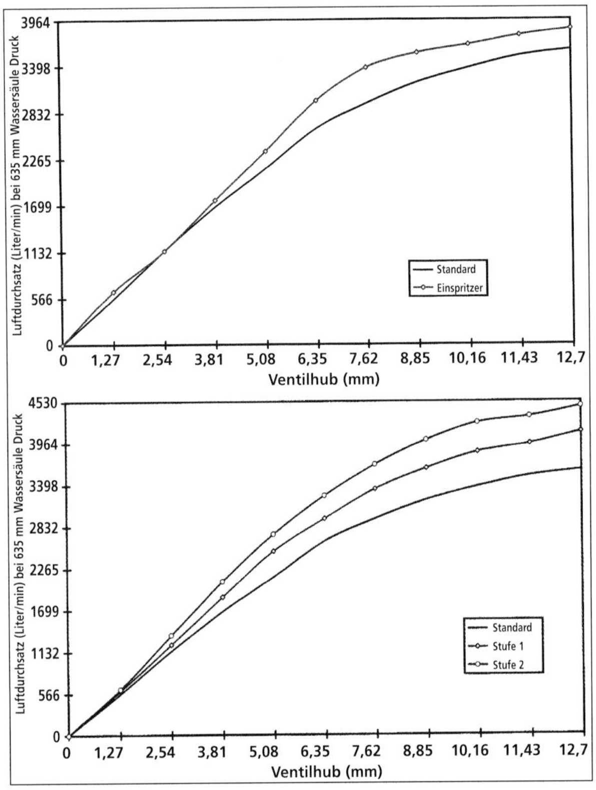

Luftdurchsatz im Einlasskanal bei 635 mm Wassersäule Druck („Pinto")

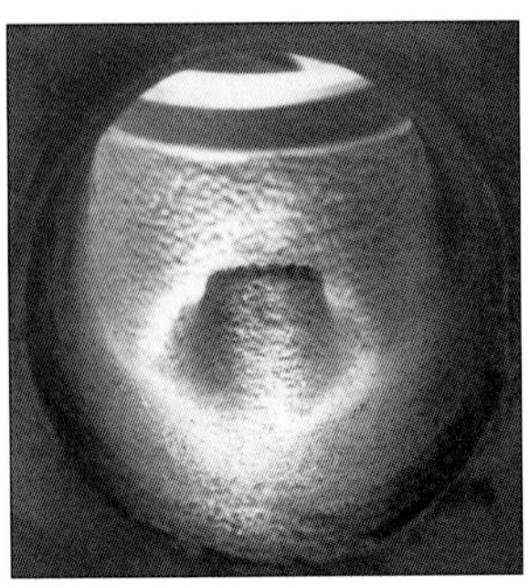

Unbearbeiteter Einlasskanal

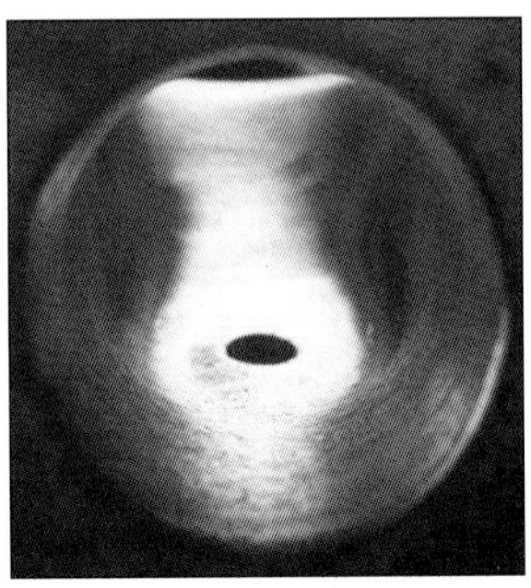

Modifizierter Einlasskanal

- **Einfache Modifizierungen:** Dreiwinkel-Ventilsitzfräsung und Ventilöffnungsbereich entsprechend anpassen. Hierbei die Sitze glatt in die Ventilöffnung übergehen lassen, insbesondere an der kürzeren Seite des Einlasskanals. Ventile mit einem Anschnitt von 30° vom Sitz zur Ventilrückseite bearbeiten, um so die scharfen Kanten zu glätten.

- **Komplette Modifizierung:** Für beste Ergebnisse benötigt der Zylinderkopf große Einlassventile (44,5 mm). Die Gussvorsprünge der Ventilführungen müssen bündig mit dem Kanal geschliffen werden. Der sich aus der Form ergebende Winkel bei Gestalten des Übergangs vom größeren Ventilsitz bis zum Gussvorsprung der Ventilführung bringt in Kombination mit bereinigten, jedoch in der Serienversion belassenen Verbrennungsräumen gute Ergebnisse. Eine Leistungssteigerung von ca. 25% ist realistisch.

- **Einlassventilsitze / Ventilöffnung:**

- Schritt 1: 2 mm 30° oberer Anschnitt; 1,5 mm 45° Sitz; 2 mm 60° unterer Anschnitt mit Rundung in Ansaugkanal.

- Schritt 2: 1 mm 30° oberer Anschnitt; 1,3 mm 45° Sitz; 1,5 mm 60° unterer Anschnitt mit Rundung in Ansaugkanal.

Ford „Kent" Crossflow-Zylinderkopf 1,6 Liter

Der Einlasskanal des Zylinderkopfes der 1,6-Liter-Version in der Serienausführung ist leicht gekrümmt und leitet den Luftstrom gegen die Zylinderwand. Durch Tests auf dem Luftdurchsatzprüfstand wurde ermittelt, dass die Strömungseigenschaften durch die Nähe zur Zylinder-

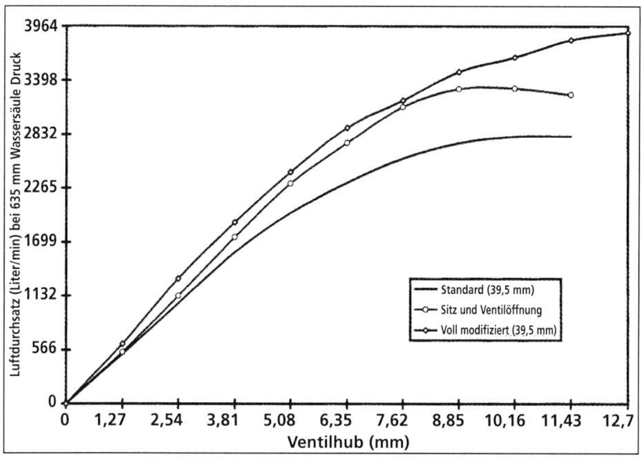

Luftdurchsatz im Einlasskanal bei 635 mm Wassersäule Druck (Ford Crossflow)

wand verbessert werden und dass ein erhebliches Maß an Arbeit erforderlich ist, um wirkungsvolle Ergebnisse zu erzielen und dabei den Luftstrom in der Richtung zu ändern. Der Arbeitsaufwand lohnt sich nicht, es sei denn, man will das Aggregat nur im Motorsport einsetzen. Die serienmäßigen Ventilsitze sind recht breit und die Gussqualität insbesondere im Bereich der Ventilöffnung ist oft mangelhaft. Eine Dreiwinkel-Ventilsitzfräsung vornehmen und die Ventilöffnungen aufweiten und glätten. An der Ventilsitzkontaktfläche einen 30°-Anschliff vornehmen. Eine Leistungssteigerung um 15% ist hierbei zu erwarten. Die volle Modifizierung erfordert einen erheblichen Materialabtrag zur Änderung der Formgebung des Kanals. Hierbei ist ein Leistungszuwachs von ungefähr 30 Prozent möglich.

- Ansaugkanal / Einlassventilsitz: Sitz und Ventilöffnung: 1,0 mm 30° oberer Anschnitt; 1,5 mm 45° Sitz; 1,5 mm 60° unterer Anschnitt mit Übergang in den Ansaugkanal. Gussvorsprung der Ventilschaftführung bleibt bestehen, doch der Kanal wird am Umfang aufgeweitet. Den Rest bereinigen und glätten. Stufe an der Krümmerdichtfläche entfernen. Ventil rückseitig anschneiden.

- Komplette Modifizierung: 1,0 mm 30° oberer Anschnitt; 1,3 mm 45° Sitz; 1,5 mm 60° unterer Anschnitt mit Übergang in die Ventilöffnung. Gussvorsprung der Ventilschaftführung entfernen und Kanal nach Erfordernis rohrförmig aufweiten. Ventil weist 30° rückseitigen Anschnitt mit Übergang in die Rückseite zur Verkleinerung der Sitzbreite auf.

Opel 1,8 Liter 2-Ventiler

Der Zylinderkopf des 1,8-Liter-Motors bietet als Grundlage sehr viele Entwicklungsmöglichkeiten. Mit nur wenig Arbeitsaufwand lassen sich großzügige Leistungsreserven nutzen. Durch einfaches Fräsen von Dreiwinkel-Ventilsitzen an Einlass- und Auslassventil, ferner durch Gestalten der Übergänge an Ventilöffnungen und den Rückseiten der Ventilteller wird die Motorleistung an den Antriebsrädern von 91 auf ca. 108 PS gesteigert.

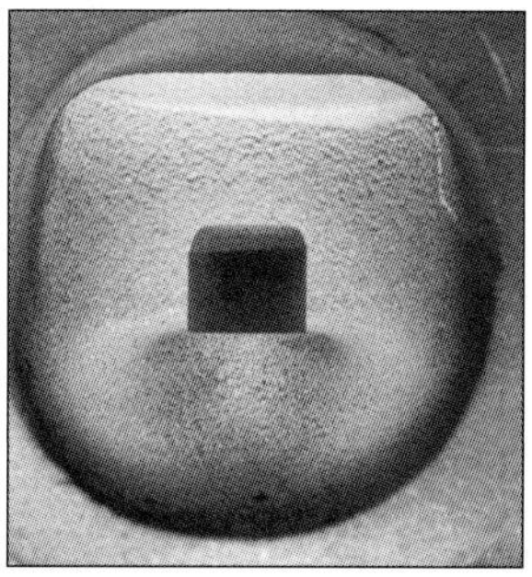

Serienmäßiger Einlasskanal

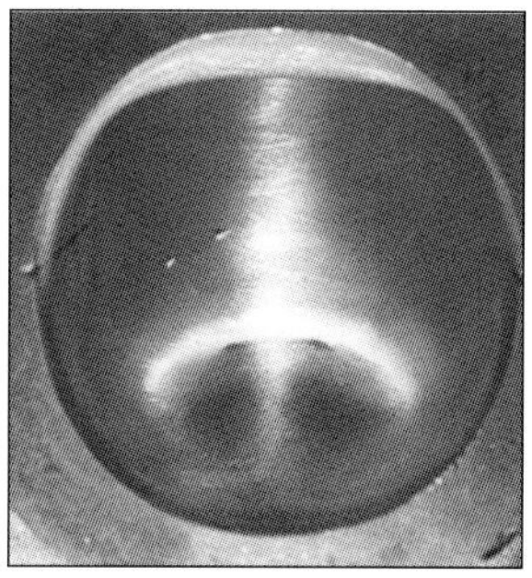

Modifizierter Einlasskanal

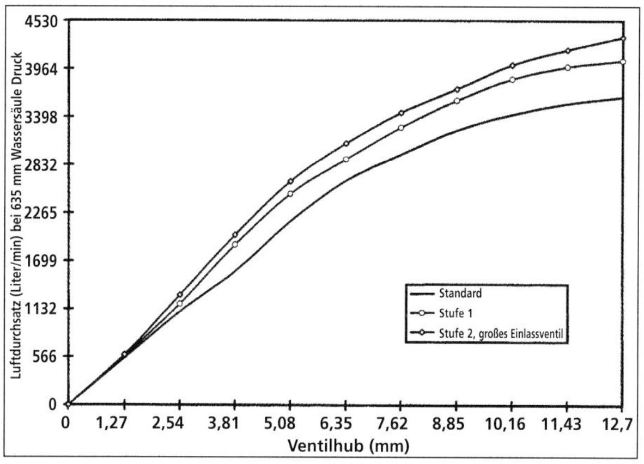

Luftdurchsatz im Einlasskanal bei 635 mm Wassersäule Druck (Opel 1,8 Liter 2-Ventiler)

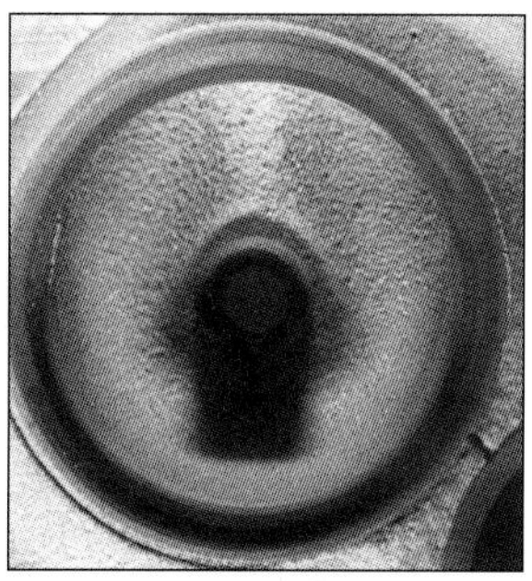

Ventilöffnung, Ventilsitz und Verbrennungsraum in der Serienversion

Modifizierung an Ventilöffnung, Sitz und Verbrennungsraum (siehe Riss)

Durch Einbau eines Einlassventils mit 43,2 mm Durchmesser und Glätten der Kanäle, insbesondere am Umfang der Gussvorsprünge in Kombination mit einer Reduzierung der Ventilführungshöhe lassen sich weitere 8 PS an den Antriebsrädern gewinnen.

- Einlassventilsitze / Ventilöffnung: Serienversion des Ventils: 1,0 mm 30° oberer Anschnitt; 1,25 mm 45° Sitz; 1 mm 60° unterer Anschnitt mit Übergang in die Ventilöffnung. Großes Einlassventil: 1,0 mm 30° oberer Anschnitt; 1,3 mm 45° Sitz; 1,3 mm 60° unterer Anschnitt mit Übergang in die Ventilöffnung.

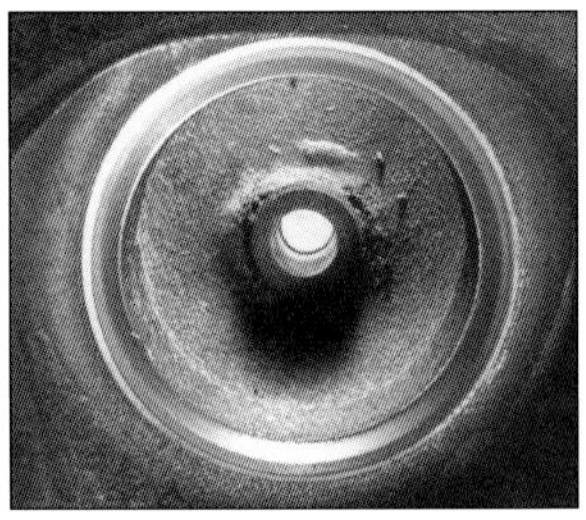

Ventilöffnung und Ventilsitz in der Serienversion

Ventilöffnung und Ventilsitz in modifizierter Form

Fiat DOHC 2-Ventiler

In der Serienversion ist der Einlassventilsitz zu breit, wodurch die Ventilöffnung zu klein ausfällt. Durch Anfräsen eines Dreiwinkel-Ventilsitzes und Aufweiten der Ventilöffnungen lassen sich schon gute Ergebnisse erzielen. Die Kanäle glätten und die Ventilführung bündig mit der Kanaloberfläche anschleifen. Das Einlassventil muss in Tulpenform verbleiben, um wirkungsvoll zu sein. Hierdurch sind ca. 15 PS Leistung zu gewinnen, während gleichzeitig alles andere in Serienversion verbleibt. An einem modifizierten Motor für den Sporteinsatz würde dieser überarbeitete Zylinderkopf eine Leistungssteigerung von ca. 25% bewirken.

- Einlassventilsitze / Ventilöffnung: 1,0 mm, 30° oberer Anschnitt; 1,5 mm 45° Sitz; 1,25 mm 60° unterer Anschnitt mit Übergang in die Ventilöffnung.

Fiat X1/9 1500

Die Modifizierungen an einem Zylinderkopf dieses Fahrzeugs sind sehr effizient. Ohne zusätzliche Änderungen wird die Leistung an den Antriebsrädern von 62 auf 84 PS gesteigert.

- Änderungen im Verbrennungsraum: Den Verbrennungsraum auf der Zündkerzenseite des Zylinderkopfes so anschneiden, dass von der Zylinderkopfdichtfläche bis zum ursprünglichen Beginn an der Verbrennungsraumwand eine gerade Linie besteht. Auf der gegenüber liegenden Seite den Verbrennungsraum bis auf einen Abstand zum Einlassventil von 0,25 x Ventildurchmesser zurücknehmen. **Wichtig:** Nicht unter die Anlagefläche der Zylinderkopfdichtung schneiden!

- Änderungen im Kanal: Die Führung abschleifen und einen ebenen Übergang vom Gussvorsprung zur Kanalwand schaffen sowie die Oberfläche der Kanäle insgesamt glätten.

- Änderungen an Ventilen: Die serienmäßigen Ventile sind seltsam geformt. Die Ventilsitze im 45°-Winkel auf 1,5 mm Breite zurücknehmen, gefolgt von einem

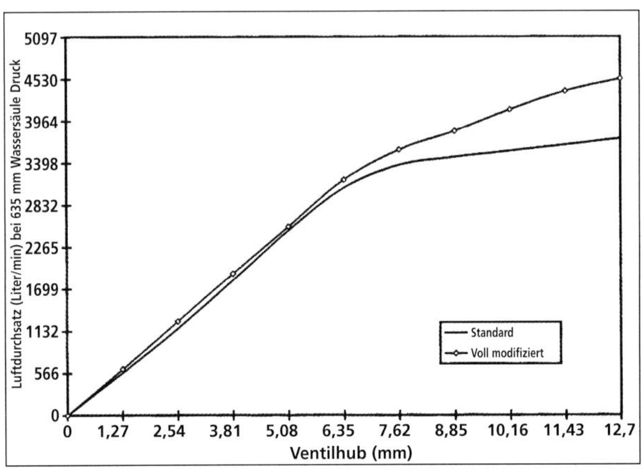

Luftdurchsatz im Einlasskanal bei 635 mm Wassersäule Druck (Fiat DOHC Zweiventiler)

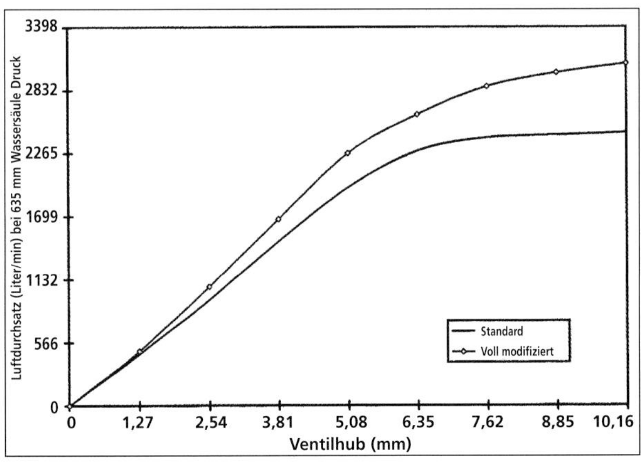

Luftdurchsatz im Einlasskanal bei 635 mm Wassersäule Druck (Fiat X1/9)

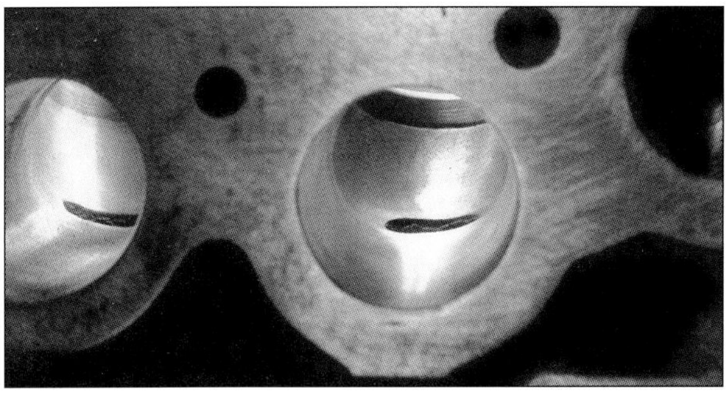

Modifizierter Einlasskanal

den Übergang verbessernden 30°-Fräswinkel. Hier ist eine Dreiwinkel-Ventilsitzfräsung erforderlich.

- Einlassventilsitze / Ventilöffnung: 1,0 mm 30° oberer Anschnitt; 1,0 mm 45° Sitz; 1,0 mm 60° unterer Anschnitt mit Übergang in die Ventilöffnung.

Triumph TR7

In der Serienversion sieht der Zylinderkopf recht unvorteilhaft aus, hat jedoch recht gute Strömungseigenschaften. Zur Verbesserung sollte die Formgebung aller Kanäle möglichst gleich gestaltet werden. Den Gussvorsprung abschleifen und eine im Winkel von 7° kegelig gedrehte Ventilführung verwenden. Ventil und Ventilsitz mit Dreiwinkel-Fräsung versehen. Im Verbrennungsraum selbst sind keine Änderungen erforderlich, sofern die serienmäßigen Ventilgrößen verwendet werden.

Diese Änderungen bringen ca. 15% Leistungssteigerung (die Leistung an den Rädern wird von 85 auf 98 PS angehoben). Ein so modifizierter Motor lässt sich mit einer scharfen Nockenwelle noch wesentlich verbessern.

- Einlassventilsitz / Ventilöffnung: 2,0 mm 30° oberer Anschnitt; 1,25 mm 45° Sitz; 1,25 mm 60° unterer Anschnitt mit Übergang in die Ventilöffnung.

Einlasskanäle mit offensichtlichen Gussfehlern und hervorstehenden Ventilsitzeinsätzen

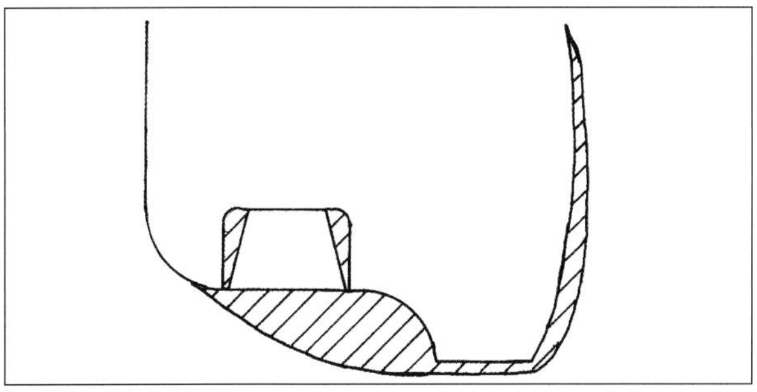

Modifizierung am Kanal und Gussvorsprung der Ventilschaftführung eines TR7-Motors (schraffierte Bereiche abtragen)

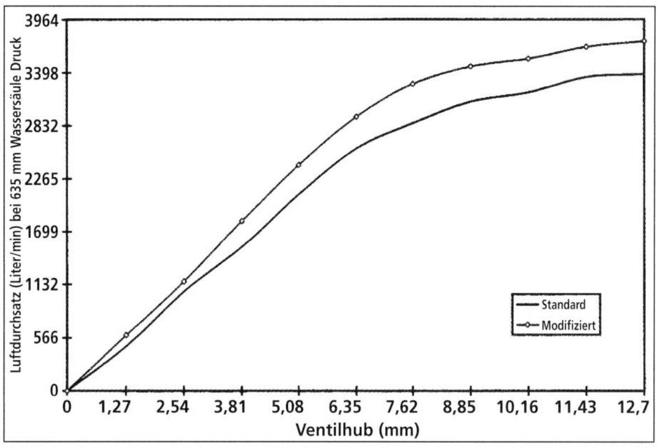

Luftdurchsatz im Einlasskanal bei 635 mm Wassersäule Druck (Triumph TR7)

Triumph Spitfire 1500 Midget

Um aus diesem Zylinderkopf mehr Leistung herauszuholen, muss die Ausführung mit 36,4-mm-Einlassventil (Spitfire) verwendet werden, nicht so gut geeignet ist die Version mit den 35-mm-Einlassventilen.

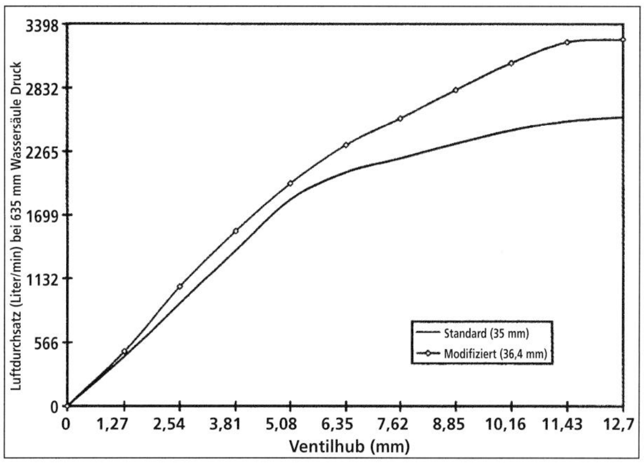

Luftdurchsatz im Einlasskanal bei 635 mm Wassersäule Druck (Triumph Spitfire 1500)

Den Gussvorsprung der Ventilschaftführung vom Einlasskanal entfernen und statt dessen eine Bronze-Ventilführung mit 7° Kegeldrehung verwenden. Im Verbrennungsraum muss an der Wandung zur Zündkerzenseite des Zylinderkopfes die Rundung entfernt werden, um eine gerade Linie von der Zylinderkopfdichtfläche zum ursprünglichen Anfangspunkt der Verbrennungsraumdecke zu schaffen. Dreiwinkel-Ventilsitze und ein großzügiger Radius an der kurzen Seite des Kanals haben sich als recht nützlich erwiesen.

Üblicherweise hat ein serienmäßiger MG Midget 1500 eine Leistungsabgabe von 52 PS an den Antriebsrädern. Mit einer leicht schärferen Nockenwelle für den Straßeneinsatz, Luftfiltern mit höherem Luftdurchsatz sowie einem Sportauspuff und einem Zylinderkopf mit größeren Einlassventilen können rund 85 PS an den Antriebsrädern erwartet werden.

- Einlassventilsitz / Ventilöffnung: 1,0 mm 30° oberer Anschnitt; 1,0 mm 45° Sitz; 1,0 mm 60° unterer Anschnitt mit Übergang in die Ventilöffnung.

Die Einlasskanäle in bearbeiteter Form (links) und in der Serienversion (rechts)

Modifizierte Ventilöffnung für das große Einlassventil

1275 BMC / BL / Rover A-Serie

In der Serienversion mit kleinem Ventil (33,4 mm) bringt der Zylinderkopf keine gute Leistung. Mit leichten Modifizierungen bessert sich diese Situation und mit einem größeren Einlassventil (35,6 mm) lassen sich wahrhaft hervorragende Ergebnisse erzielen!

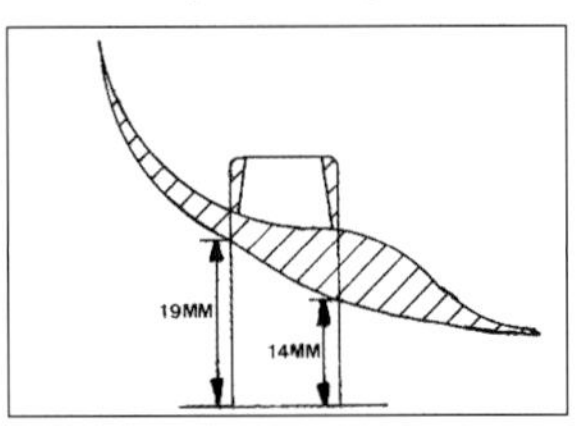

Änderungen am Gussvorsprung der Ventilschaftführung an einem 1275 A-Serie-Motor (schraffierte Bereiche entfernen)

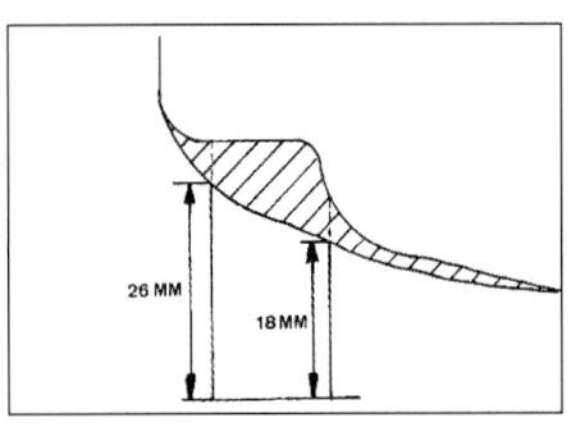

Änderungen am Gussvorsprung der Ventilschaftführung des Auslassventils am 1275 A-Serie-Motor (schraffierte Bereiche abtragen)

Der Einlasskanal für die Straßenversion

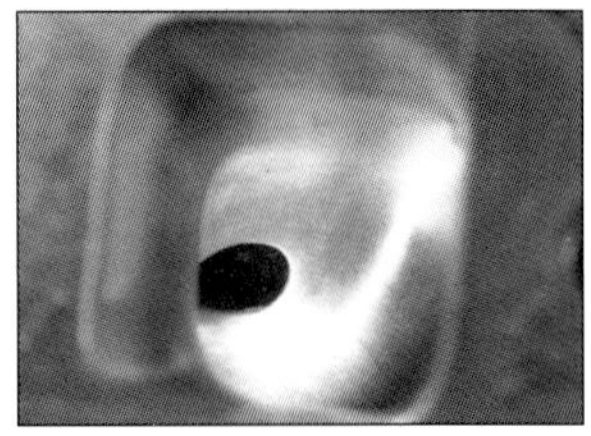

Auslasskanal eines Motors für kombinierten Straßen-/ Renneinsatz

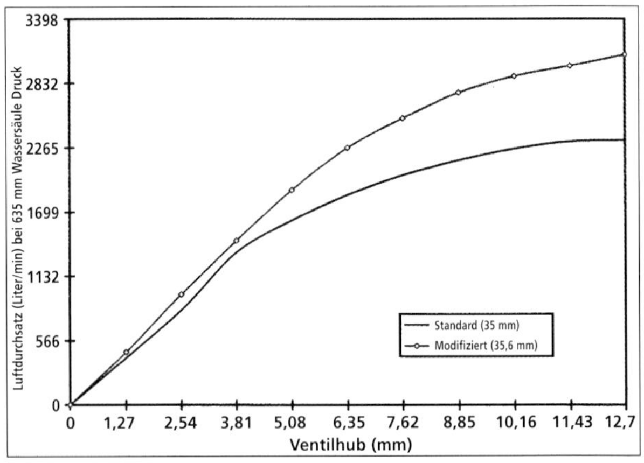

Luftdurchsatz im Einlasskanal bei 635 mm Wassersäule Druck (1275 A-Serie)

Form eines Verbrennungsraums für den Motorsporteinsatz

Die Gussvorsprünge der Ventilschaftführungen in gleichmäßigen Übergang zur Ventilöffnung bringen und Abweichungen der Gussform in den Kanälen bereinigen. Die Übergänge bei Richtungsänderung des Luftstroms im Abschnitt der „siamesischen Ansaugkanäle" glätten und sicher stellen, dass die Aufteilung des Kanals symmetrisch ist. Für den Straßeneinsatz müssen zur Vermeidung von Glühzündungen (Motorklingeln) die hervorstehenden Gusskanten im Verbrennungsraum entfernt werden. Für den Motorsporteinsatz die Wandung des Verbrennungsraums am Einlassventil glätten – entweder um 0,25D (1/4 des Ventildurchmessers) bzw. bis zur Dichtungslinie, je nach dem, was zuerst erreicht wird. Die Einfassung des Auslassventils durch Abfräsen der Wandung auf den Wert 0,2D bzw. die Linie der Zylinderkopfdichtung entfernen – wiederum je nach dem, was zuerst erreicht wird.

In der Serienversion hat ein 1275 Rover A-Serie 45 PS an den Antriebsrädern. Nach Montage eines Zylinderkopfes mit offenem Verbrennungsraum und größeren Ventilen, einer Auspuffanlage mit höherem Abgasdurchsatz, Weber 45DCOE-Vergaser und einer Kent 286er Nockenwelle (Straßeneinsatz) kann die Motorleistung auf über 96 PS gesteigert werden.

- **Einlassventilsitz / Ventilöffnung:** 1,0 mm 30° oberer Anschnitt; 1,0 mm 45° Sitz; 1,0 mm 60° unterer Anschnitt mit Übergang in die Ventilöffnung.

Rover V8 3,5 (SD1)

In der Serienversion sind die Ventilöffnungen viel zu schmal. Durch Nachschneiden der Dreiwinkel-Ventilsitze auf den vollen Ventildurchmesser und Aufweiten sowie Anpassung der Übergänge in Verbindung mit Abdrehen der Ventilteller können ca. 35 PS an den Antriebsrädern gewonnen werden.

Durch vollständige Modifizierung in Form von Abtragen der Gussvorsprünge und Aufweiten der Kanäle lassen sich dem Motor weitere 10 PS entlocken.

Der Zylinderkopf benötigt wirklich größere Ventile, um wirkungsvoll zu arbeiten. Die Einlasskanäle sind für eine Luftbeschickung an derart dimensionierte Ventile jedoch zu klein und beim Versuch einer Aufweitung landet man nur zu schnell im Kühlwasserkanal! Für den Straßeneinsatz würden wir die Zylinderköpfe mit aufgeweiteten Ventilöffnungen empfehlen. Wird mehr Motorleistung verlangt, so wird dies am besten durch Änderung der Nockenwelle realisiert.

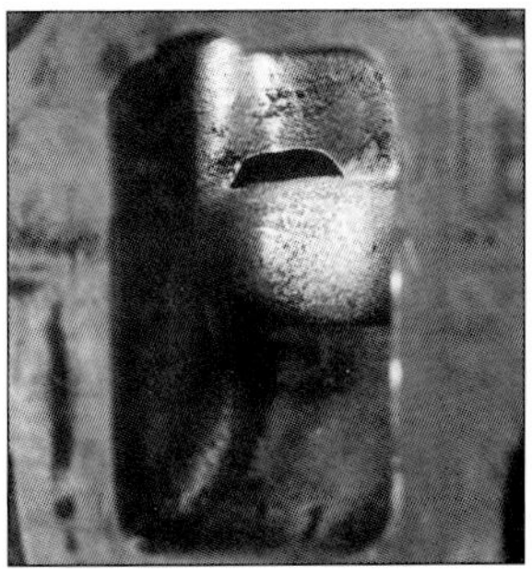

Einlasskanal in der Serienausführung ...

... und in modifizierter Version

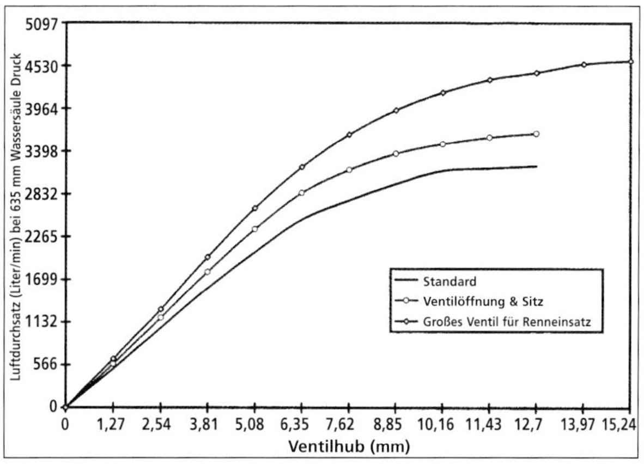

Luftdurchsatz im Einlasskanal bei 635 mm Wassersäule Druck (Rover V8)

- **Einlassventilsitz / Ventilöffnung:** 2,0 mm 30° oberer Anschnitt; 1,3 mm 45° Sitz; 1,5 mm 60° unterer Anschnitt mit Übergang in die Ventilöffnung.
- **Für Motorsporteinsatz:** 1,0 mm 30° oberer Anschnitt; 1,5 mm 45° Sitz; 2 mm 60° unterer Anschnitt mit Übergang in die Ventilöffnung.

Entsprechend für den Motorsporteinsatz präparierte Ventilöffnung und Sitz (Einlassventil 45,8 mm)

Wettbewerbstauglicher Einlasskanal

Rover K-Serie 1,8 MGF 16-Ventiler

Mit diesen 16-Ventil-Zylinderköpfen haben wir ein umfangreiches Programm an Prüfläufen, Auswertungen und Entwicklungen durchgeführt.

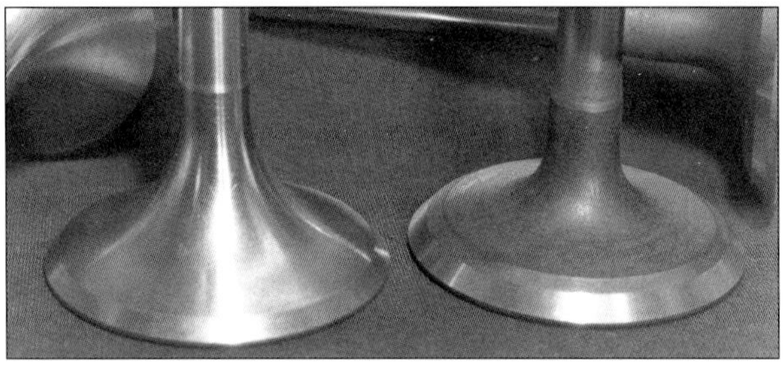

Ventilformen wie sie bei den Tests des Vierventil-Zylinderkopfes verwendet wurden

Anmerkungen

Das Foto zeigt, wie es aussieht, wenn man einen Schritt zu weit geht – in den Kühlwassermantel. Interessant sind die Änderungen im Luftdurchsatz aufgrund der Formgebung der Ventile (siehe Foto). Die flacheren Profile eignen sich besser für eine Steigerung des Luftdurchsatzes auf halbem Wege des Ventilhubs, während die Tulpenform besser für größeren Ventilhub geeignet ist.

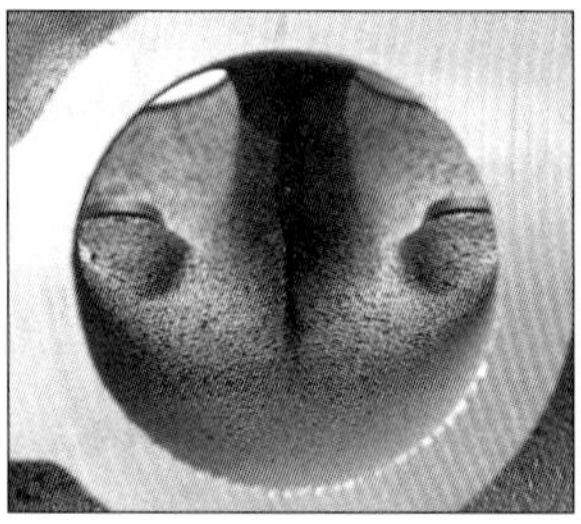

Einlasskanal eines Serienmotors mit Vierventiltechnik in unbearbeitetem Zustand wie er ab Werk ausgeliefert und ...

... nach zu intensiver Bearbeitung mit freigelegten Kühlwasserkanälen (siehe unterhalb der Ventilschaftführungen).

ANHANG

Berechnung des Verdichtungsverhältnisses

Das Verdichtungsverhältnis (VV) eines Motors wird durch folgende Formel ausgedrückt:

$$VV = \frac{\text{Hubraum} + \text{Verdichtungsraum}}{\text{Verdichtungsraum}}$$

Der Hubraum ist das Volumen eines Zylinders in ccm.

Das Volumen des Verbrennungsraums (Vh) wird ermittelt, wenn der Kolben auf OT steht.
Der Verdichtungsraum (Vc) umfasst das Volumen oberhalb des obersten Kolbenrings, sämtlicher Vertiefungen oder Ventilausschnitte im Kolben, den Zwischenraum zwischen Kolbenboden und Verbrennungsraumdecke sowie das Volumen der Zylinderaussparung der komprimierten Zylinderkopfdichtung.

Zum Beispiel:

1798 ccm Bohrung, 6,5 ccm Vertiefung im Kolbenboden, 2 ccm oberhalb des Kolbens, 4,5 ccm Dichtungsvolumen und 43 ccm Verbrennungsraumvolumen im Zylinderkopf.

Hubraum eines Zylinders =

$$\frac{1798}{4} = 449{,}5 \text{ ccm}$$

Verdichtungsraum eines Zylinders =

$$6{,}5 + 2 + 4{,}5 + 43 = 56 \text{ ccm}$$

$$VV = \frac{449{,}5 + 56}{56}$$

$$= 9{,}03:1 \text{ (9,03 zu 1)}$$

Muss das Verdichtungsverhältnis erhöht werden, so kann der erforderliche neue Verdichtungsraum wie folgt berechnet werden:

Hinweis: 1 Fuß/sec = 0,3048 m/sec
1 cm^2 = 0,155 Zoll^2

$$VV - 1 = \frac{\text{Hubraum}}{\text{Verdichtungsraum}}$$

Deshalb gilt:

$$\text{Verdichtungsraum} = \frac{\text{Hubraum}}{VV - 1}$$

Beispiel: Das erforderliche neue Verdichtungsverhältnis ist 10,5 zu 1. Welches Verbrennungsraumvolumen wird benötigt, um dies zu erreichen?
Unter Anwendung desselben Zylindervolumens wie vorher (449,5 ccm) ergibt sich:

$$\text{Verdichtungsraum} = \frac{449{,}5}{10{,}5 - 1}$$

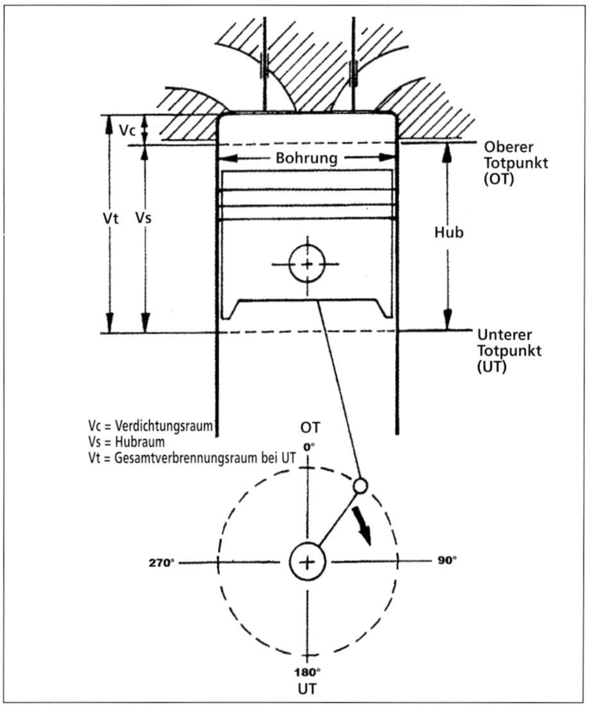

Volumenmaße am Motor

$$\frac{449{,}5}{9{,}5}$$

$$= 47{,}32$$

Da alle relevanten Daten zur Berechnung des Verdichtungsraums (eine Vertiefung im Kolbenboden von 6,5 ccm sowie 2,0 ccm oberhalb des Kolbens und 4,5 ccm Volumen der Zylinderkopfdichtung) bekannt sind, kann das Verbrennungsraumvolumen durch Subtrahieren dieser Werte von dem berechneten Verdichtungsraum ermittelt werden.

Zum Beispiel:

Neues Verbrennungsraumvolumen =
47,32 - 6,5 - 2 - 4,5
= 34,32 ccm

Berechnungen zum Planfräsen des Zylinderkopfes

Neue erforderliche Tiefe des Verbrennungsraums =

$$\text{Ursprüngliche Tiefe} \times \frac{\text{erforderliches Volumen in ccm}}{\text{ursprüngliches Volumen in ccm}}$$

Zum Beispiel:

Das erforderliche Volumen beträgt 34,32 ccm, das ursprüngliche Volumen beträgt 43 ccm und die ursprüngliche Tiefe des Verbrennungsraums beträgt 10 mm.

$$\text{Neue Tiefe des Verbrennungsraums} = 10 \times \frac{34{,}32}{43}$$

$$= 7{,}98 \text{ mm}$$

Somit ist eine Materialstärke von:
10 mm - 7,98 mm = 2,02 mm
von der Zylinderkopffläche abzufräsen.

Gasgeschwindigkeit durch Einlassventile – Auswirkungen von Motorgröße und Nockenwellenauswahl

$$\text{Drehzahl bei Höchstleistung} = \frac{\text{Gasgeschwindigkeit} \times 5900 \times \text{Ventilfläche}}{\text{Zylindervolumen}}$$

Wobei:

Gasgeschwindigkeit in Fuß/sec
Ventilfläche in Zoll²
Zylindervolumen in ccm

Beispiel:

Ein serienmäßiges großes Einlassventil am MGB-Motor mit 1798 ccm Hubraum, Höchstleistung bei 5000/min, Ventilfläche beträgt 2,074 Zoll² und das Zylindervolumen beträgt 449,5 ccm.

$$\text{Gasgeschwindigkeit} = \frac{\text{U/min} \times \text{Zylindervolumen}}{5900 \times \text{Ventilfläche}}$$

$$= \frac{5000 \times 449{,}5}{5900 \times 2{,}074}$$

$$= 183{,}7 \text{ Fuß/s}$$

Bei einer Nockenwelle in der Serienversion und einem Motor mit 1950 ccm Hubraum (487,5 ccm je Zylinder) wird die Motorleistung ihren Höchstwert bei einer niedrigeren Drehzahl erreichen, weil die Gasgeschwindigkeit eher erreicht wird:

$$\text{Höchstdrehzahl} = \frac{183{,}7 \times 5900 \times 2{,}074}{487{,}5}$$

$$= 4611\text{/min}$$

Dieser Wert liegt sehr nahe an dem Wert, der auf dem Rollenprüfstand ermittelt wurde. Hier wurde die Höchstleistung bei 4700/min erreicht.

Wird der Motor mit einer scharfen Nockenwelle ausgerüstet, der die Gasgeschwindigkeit auf 195 Fuß/s ansteigen lässt, so gilt:

$$\text{Höchstdrehzahl} = \frac{195 \times 5900 \times 2{,}074}{487{,}5}$$

$$= 4895\text{/min}$$

Dieser Wert liegt wiederum nahe den 5000/min, die auf dem Rollenprüfstand festgestellt wurden.

Aufschlüsselung der technischen Daten von Nockenwellen

Die Hersteller von Nockenwellen geben die technischen Daten in Form von Tabellen von Zahlen an. Die Angaben zu den Steuerzeiten sind hierbei von sehr großer Wichtigkeit. Zum Beispiel bedeuten die Steuerzeiten einer Nockenwelle von 16/56 51/21, dass das Einlassventil bei 16° vor OT öffnet und bei 56° nach UT schließt. Das Auslassventil hingegen beginnt bei 51° vor UT zu öffnen und schließt 21° nach OT.

Überschneidung

Die Überschneidungsperiode, während derer sowohl Einlass- als auch Auslassventil gleichzeitig geöffnet sind, wird durch Addieren der ersten Zahl (Öffnen des Einlassventils) und der letzten (Schließen des Auslassventils) ermittelt.

Beispiel:

16/56 51/**21**

16 + 21 = 37 Grad

Diese Nockenwelle weist somit 37 Grad Ventilüberschneidung auf.

Ventilöffnungszeit

Die Ventilöffnungszeit (die Zeit, während derer die Ventile offen stehen) wird für das vorangegangene Beispiel wie folgt berechnet:

16 + 56 + 180 = 252 Grad
Ventilöffnungszeit am Einlassventil

51 + 21 + 180 = 252 Grad
Ventilöffnungszeit am Auslassventil

(180 Grad ist die Hälfte der Dauer eines Ansaug- oder Ausstoßtaktes, angegeben in Winkelgraden)

Maximaler Nockenhub

Der Winkelwert für maximalen Nockenhub der Nockenwelle wird wie folgt berechnet:

$$\frac{\text{Ventilöffnungszeit}}{2} - \text{Ventilöffnungspunkt für das Einlassventil oder Schließpunkt für das Auslassventil}$$

$$= \frac{252}{2} - 16$$

$$= 110 \text{ Grad für das Einlassventil}$$

oder:

$$= \frac{252}{2} - 21$$

$$= 105 \text{ Grad für das Auslassventil}$$

Der maximale Hub des Einlassventils bietet einen Anfangspunkt für die Auswahl einer Nockenwelle, wenn vom Fahrzeughersteller keine Vorgaben zu erhalten sind. Diese Daten können von den vorgegebenen Werten des Nockenwellenherstellers abweichen. Beispielsweise kann rein rechnerisch der maximale Nockenhub am Einlassventil bei 110° nach OT vorliegen, während der vorgegebene Wert 108° beträgt – also 2° in Richtung „Spät“ verstellt, was bedeutet, dass das Einlassventil den vollen Hub früher erreicht. Diese Diskrepanz beruht im Regelfall darauf, dass die Nockenwelle im Rahmen von Prüfläufen bei Steuerzeiten von 108° bessere Ergebnisse brachte.

Die vorhergehend angestellten Berechnungen gelten nur für symmetrische Nockenwellen mit identischen Öffnungs- und Schließraten des Nockenprofils. An asymmetrischen Nockenwellen kann der maximale Nockenhub zu beiden Richtungen von diesen Angaben abweichen – abhängig von der Formgebung des Nockenprofils. In einem solchen Fall ist es besser, den Vorgaben des Herstellers zu folgen.

Versetzungswinkel

Der Versetzungswinkel (mit den Werten der oben angeführten Nockenwelle) wird wie folgt berechnet:

$$\frac{\text{Zentrierwinkel Einlassnocken} + \text{Zentrierwinkel Auslassnocken}}{2}$$

$$= \frac{105 + 110}{2}$$

$$= 107{,}5 \text{ Grad}$$

Alle diese Daten sind natürlich nur als Richtlinien zu verstehen. Das ergibt sich aus den unterschiedlichen Konventionen zur Angabe der Steuerzeiten, die bei diversen Herstellern gebräuchlich sind. Letztendlich hängt alles vom Ventilhub ab. Grundsätzlich werden sämtliche Daten auf der Basis dieser Maßangabe angegeben.

Nockenwellen-Steuerzeiten

Die richtige Montage und Einstellung einer Nockenwelle ist ohne Zweifel einer der wichtigsten Aufgaben im Streben nach einem leistungsfähigen, laufruhigen und durchzugsstarken Motor. Es mag den Anschein haben, dass man hierzu einfach die Nockenwelle am Nockenwellen-Kettenrad bzw. beim Zahnriemenantrieb am Riemenrad montieren muss, die Punktmarkierungen zueinander ausrichten und dann alles festziehen muss. Diese Einschätzung ist jedoch falsch! In den meisten Fällen können die Toleranzen der diversen Bauteile des Ventiltriebs und des Nockenwellenantriebs dazu führen, dass die Nockenwelle um ein beträchtliches Maß von dem vorgegebenen Einstellwert des Herstellers abweicht. Dies trifft insbesondere auf nachgeschliffene Nockenprofile zu. Wird eine verschlissene Originalwelle entlang des Nockenprofils nachgeschliffen, so können sich die Steuerzeiten der Nockenwelle aufgrund der Bearbeitung ändern. Bei Verwendung einer Hochleistungsnockenwelle kann außerdem die korrekte Einbauposition stark von der Serienversion abweichen. Hierbei ist zu beachten, dass die vorgegebene Einbaulage im Regelfall vom Hersteller der Nockenwelle angegeben wird.

Die Nockenwelle wird vielfach als das „Gehirn" des Motors bezeichnet. Sie kontrolliert die Steuerzeiten und die Geschwindigkeit des Öffnens und Schließens der Ventile während der vier Takte des Motors. Jede wesentliche Abweichung von den konstruktiv vorgegebenen Steuerzeiten kann die Leistungsabgabe des Motors wesentlich beeinflussen. Der Einfluss von kleinen Schwankungen der Steuerzeiten auf die Motorleistung mag nur sehr gering sein, aber das ist nie so genau vorhersagbar. Deshalb sind die richtigen Steuerzeiten der Nockenwelle von ausschlaggebender Bedeutung, um keine Enttäuschungen in Bezug auf Motorleistung zu erleben.

Das Einstellen der Steuerzeiten einer Nockenwelle kann nach unterschiedlichen Methoden erfolgen. Die am häufigsten angewendete Methode für eine im Motorblock montierte Nockenwelle besteht in der Nutzung des vollen Ventilhubs am Einlassventil. Diese Methode wird nachstehend beschrieben. Hierbei wird vorausgesetzt, dass der Motor aus dem Fahrzeug ausgebaut ist. Diese Technik kann ebenfalls für das Einstellen der Steuerzeiten an den meisten OHC-Motoren angewandt werden. Hierzu muss jedoch die Messuhr meist mit einer speziellen Verlängerung modifiziert werden, um die Spitze des Ventilfedertellers bzw. des Kipphebels, Schwinghebels oder Tassenstößels zu erreichen. Denn an diesem Punkt wird der Ventilhub gemessen.

Das korrekte Einstellen der Steuerzeiten an der Nockenwelle erfordert eine entsprechende Ausrüstung. Diese besteht aus einer Messuhr auf einem Magnetständer, einer großen Gradscheibe mit 360°-Skala und einem kurzen Draht, der als Zeiger fungiert.

Ermitteln des oberen Totpunkts an Zylinder Nr. 1

Bei eingebauter Nockenwelle werden das Nockenwellen-Kettenrad (bzw. Riemenrad) und die Steuerkette (bzw. der Zahnriemen) montiert. Es besteht noch keine Notwendigkeit, das Kettenrad/Riemenrad zu befestigen. Die Markierungen für Steuerzeiten müssen jedoch zueinander ausgerichtet werden. Diese befinden sich meist auf den Kettenrädern von Kurbel- und Nockenwelle bzw. den entsprechenden Riemenrädern. Nähere Angaben hierzu sind im Werkstatthandbuch für den betreffenden Motor aufgeführt.

Die Gradscheibe kann dann vorne auf der Kurbelwelle montiert werden. Hierzu wird die Zentralschraube der Kurbelwellen-Riemenscheibe verwendet. Unter Umständen müssen einige starke Unterlegscheiben hinter der Gradscheibe angeordnet werden, anderenfalls liegt die Schraube in der Kurbelwelle an, bevor die Gradscheibe festgeklemmt wird. Die Schraube nur handfest anziehen. Die Gradscheibe muss nämlich später wieder zwecks Nullstellung verdreht werden. Der Zeiger aus Draht ist dann am Motorblock nahe der Gradscheibe zu montieren. Er lässt sich z. B. um eine der hervorstehenden Wasserpumpenschrauben wickeln. Parallaxe sollte hierbei vermieden werden. Deshalb den Zeiger exakt auf die Skala der Gradscheibe ausrichten. Die weitere Vorgehensweise wird erleichtert, wenn zwei der Schwungradschrauben am rückseitigen Kurbelwellenflansch (Schwungrad) eingedreht werden. Durch Ansetzen eines langen Schraubendrehers oder einer Brechstange lässt sich die Kurbelwelle so leichter von Hand durchdrehen. Wohl mag sich die Kurbelwelle des frisch von Hand montierten Motors leicht drehen lassen, es gibt jedoch immer wieder schwergängige Stellen, die – wie es der Zufall will – meist gerade dann auftreten, wenn eine besonders genaue Einstellung erforderlich ist. Da zahlt sich ein verlängerter Hebel zum Durchdrehen des Motors aus.

Nun muss exakt der obere Totpunkt für Zylinder Nr. 1 ermittelt werden. Befindet sich der Kolben erkennbar auf dem oberen Totpunkt seiner Zylinderlaufbahn, so wird die Messuhr mit Ständer oben auf dem Motorblock befestigt und so eingestellt, dass die Messspitze mittig am Kolben anliegt. Ist der Zylinderkopf montiert, so kann die verlängerte Messspitze durch die Zündkerzenbohrung auf dem Kolbenboden angesetzt werden. Eine Zentrierung ist erforderlich, um Messfehler durch Kippeln des Kolbens in der Bohrung einzugrenzen. Der obere Totpunkt des Kolbens kann nun durch mehrmaliges Vor- und Zurückdrehen des Motors und Nullstellung der Messuhr ermittelt werden, wenn sich der Kolben auf dem höchsten Punkt befindet. Dieser Punkt muss jedoch nicht unbedingt der exakte obere Totpunkt des Kolbens sein. Unter Umständen wird beim Weiterdrehen der Kurbelwelle erkennbar, dass der Ablesewert der Messuhr während einiger weniger Winkelgrade der Kurbelwellenumdrehung auf Null verbleibt, bevor der Kolben sich wieder im Zylinder nach unten bewegt und sich der Messwert auf der Messuhr ändert. Ein solches Phänomen ergibt sich aus dem Hub der Kurbelwelle und der Länge des Pleuels. Diese Gradzahl des Kolbenstillstands, d. h. die Verweildauer auf Null ist somit je nach Motor unterschiedlich.

Durch mehrmaliges Hin- und Herbewegen der Kurbelwelle erhält man ein Gefühl dafür, wie lange der Kolben auf dem oberen Totpunkt verweilt. Die Mitte dieser Strecke in Winkelgraden ist zu bestimmen, um hier den Zeiger der Gradscheibe auf Null zu stellen. Um ein noch höheres Maß an Präzision zu erreichen, muss jedoch noch mehr getan werden!

Den Motor um ungefähr eine viertel Umdrehung zurück und dann wieder vorwärts drehen, bis die Messuhr 0,025 mm vor der Nullposition anzeigt. Dabei den Wert auf der Gradscheibe ablesen (z.B. 3° vor OT). Den Motor weiter vorwärts drehen, bis die Messuhr vom Nullwert abweicht und erneut 0,025 mm anzeigt (z. B. 1° nach OT). Diesen Wert ebenfalls notieren. Die beiden Werte addieren und durch 2 teilen (3 + 1 = 4; 4 / 2 = 2). Sorgfältig die Gradscheibe verdrehen (in diesem Beispiel rückwärts), bis der Zeiger bei 2° nach OT steht und dann die Befestigung der Gradscheibe festziehen. Nun den Motor eine viertel Umdrehung zurück und dann erneut vorwärts drehen. So wird die Gradscheibe auf die ordnungsgemäße Positionierung des Zeigers hin überprüft. Bei jedem erneuten Lösen und Festziehen der Schraube zur Arretierung der Gradscheibe muss die Einstellung erneut geprüft werden. Hiermit ist dieser Arbeitsgang abgeschlossen.

Einen leicht geölten Schwinghebel bzw. Kipphebel, Stößel oder Tassenstößel (je nach Bauart des Motors) im Motor an der Nockenbahn des Einlassventils für Zylinder Nr. 1 ansetzen. Eine Stößelstange (sofern die Motorbauart dementsprechend ist) von oben einsetzen und durch leichtes Kippeln deren korrekten Sitz am entsprechenden Bauteil des Ventiltriebs prüfen. Messuhr und Ständer müssen so angeordnet werden, dass die Messspitze in der kleinen Vertiefung oben in der Stößelstange anliegt. Die Stößelstange und die gesamte Baugruppe des Ventiltriebs sind somit in der Weise angeordnet, wie es bei einem vollständig montierten Motor der Fall wäre. Ab diesem Punkt sind die Messungen immer durch Drehen des Motors in Motordrehrichtung, also vorwärts, zu nehmen. Bei irgendeinem Fehler ist der Motor immer um mindestens eine viertel Umdrehung zurückzudrehen, bevor er wieder vorwärts gedreht wird. Anderenfalls würde das Spiel in Steuerkette bzw. Zahnriemen eine unkontrollierbare Abweichung der Messwerte bewirken.

Den Motor langsam vorwärts drehen, bis die Nockenwelle den maximalen Hub erreicht. An diesem Punkt die Messuhr auf Null stellen. Nun den Motor ca. eine viertel Umdrehung rückwärts drehen, dann wieder langsam vorwärts, bis die Messuhr 0,01 mm vor vollem Hub anzeigt. Hier kommt es auf den 1/100 Millimeter an. Die Gradzahl nach OT auf der Gradscheibe ablesen. Den Motor langsam weiter am vollen Nockenhub vorbei vorwärts drehen, bis die Messuhr erneut 0,01 mm nach maximalem Nockenhub anzeigt. Auch diese Messung wieder mit der gebotenen Exaktheit vornehmen und den Messwert auf der Gradscheibe ablesen. Dies beiden Messwerte addieren und dann durch 2 dividieren, um so die Anzahl der Grad nach OT zu erhalten, an der der volle Nockenhub der Nockenwelle bei aktuellem Einbauzustand erfolgt. Dieser Wert kann nun mit dem Wert auf dem Datenblatt für die betreffende Nockenwelle verglichen werden.

Beispiel: Für jene Motoren, an denen die Nockenwelle

auf 106° nach OT einzustellen ist, gilt, dass bei einer korrekten Einstellung der Nockenwelle der Durchschnittswert beider Messwerte 106° betragen muss. Liegt der tatsächliche Wert innerhalb eines Grades vor oder nach diesem Wert, so kann man sich glücklich schätzen, dass keine weiteren Maßnahmen erforderlich sind. Die Nockenwelle ist ordnungsgemäß positioniert.

Stimmt jedoch, wie öfters der Fall, die Position bei vollem Nockenhub nicht mit den erforderlichen Angaben überein, so müssen Gegenmaßnahmen eingeleitet werden. Ist der errechnete Wert für den Winkelgrad zu niedrig, z. B. 104°, so ist die Nockenwelle in Richtung „Früh" verstellt. Ist die Zahl zu hoch, z.B. 110°, so ist sie in Richtung „Spät" verstellt. Zur Frühverstellung der Nockenwelle muss diese leicht in Richtung vorwärts gedreht werden. Vorwärts bedeutet immer die Drehrichtung der Nockenwelle gemäß Antrieb in Motordrehrichtung. Zur Spätverstellung wird in die entgegengesetzte Richtung gedreht.

Bei Verwendung der serienmäßigen Nockenwellen-Kettenräder bzw. Riemenräder können die Steuerzeiten durch Verwendung eines Versatz-Federkeils in der Federkeilnut der Nockenwelle anstelle des serienmäßigen Federkeils geändert werden. Diese Federkeile sind in Abstufungen des Versatzes von 1 bis 9 Grad Kurbelwellenumdrehung (0,5 bis 4,5 Grad Nockenwellenumdrehung – denn eine Nockenwellenumdrehung erfordert zwei Umdrehungen der Kurbelwelle) erhältlich. Ebenfalls lässt sich durch Versetzen der Steuerkette bzw. des Zahnriemens um einen einzelnen Zahn am Nockenwellen-Kettenrad bzw. Riemenrad eine Änderung von z. B. 18° Kurbelwellenumdrehung erreichen, die sich durch Einsetzen des Federkeils in umgekehrter Richtung unterhalb 18° justieren lässt. Alle Möglichkeiten sind da, sie erfordern nur ein wenig Fleißarbeit, um das richtige Ergebnis zu erlangen. **Achtung!** Nach Vornehmen irgendwelcher Änderungen immer die Steuerzeiten erneut prüfen. Hierdurch wird u. a. geprüft, dass der Federkeil nicht versehentlich falsch herum eingebaut wurde.

Die einfachste Methode zur Veränderung der Steuerzeiten der Nockenwelle besteht in der Verwendung eines verstellbaren Nockenwellen-Kettenrads. Bei dieser Konstruktion lassen sich die Arretierschrauben der separaten Nabe lösen, um den Zahnkranz auf der Nabe zu verdrehen. Ein Drehen der Kurbelwelle ist hierbei nicht erforderlich. Somit muss einfach die Kurbelwelle auf die richtige Gradzahl gestellt werden, an der der volle Nockenhub vorliegen sollte, um dann die Nockenwelle am Zahnkranz des verstellbaren Nockenwellen-Kettenrads zu drehen, bis die Messuhr den vollen Nockenhub anzeigt. Dann die Arretierschrauben festziehen und die Arbeit ist beendet. Natürlich muss abschließend noch einmal überprüft werden, dass die Steuerzeiten auch wirklich korrekt sind. Mit dieser verstellbaren Konstruktion wird das Justieren der Steuerzeiten auf das Lösen und Anziehen der Arretierschrauben reduziert.

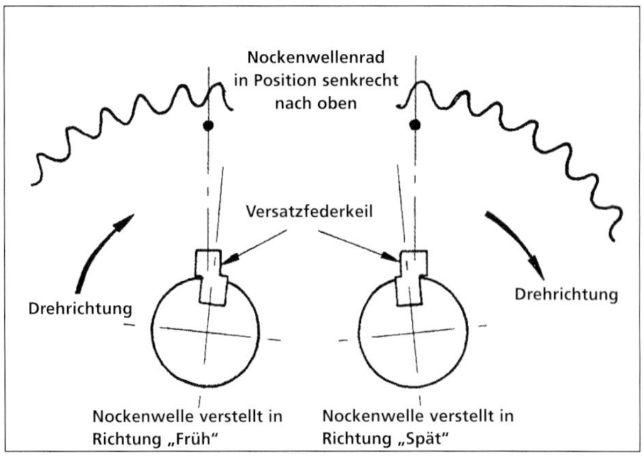

Die Auswirkung von Versatz-Federkeilen

Die Kurbelwellen-Kettenräder sind mit mehreren voreingestellten Versatzschlitzen für den Federkeil erhältlich. Zum Beispiel in der Position „Gerade" sowie „3° Frühverstellung" und „3° Spätverstellung". Auch bei dieser Variante der Manipulation von Ventilsteuerzeiten ist etwas Fleißarbeit erforderlich, um das perfekte Ergebnis zu erzielen. Die verstellbaren Nockenwellen-Kettenräder kosten wesentlich mehr als z. B. ein Sortiment Versatz-Federkeile. In der Praxis ist das Einstellen der Steuerzeiten an der Nockenwelle einfacher, als es diese langwierige Beschreibung erscheinen lässt. Die gezeigten Fotos sollten die Vorgehensweise ausreichend verdeutlichen. Die Arbeiten mögen anfangs als komplexes Unterfangen erscheinen, mit etwas Geduld und Bedacht ist das Einstellen der Winkelgrade einer Nockenwelle aber wirklich eine recht einfache Aufgabe, deren Ergebnisse jede Mühe lohnen!

Verstellbares Duplex-Nockenwellenkettenrad. Die Inbusschrauben werden etwas gelöst, um die Steuerzeiten an der Nockenwelle leicht ändern zu können.